LE GRENIER
DES RÊVES

Michel JOUVET
Monique GESSAIN

LE GRENIER DES RÊVES

ESSAI D'ONIROLOGIE DIACHRONIQUE

L'éditeur remercie Valérie Tehio
pour sa participation à l'établissement
du manuscrit final de ce livre

*À Robert Gessain,
sans qui ce livre n'existerait pas,
mais avec qui il eût été très différent.*

Cet ouvrage a grandement bénéficié de l'apport de Pierre Darlu (INSERM-U155) qui a bien voulu se charger de l'analyse informatique et statistique de nos données. Qu'il en soit ici remercié.

INTRODUCTION

(Michel Jouvet)

« J'étais invité, il y a peu de temps, chez un vieil ami. Discutant avec un jeune collègue, il lui demandait avec le plus grand sérieux : Est-ce qu'il existe vraiment une "anthropologie onirique" ? Le jeune collègue sourit et tourna vers moi ses regards ; je me mis alors à penser : Ma vie n'aurait-elle donc servi à rien... ? »

Le lecteur aura reconnu, sans doute, un pastiche de l'introduction des *Portes du rêve*, écrit par Géza Roheim en 1973[1]. Nous avons seulement remplacé « anthropologie psychanalytique » par « anthropologie onirique ».

Monique Gessain a consacré toute sa vie à l'anthropologie. Cette discipline ne m'était pas étrangère. J'avais en effet, pendant mes études de médecine, « rêvé » de devenir ethnologue. À cette époque (1950) je suivais les cours d'André Leroi-Gourhan qui venait chaque jeudi assurer l'enseignement d'un certificat d'ethnologie à la faculté des lettres de Lyon. J'y appris alors la civilisation du renne, l'histoire de l'invention du clou, l'art de tailler des silex (de l'Acheuléen au Solutréen) et je me souviens encore des javelots que Leroi-Gourhan faisait siffler au-dessus de nos têtes en les lançant avec un propulseur. Cet enseignement d'un maître que j'admirais fut une diversion heureuse à la préparation austère du concours de l'internat en médecine. Cependant, mon premier semestre d'internat en neurochirurgie devait me confronter aux mystères du cerveau et à un monde qui me parût encore plus riche en secrets que l'anthropologie. Ce monde m'entraîna vers la neurophysiologie, le sommeil et les rêves ; je perdis contact pendant vingt ans avec l'anthropologie, puis les hasards de la recherche, la découverte de facteurs génétiques au niveau de certains signes du rêve (les mouvements oculaires) et la recherche de lois gouvernant la latence entre les événements vécus pendant l'éveil et leur incorporation dans les souvenirs de rêves me rapprochèrent à nouveau de l'anthropologie. Cette rencontre fut d'autant plus féconde que Monique Gessain avait de son côté recueilli plusieurs centaines de souvenirs de rêves chez des sujets bassari. Ainsi, ce livre est le fruit de deux démarches convergentes dans des disciplines différentes. Une anthropologue intéressée par les rêves et un onirologue attiré par l'anthropologie. La rencontre de nos deux disciplines étant relativement récente, nous n'avons pas encore pensé, comme Géza Roheim, que nos vies n'auraient servi à rien...

En effet, l'onirologie doit reconnaître sa dette vis-à-vis de l'anthropologie. Le concept d'âme serait issu du rêve : pendant le sommeil, l'âme quitte son enveloppe humaine et le rêve est le reflet de ce que l'âme voit et vit au cours de ces pérégrinations. Pour les Bassari, un principe spirituel, *endyuw* (le cœur au sens du « cœur d'un arbre »), quitte le corps au cours du sommeil et se promène ; le rêve, c'est ce que voit *endyuw* au cours de ses voyages. C'est un parcours dangereux, car ce peut être le moment que choisissent les sorciers pour capturer les âmes, pour certains peuples comme les Euklayi [2].

Chez d'autres tribus (les Murngin), lorsque l'âme quitte le corps, pendant les heures chaudes de la sieste, il faut réveiller le rêveur avec de grandes précautions afin que l'âme ait le temps de se réincarner. Il est possible que le concept d'âme, donc d'immortalité, de sépulture et d'hominisation ait été conçu de la façon suivante : imaginons une tribu d'hominiens vivant il y a plusieurs centaines de milliers d'années dans une grotte de l'Est africain. Ces hominiens possèdent déjà un langage rudimentaire. Un rêveur, le matin, raconte qu'au cours de la nuit il a quitté la grotte en volant. Il imite maladroitement le vol d'un oiseau. Ses compagnons lui montrent la trace de son corps sur le sol et lui assurent qu'il n'a pas quitté la grotte. Le même phénomène se reproduit chez tous les occupants de la grotte et des abris voisins. Au bout de centaines ou de milliers d'années surgit la seule explication possible : « quelque chose » existe, âme ou esprit, capable de quitter le corps pendant le sommeil.

Ainsi, c'est peut-être le rêve qui est à l'origine d'un des concepts d'âme dont les anthropologues déchiffrent les avatars (l'*endyuw* des Bassari) chez toutes les tribus perdues au fond de la jungle ou du désert. Et si l'homme ne rêvait pas, ou ne se souvenait jamais de ses rêves ? Aurait-il inventé le concept d'âme ou d'esprit ? N'aurait-il pas cru qu'il n'était qu'un corps ou une machine ? Sans besoin d'âme, sans inquiétude métaphysique, y aurait-il eu la merveilleuse évolution artistique des peintures rupestres car, comme l'écrit Roger Caillois[3] : « Sans les apparences, sans les images, sans le rêve, est-il concevable que puisse surgir ou subsister un individu, j'entends un être qui est quelqu'un ou quelque chose sans être tout ? »

Sans doute les premiers hominidés, le chimpanzé ou ses ancêtres, rêvaient-ils, mais ils ne pouvaient pas communiquer le contenu de leurs rêves à leurs congénères. Serait-il possible qu'un jour, par le langage des sourds-muets que l'homme leur a enseigné, les chimpanzés parviennent à révéler qu'ils ont volé pendant leur sommeil, et qu'un dialogue s'engage avec l'homme ou d'autres primates ? Verrait-on alors apparaître quelques discrètes formes de sépulture indiquant la naissance de l'idée d'âme ?

En attendant que l'onirologie ait trouvé une (ou des) fonction(s) aux rêves, il faut bien convenir que l'activité onirique a déjà contribué à l'invention du merveilleux et du sacré. C'est pourquoi la neurophysiologie ou psychophysiologie du rêve est une psychophysiologie du sacré (ou une sacrée neuropsychologie, comme le pensent certains étudiants...).

Notre dette reconnue vis-à-vis de l'anthropologie classique, il est évident que notre démarche est complètement différente de l'anthropologie psychanalytique d'obédience freudienne dont G. Roheim est le représentant.

Ouvrons son livre à la première page du chapitre premier consacré au sommeil et au « rêve de base ». « Selon mon hypothèse, écrit Roheim, le rêve est avant tout une réaction au fait de dormir [...] si l'on suppose qu'un type de rêve est simplement dû au fait que nous dormions, la question se pose alors de savoir ce qu'est le sommeil[4]. » En réponse à cette question (à laquelle les hypnologues modernes n'ont pas encore pu répondre), Roheim cite Freud pour qui « le sommeil est la réactivation de la situation intra-utérine », et il nous raconte l'analyse d'un de ses malades à qui il demande d'inventer une histoire en s'endormant. Le malade répond alors : « Je suis en train de descendre une pente — c'est comme dans un rêve. J'entre dans quelque chose — c'est un con ! » G. Roheim conclut finalement son analyse du « rêve de base[5] » selon un « monisme sexuel » très freudien :

— dans le sommeil, nous retournons à la situation intra-utérine ;

— le rêve comme tel est une tentative de rétablir le contact avec le milieu, de reconstruire le monde. Il est le parallèle normal de la schizophrénie, et non des états maniaco-dépressifs ;

— s'endormir est à la fois naissance à rebours et coït ;

— l'image onirique est essentiellement génitale (phallique). L'image onirique est l'élément masculin. L'espace onirique l'élément féminin ;

— le rêve de base est la libido génitale du corps qui vole ou descend, la tendance objectale luttant contre la répression utérine. La qualité visuelle du rêve tient aussi au fait qu'on est à demi éveillé, ce qui est une manière de riposte à la répression utérine.

Il faut insister sur le fait que ces conclusions sont basées essentiellement sur le contenu latent du rêve. Or celui-ci ne peut être appréhendé que par une longue pratique de la psychanalyse. « S'il n'est pas très difficile de descendre dans l'Hadès de l'inconscient, disait Freud, encore faut-il pouvoir y rester. » Et cela, ajoute G. Roheim[6], nul n'est en mesure de le faire s'il n'entretient des contacts permanents ou du moins réguliers avec l'inconscient. Pour Roheim, la solution idéale serait de partager sa vie entre le terrain et les consultations : le hamac et le divan !

La psychanalyse jungienne, quant à elle, s'intéresse également au contenu latent des rêves et accorde une importance particulière aux séries de rêves qui permettraient de déceler un processus d'individuation[7].

Notre travail est fondé sur des bases différentes. Il ne comporte pas d'analyse et nous n'avons pas tenté de récolter des associations en discutant avec nos sujets. La lecture des centaines de souvenirs de rêves que nous avons recueillis ne permet pas de décrypter des messages en rapport avec un hypothétique inconscient collectif, et nos sujets ne nous ont malheureusement pas livré de « grands rêves » riches en symboles comme ceux que l'on trouve dans l'œuvre de Jung et de ses élèves. Les répétitions thématiques de la série des rêves que nous avons étudiée nous permettent de cerner la pente évolutive de nos sujets et leur personnalité, même si nous n'entreprenons pas, comme le ferait peut-être un analyste jungien, de décrypter leur « mythologème » individuel :

L'onirologie moderne, qui s'intéresse surtout au contenu manifeste des rêves et à leur rapport diachronique avec la vie éveillée, ne campe pas dans l'Hadès de l'inconscient et il nous faut bien admettre que nos démarches sont complémentaires même si un dialogue reste encore difficile avec l'anthropologie psychanalytique. Il convient donc maintenant de préciser les limites et les concepts qui sont à la base de notre discipline et ses premières applications à l'anthropologie.

Les fondements de l'onirologie moderne

Le rêve est dépendant du sommeil qui le garde, en ouvre les portes et probablement lui procure l'énergie nécessaire. (Ainsi, le rêve éveillé ou le fantasme ne rentrent pas dans le domaine de l'onirologie.) Mais les découvertes de la neurophysiologie ont permis de mieux cerner les rapports temporels entre sommeil et rêve. Le sommeil n'est pas uniquement « l'entrée dans un utérus ». C'est un processus périodique commandé par une horloge dont nous connaissons, de mieux en mieux, les rythmes et les processus moléculaires[8].

Durant le sommeil, il existe un phénomène périodique, dépendant d'un « pace maker » (un donneur de rythme) qui fonctionne pendant vingt minutes, toutes les quatre-vingt-dix minutes.

Ce système est responsable de l'apparition de l'activité onirique au cours du sommeil, que l'on peut objectivement explorer par l'enregistrement de l'activité électrique du cerveau (électroencéphalogramme ou EEG) : depuis l'endormissement (stade I) jusqu'au sommeil profond (stade IV), caractérisé par des ondes lentes de haut voltage. Quatre-vingt-dix minutes après l'endormissement survient la première période de rêve. Elle dure vingt minutes et s'accompagne d'une activité cérébrale identique à celle de l'éveil. Cependant, beaucoup de caractéristiques permettent de la distinguer de l'éveil ou du sommeil léger qui fait suite à l'endormissement. Il apparaît en effet, à ce moment, une constellation de signes particuliers, qui marquent une frontière entre le vrai sommeil ou « sommeil orthodoxe » et cet autre état que l'on a appelé « sommeil paradoxal » : des mouvements oculaires rapides, une abolition totale du tonus musculaire, des variations cardiaques et respiratoires et, pour les hommes, une érection. Les sujets qu'on réveille pendant le sommeil paradoxal sont capables de se souvenir, dans 80 % des cas, de rêves avec des détails très précis, souvent en couleurs, de l'imagerie onirique. Par contre, si un dormeur est réveillé en dehors des périodes de sommeil paradoxal, les souvenirs de rêves seront imprécis, vagues, sans couleurs.

La neurophysiologie animale, qui a mis en évidence le sommeil paradoxal chez tous les mammifères et les oiseaux, a précisé son histoire biologique grâce à l'étude de son développement au cours de l'évolution (phylogenèse) ou au cours de la vie pré- et post-natale (ontogenèse). Enfin, la neuroanatomie, la neuropharmacologie et la biologie moléculaire permettent de cerner les mécanismes de cet état de sommeil avec une grande précision.

Quarante ans de travaux dans le domaine de l'onirologie expérimentale ont abouti à la conclusion que l'activité onirique est un *état* différent de l'activité hypnique, et que le sommeil est à la fois une des causes de l'apparition du rêve et son gardien.

Ainsi, à l'opposé de la démarche psychanalytique freudienne, selon laquelle l'imagerie onirique serait essentiellement génitale, l'onirologie moderne repose sur les deux principes suivants :

— le rêve dépend d'un *état* périodique (le sommeil paradoxal) survenant au cours du sommeil. Le sommeil est le gardien du rêve (et non l'inverse selon la métapsychologie freudienne) ;

— l'enregistrement de l'activité électrique de nombreux organes (cerveau, muscles, globes oculaires) grâce à l'électroencéphalographie, l'électromyographie, l'électro-oculographie, etc., permet de recueillir des *données objectives* concernant le déroulement du rêve chez l'homme. Des recherches effectuées sur des souches consanguines de souris ont enfin révélé que les « patterns » des mouvements oculaires au cours du sommeil paradoxal pourraient constituer un indice précieux permettant d'apprécier une composante individuelle ou génétique à l'intérieur de la « machinerie onirique ».

Ces concepts servent de base à la neurophysiologie moderne du rêve. Cependant, il ne faut pas oublier que la psychanalyse, en essayant de deviner le contenu latent du rêve, a eu tendance à occulter l'importance des délais entre un événement vécu au cours de l'éveil et son souvenir au cours des rêves (qui s'exprime par le contenu manifeste).

Au contraire, la neurobiologie moderne, en décelant les bases physiologiques de l'activité onirique au sein du sommeil, a le mérite de la situer au sein d'un continuum objectif, celui de la mémoire. Notre cerveau est, en effet, perpétuellement sollicité, au cours de l'éveil, par des événements sensoriels de notre environnement, ou de notre corps, ou imaginaires (l'imagerie mentale ou les fantasmes).

Ces événements sont « traités » successivement par différents mécanismes de mémorisation (court-moyen-long terme) aussi bien au cours de l'éveil que du sommeil. Le matériel onirique utilise ces mémoires (ou ces souvenirs) selon des lois qui ne sont pas encore connues. C'est la recherche de ces lois, c'est-à-dire l'étude de la latence entre l'événement vécu pendant l'éveil et sa réapparition dans un *souvenir manifeste* de rêve qui fait l'objet de l'*onirologie diachronique*.

L'onirologie diachronique

Ainsi, l'anthropologie ouvre un champ d'investigation nouveau à l'hypnologie et à l'onirologie.

Le problème du sommeil (considéré seulement selon son aspect épidémiologique) mérite d'être examiné : nous avons franchi une étape définitive en entrant dans le XXe siècle. La lumière électrique, en permettant un travail continu, a conduit nos cerveaux à s'affranchir du *Zeitgeber* ou « donneur de temps » principal qu'est le Soleil. Cet affranchissement explique l'explosion de nouvelles pathologies : soit l'insomnie, soit la somnolence diurne excessive provoquée par de nouveaux modes de vie ou de nouvelles conditions de travail : le travail posté dit des trois-huit, la diminution de la vigilance induite par des privations de sommeil qui sont responsables de nombreux accidents du travail ou de la circulation. Notre civilisation « post-édisonnienne » remonte à plus de cent ans et nous ne possédons malheureusement *aucune donnée normative* concernant l'organisation de la veille et du sommeil chez des individus vivant sans montre, ni électricité, ni radio, ni télévision, et qui sont encore soumis à l'action impérieuse du *Zeitgeber* solaire comme l'étaient nos arrière-grands-parents. Pour cette raison, une enquête a été entreprise sur les habitudes et les horaires de sommeil dans un groupe « pré-édisonien », les Bassari, dans son milieu naturel. Monique Gessain en présente les résultats.

Au niveau du rêve, peut-on, par des enregistrements polygraphiques de sommeil effectués dans un tel groupe, qui représente un isolat génétique, mettre en évidence, au cours du sommeil paradoxal, des indices particuliers au niveau de l'organisation des mouvements oculaires que l'on pourrait mettre en relation avec des facteurs génétiques ou épigénétiques ?

L'étude du contenu manifeste des rêves permet-elle de définir telle ou telle population ou, plus modestement, ajoute-t-elle quelque chose à la connaissance d'une population ?

Enfin, en cas de voyage d'un sujet de ce groupe en dehors de son paysage familier, peut-on mettre en évidence des modalités temporelles d'incorporation du nouveau milieu (Europe, Paris) à l'intérieur de l'inconscient, c'est-à-dire au niveau du contenu manifeste des rêves ?

L'enquête multidisciplinaire entreprise depuis des années chez les Bassari de la frontière sénégalo-guinéenne nous a fourni les matériaux permettant de telles études : une oniro-thèque a été constituée, des enregistrements polygraphiques de sommeil effectués en même temps qu'une enquête ethnolo-gique sur le sommeil et les rêves. Nous pouvons donc aujourd'hui nous poser les questions suivantes : un Bassari vivant à l'âge de la chasse peut-il incorporer ou non, au niveau du rêve, son expérience des modes de vie et de pensée de l'ère indus-trielle lorsqu'il séjourne pendant plusieurs semaines, et pour la première fois, dans une grande ville comme Paris ?

On pourra reprocher à notre approche l'absence d'une théorie à propos de la signification des rêves. Nous empruntons à Jung la réponse suivante : « Chacun de ceux qui analysent les rêves des autres devrait avoir constamment présent à l'esprit qu'il n'y a pas de théorie simple et généralement connue des phénomènes psychiques, ni en ce qui concerne leur nature, leur cause, ni leur but. Nous ne possédons donc aucun critère général de jugement. Nous savons qu'il y a toutes sortes de phénomènes psychiques, mais nous ne connaissons rien de certain au sujet de leur nature essentielle[9]. »

PREMIÈRE PARTIE

Le limon de l'éveil
dans le fleuve des rêves

Chapitre premier

LES FLEUVES DE L'ÉVEIL ET DU RÊVE
Onirologie diachronique des *contenus manifestes* des rêves
(Michel JOUVET)

Notre vie éveillée se déroule dans le temps et l'espace et
il nous est aisé, lorsque nous sommes éveillés, de situer, dans
le temps et surtout dans l'espace, n'importe quel événement
passé. C'est bien sûr plus facile pour la veille que pour l'avant-
veille, et il existe ainsi une courbe décroissante, quasi exponentielle, qui traduit notre oubli. Comment le fleuve temporel
de notre vie éveillée se mélange-t-il au fleuve de nos rêves ?
Existe-t-il une loi qui régisse l'incorporation des événements
de la journée, de la veille, de l'avant-veille, d'il y a huit jours,
un an, etc. ? En bref, peut-on trouver quelque organisation
dans la latence entre un événement vécu et son souvenir
manifeste dans un rêve ? C'est l'analyse de cette organisation
temporelle que nous baptisons « onirologie diachronique ».
Son échelle de temps est illimitée. Elle commence au souvenir
du jour précédant le rêve *(Traumtag)* et se termine avec les
premiers souvenirs de l'enfance. L'existence des *Tage reste*
(reste du jour ou reste diurne) est connue depuis longtemps
puisque Freud[1], dans sa *Traumdeutung*, cite le *De Rerum
Natura* de Lucrèce (IV-V-962-967) et Cicéron (*De Divin.*, II).
Cependant, pour Freud, l'organisation temporelle des souvenirs de rêves se limite presque exclusivement aux restes
diurnes et aux souvenirs de l'enfance.

Notre démarche a consisté à retrouver, dans la littérature, le maximum d'indices temporels permettant d'établir les bases d'une onirologie diachronique. C'est cette échelle temporelle qui nous a servi d'« étalon » pour étudier les souvenirs de rêves de Tama alors qu'il se trouvait en France. Ainsi, l'onirologie diachronique du contenu manifeste des rêves peut commencer à occuper une place, restée vacante, dans le cadre de l'onirologie anthropologique. Nous avons dû, parfois à regret, éliminer de nos recherches les récits de rêves qui ne font allusion que de manière anecdotique au paramètre temporel. Ainsi, une lecture attentive de *La Boutique obscure* de Georges Perec (1973), qui contient cent vingt-quatre souvenirs de rêves, ou du *Journal* de Leiris (1992), qui renferme plus de quatre-vingts souvenirs de rêves, ne permet de retenir avec certitude que deux ou trois restes diurnes du fait de l'absence de commentaire. Il en est de même, hélas, de l'étude faite par Hobson sur les deux cent trente-trois souvenirs de rêves écrits par l'Homme à la locomotive. Dans son livre *Le Cerveau rêvant* (1992)[2], Hobson analyse en détail les modes sensoriels des rêves, essaie de reconstruire les trajectoires oniriques, les bizarreries, mais n'aborde pas le sujet de la diachronicité des souvenirs de rêves. Sans doute l'Homme à la locomotive n'avait-il laissé aucune note dans son manuscrit qui permît de reconnaître les événements de sa vie éveillée.

Une revue de la littérature concernant l'organisation temporelle ou diachronique des souvenirs de rêves qui sont collectés dans des séries assez longues (onirothèques), recueillis sur un ou plusieurs individus livre des résultats différents selon l'environnement social, familial et géographique.

Dans les conditions de vie ordinaires ou habituelles, le rêveur demeure dans son environnement familier. Il lui est alors parfois difficile de situer avec détail les événements qui sont survenus le jour, la veille ou l'avant-veille *dans la même sphère environnementale, familiale ou sociale.* Par contre, dans certaines conditions de vie « extraordinaires », par exemple un voyage dans un pays « exotique » ou un séjour dans l'espace, il apparaît *a priori* plus facile de dater avec précision l'origine d'un souvenir de rêve. Cependant, on note une différence étonnante entre les souvenirs de rêves recueillis dans ces deux conditions, comme l'illustrent les exemples suivants :

Freud, qui a recueilli la majorité de ses souvenirs de rêves au cours de son séjour à Vienne, à partir du 23-24 juillet 1895 (« L'injection faite à Irma »), écrit dans son *Interprétation des rêves* : « Si, recherchant l'origine des éléments du rêve, j'examine ce que me fournit ma propre expérience, *j'affirmerai d'abord que tout rêve est lié aux événements du jour qui vient de s'écouler*[3] » (*Traumtag* : ce que Freud qualifie de reste diurne).

L'autre exemple concerne les souvenirs de rêves dans des conditions véritablement « extraordinaires ». Que voient les cosmonautes dans leurs rêves sur orbite ? Dans l'espace, nous ne voyons que des rêves terrestres, affirment les cosmonautes soviétiques. « Ni sur orbite, ni après, sur la terre, je ne rêve [jamais] de l'espace », a dit Valentin Libedev qui y est resté deux cents jours. Leonev Kizim, Vladimir Soloviev et Oleg Atkov, qui ont effectué un vol de deux cent trente-sept jours, ont tenu les mêmes propos. En état d'apesanteur, ils rêvaient de leurs parents, de leur contrée et de leur maison[4]. Ainsi, sur plusieurs centaines de jours et sur au moins quatre sujets, les cosmonautes dans l'espace n'ont, semble-t-il, aucun rêve « lié aux événements du jour qui vient de s'écouler ». Cette constatation demande à être vérifiée et ne traduit sans doute pas une loi absolue. En effet, Patrick Baudry a raconté en 1991 et publié dans *Le Quotidien du médecin* un rêve qu'il avait fait le troisième jour de son vol dans l'espace : « J'étais sur un bateau à voile ancien, dans le style des vieux galions. On était sur la mer et on naviguait de plus en plus vite, jusqu'au moment où le bateau a quitté la surface de la mer. Il allait tellement vite qu'il s'est élevé dans les airs, malgré l'absence de vent. On commence donc à voler, toujours plus haut, on voyait se dessiner les continents. En fait, on quittait complètement la Terre. Peu à peu, on s'est approché de Mars et on s'est fondu dans une sorte de lumière rouge. C'était très beau, cette luminosité à la fois douce et envahissante. À ce moment-là, je me suis réveillé, j'étais en train de flotter dans ma cabine et je voyais la Terre. C'était vraiment impressionnant... Lorsque j'ai fait ce rêve, j'étais donc dans l'espace depuis trois jours et je crois que la sensation extraordinaire de flottement habitait même mes nuits. En même temps, il est sûr que j'aimerais beaucoup participer à une mission qui partirait pour Mars. Tout ça s'est mélangé pour donner cette vision. »

Les conditions de vie (l'espace où vit le rêveur) pourraient-elles être responsables des différences considérables dans la proportion des restes diurnes (100 % pour Freud, 0 % pour les cosmonautes) ? Cette hypothèse nous a amenés à résumer les données de la littérature selon les caractéristiques de l'environnement du rêveur — ordinaires ou *extra*ordinaires.

Conditions de vie ordinaire ou habituelle

HERVEY DE SAINT-DENIS (1867) [5]

Hervey de Saint-Denis, professeur de chinois et de tartaro-mandchou au Collège de France, publia *Les Rêves et les moyens de les diriger* chez Amyot en 1867. Hervey de Saint-Denis fut un rêveur précoce. Il remplit, dès l'âge de treize ans, vingt-deux cahiers de souvenirs de rêves (avec des figures colorées), soit mille neuf cent quarante-six nuits. Il devint vite un rêveur lucide et apprit bientôt à diriger ses rêves. Son livre contient un historique aussi riche que celui de Freud. Cependant, bien qu'il disposât d'une onirothèque très fournie, Hervey de Saint-Denis *n'aborda jamais le problème de la « diachronicité onirique »* et il faut lire tout son ouvrage pour trouver la description de quelques résidus diurnes (p. 229 : la jolie figure de Mlle de S., qui a dîné avec lui ce même jour). Par contre, il est le champion de l'incorporation des sensations au cours des rêves, ce que l'on pourrait qualifier de *« synchronicité onirique »*. Son livre est riche d'anecdotes où des stimulations olfactives ou auditives (musicales ou verbales), au cours de la nuit, peuvent influencer le contenu onirique. Ainsi, une piqûre de moustique devient un coup d'épée au cours d'un duel. L'odeur de l'atelier de peinture de M. D. répandue sur son oreiller induit le fameux rêve (représenté sur le frontispice en couleur de l'édition originale de 1867) pendant lequel le rêveur voit arriver M. D. accompagné d'une jeune fille « absolument nue » qu'il reconnaît pour l'un des plus beaux modèles de l'atelier de M. D. Rêveur lucide et capable surtout de diriger son imagerie onirique à volonté, on conçoit que la diachronicité du rêve intéresse peu Hervey de Saint-Denis.

MARY CALKINS (1893) [6]

Le premier travail statistique sur les rêves, « Statistics of dreams », écrit par Mary Whiton Calkins, assistante en psychologie au Wellesley College, dans le Massachusetts, parut dans l'*American Journal of Psychology* en 1893. M. Calkins étudie les restes diurnes, ou les « résidus diurnes », c'est-à-dire les souvenirs de rêves manifestes qui sont en rapport avec un événement survenu pendant la journée précédant la nuit chez deux sujets. Dans une série de cent quatre-vingt-quatorze rêves du premier sujet, des résidus diurnes sont certains dans 14 % des cas et suggérés dans 33 % des cas. Il existe donc 47 % de souvenirs de rêves probablement en rapport avec des événements de la vie de la veille. Dans 41 % des cas enfin, il existe des souvenirs très « flous » de résidus diurnes (que M. Calkins appelle vagues suggestions ou « mere congruity »). Si l'on inclut ces vagues suggestions, on arrive ainsi à 90 % de résidus diurnes. C'est la proportion que retient Freud lorsqu'il fait référence à « Miss Calkins ». La série du deuxième sujet contient cent dix-huit souvenirs de rêves. La proportion de restes diurnes, soit certains, soit vagues, est de 48 %. Par contre, dans 52 % des cas, le souvenir du rêve n'a aucun rapport avec les événements du ou des jours précédents. Ainsi, si l'on élimine les « vagues suggestions », on peut admettre que les restes diurnes constituent environ 50 % des souvenirs de rêves dans la statistique de M. Calkins qui s'appuie sur trois cent douze souvenirs de rêves.

Y. DELAGE (1891-1919) [7]

Yves Delage fut un biologiste, spécialiste de l'hérédité, qui réalisa la parthénogenèse chez l'étoile de mer et l'oursin. Membre de l'Académie des sciences, il n'est pas évident que son incursion dans le domaine des rêves, commencée en 1891, ne lui ait pas attiré quelques sarcasmes de la part de ses collègues. Il admet d'emblée que le contenu manifeste des rêves est formé de souvenirs de toute catégorie que nous rencontrons tous les jours dans la vie éveillée, *sans noter la fréquence des résidus diurnes*. Il admet également que dans certains cas, le contenu d'un rêve peut être consécutif soit à des imaginations diurnes, soit même à des images oniriques antécédentes. Delage fait également une distinction entre deux types de mémoire, « *la mémoire recognitive*, qui a pour facteur essentiel la comparaison de deux idées simultanées, différentes entre elles au moins par le facteur temps, compté comme étant un des éléments constitutifs de ces idées ». Cette mémoire entrait en jeu quasiment toujours dans le rêve habituel, « celui pendant lequel nous sommes certains que nous ne rêvons pas », et *la mémoire évocatrice*, « dépendant des centres supérieurs, mettant en jeu l'attention voulue, la volonté réfléchie et la loi des liens associatifs qui nous paraissent les plus logiques et les plus naturels ». Cette mémoire appartient au rêve lucide dirigé, qui n'est plus un rêve, selon Delage.

Son livre est riche d'enseignements concernant les événements de l'éveil en rapport avec les souvenirs de rêves. Delage a observé sur lui-même, lors de la mort d'une personne chère, que l'on ne rêve pas de ce qui a préoccupé tout le jour. Une enquête auprès d'autres personnes le persuada de la généralité de ce fait. Il a fait sur le rêve des jeunes mariés « une remarque qui serait fort jolie si l'on pouvait prouver qu'elle est vraie dans tous les cas » (cf. Freud) : « S'ils ont été fortement épris, presque jamais ils n'ont rêvé l'un à l'autre avant le mariage ou pendant leur lune de miel ; et s'ils ont rêvé d'amour, c'est pour être infidèles avec quelque personne indifférente ou odieuse... » Pour Delage, toute l'énergie psychique emmagasinée dans la journée par inhibition et répression devient la nuit le ressort du rêve. *Tout le psychisme réprimé apparaît dans le rêve.*

Delage, en véritable précurseur de l'onirologie diachronique, envisage enfin[8] de calculer *la chance d'apparition d'un souvenir dans un rêve par le produit de deux facteurs* : « La force du lien associatif et le résidu potentiel d'énergie évolutive. Cette notion de résidu potentiel est d'accord avec plusieurs faits physiologiques avérés [...] Toute action détermine sous la forme de réaction l'apparition de forces qui tendent à empêcher sa continuation. En vertu de cette loi, toute idée qui occupe la conscience voit diminuer en elle sa faculté de l'occuper encore [...] L'intérêt que suscite en cours une idée [...] s'épuise peu à peu [...] L'idée vieillit comme tout ce qui vit et en vieillissant perd de sa force [...] Cette déchéance graduelle ne se fait pas suivant une ligne droite oblique et régulièrement descendante. Il y aura beaucoup de variations *mais dans l'ensemble, en portant en abscisses les temps et en ordonnées ce que j'ai appelé énergie potentielle résiduelle, cette courbe aura l'aspect d'une ligne festonnée, irrégulièrement descendante.* »

Passant en revue les théories concurrentes du rêve, Delage résume la théorie de Foucault (1904-1906)[9], qui est voisine de la sienne et dont nous ne retenons que l'aspect diachronique : les images mentales du rêve ont une « force évolutive » (identique à l'énergie résiduelle potentielle de Delage) :

— les images qui ont le plus de chances de réapparaître dans les rêves sont les images les plus récentes ;

— les perceptions qui nous ont émus d'une façon un peu vive tendent à réapparaître avec plus de force que les autres ;

— parmi les représentations qui ont occupé l'esprit pendant la veille, celles qui ont le plus de chances de réapparaître en rêve sont celles sur lesquelles l'attention s'est le moins portée pendant la veille. Delage critique Foucault sur ce dernier point. La simple suppression de l'attention ne peut être aussi efficace que l'inhibition et le refoulement ;

— les images provenant de perceptions anciennes qui ont

été appelées à la conscience pendant la ville acquièrent par là une force nouvelle, comme un rajeunissement qui les prépare à réapparaître pendant le sommeil.

Terminons enfin en citant la conclusion de Delage concernant la théorie de Freud[10] : « En dépit de ses connaissances approfondies, de son travail, de sa riche documentation et de sa pénétration, Freud restera le type d'un esprit faux qui, asservi à des conceptions systématiques, s'est laissé entraîner à attribuer un caractère universel à un facteur qui ne s'applique qu'à des cas particuliers, ce qui l'a conduit à torturer les faits et les explications pour les faire cadrer avec son idée préconçue : il a attribué à la mentalité humaine une déformation tératologique dont il était la principale victime. »

Il n'est donc pas étonnant que Freud, dans sa huitième édition (1929), réponde à Delage de la façon suivante : « Malheureusement la pensée de Delage s'arrête là (tout le psychisme réformé apparaît dans le rêve). Il n'accorde à toute activité psychique indépendante que le rôle le plus médiocre et rattache immédiatement sa théorie du rêve à la théorie régnante du sommeil partiel du cerveau. » La pensée de Delage, n'en déplaise à Freud, mérite pourtant qu'on s'y attarde. Delage avait eu le mérite de poser les bases d'une onirologie diachronique sous forme d'une équation. Certaines de ses hypothèses concernant les mécanismes du rêve peuvent apparaître prophétiques à l'heure où la fréquence de l'activité automatique des neurones (leur « mode vibratoire », dit Delage) est considérée comme une explication possible de la conscience : « Il n'y a pas de conscience réfléchie et onirique sans rythme cérébral à 40 Hertz[11]. »

Collègue de Lapicque[12], l'inventeur de la chronaxie*, Delage admet que « les neurones corticaux ont tous une chronaxie spéciale, différente pour chacun d'eux, qui est en

---

* Chronaxie : constante permettant de mesurer l'excitation d'un nerf, intégrant à la fois l'intensité et la durée du passage du courant électrique. La chronaxie est la durée du passage du courant constant à début brusque, qui atteint le seuil de l'excitation avec une intensité égale au double de celle qui atteint le seuil avec des passages longs.

quelque sorte leur caractéristique fonctionnelle individuelle... ». Ceci permet un aiguillage de l'influx nerveux... Grâce aux différences de chronaxie, une excitation pourra faire entrer en action certains neurones que laisseraient indifférents des excitations bien plus intenses mais d'une modalité vibratoire différente. Delage abandonne ensuite la notion de chronaxie pour celle de « *mode vibratoire* ». Il imagine même des réseaux neuronaux doués de plasticité (c'est-à-dire capables de modifier leurs connexions). Si A est neurone vibrant tantôt dans un groupe C-D-E-F-G-H, tantôt dans le groupe I-J-K-L-M-N, selon qu'il vibrera avec l'un ou l'autre de ces groupes, il gardera de sa coaction un reliquat différent. Cependant, admet Delage, ces reliquats ont toutes les chances d'être incompatibles. Il fait alors appel à un nouveau concept, celui de « parasynchronisation », qui se localiserait dans « la partie du prolongement protoplasmique voisin de la jonction correspondante ». C'est l'hypothèse de la localisation des reliquats qui expliqueraient l'habitude, l'éducation, la mémoire.

Pour expliquer le rêve, Delage poursuit, au chapitre suivant : « Lorsqu'un groupe de neurones, correspondant aux éléments constitutifs d'une idée, est entré en vibration synergique, il tend à épuiser l'énergie qu'il a reçue du dehors en continuant à vibrer jusqu'à épuisement de cette énergie et à maintenir ainsi dans la conscience l'idée correspondante. Si une idée intercurrente survient et chasse la précédente de la conscience pour prendre sa place, c'est qu'un autre groupe de neurones entre en action synergique et, par sa vibration hétérochrone à celle du groupe précédent éteint la vibration de celui-ci, en interférant avec elle en tous les points où il la rencontre au niveau des jonctions neuroniques. Le groupe ainsi inhibé repasse à l'état de repos ou plutôt à l'état de "non-fonctionnement synergique"... Mais on peut admettre que lorsque l'état d'inhibition cessera, il aura tendance à reprendre la vibration synergique par suite de quoi l'idée correspondante reprendra place dans la conscience... » Comment, se demande Delage[13], peut-on concevoir « la reprise des vibrations après leur suspension momentanée ? Si on arrête un diapason en immobilisant une de ses branches, la vibration ne réapparaît pas si on rend à la branche sa liberté... On peut cependant concevoir, poursuit Delage, un autre mécanisme... Quand on arrête une montre en immobilisant son balancier, elle repart à nouveau dès qu'on libère celui-ci... » Delage fait alors allusion aux lueurs entoptiques de la rétine* et émet l'hypothèse qu'il pourrait y exister des « lueurs entocérébrales » (c'est-à-dire une activité *automatique* des neurones, gardiens de l'état synergique (parachronique) d'un groupe onirique, qui pourrait, pendant le sommeil, à nouveau entraîner le cerveau. En biologiste soucieux d'intégrer le cerveau dans l'organisme, Delage émet enfin l'hypothèse que, pendant le sommeil, les neurones pourraient trouver un excitant suffisant dans la constitution chimique du plasma intercellulaire et extravasculaire qui les baigne. « Il n'y a rien d'impossible à ce que des substances excitatrices très actives, comme beaucoup de produits endocrines et autres, se trouvent à un moment donné à un degré de concentration suffisant au voisinage de quelques neurones épars çà et là pour les faire entrer en vibration... » « La quantité de caféine qui meuble de rêves très actifs le sommeil d'un malade et la quantité de morphine qui en maintient un autre dans un sommeil lourd et sans rêves sont, une fois diffusées dans toute la masse du sang, d'un ordre de grandeur qui peut ne pas différer beaucoup de celui des substances hypothétiques auxquelles nous faisons appel ici. »

Ces lignes furent écrites avant 1914 et publiées en 1919 : le concept d'inhibition y est clairement établi ainsi que celui de l'automatisme des neurones, de la plasticité des réseaux neuronaux et de la synchronisation entre différents groupes. Le concept de neurones épars sensibles à des éléments hor-

---

* Lueurs entoptiques de la rétine : sensation lumineuse émise par la rétine (les yeux fermés). Elles ont la caractéristique de suivre les mouvements oculaires et pourraient jouer un rôle dans certaines images qui apparaissent lors de l'endormissement (imagerie hypnagogique). Bergson (critiqué par Delage) faisait jouer un rôle important à la rétine dans l'imagerie visuelle onirique.

monaux est en avance de quarante ans sur la neuroendocrinologie. Yves Delage mériterait d'être sorti de l'oubli et délivré de la malédiction de Freud.

SANTE DE SANCTIS (1899) [14]

Neurologue, psychiatre, élève de Forel à Zurich et de P. Marie à Paris, Sante de Sanctis (1862-1935) fut professeur de psychiatrie à Rome. Il a laissé une œuvre considérable dans le domaine de la psychiatrie, de la psychologie et de la criminologie. Dans son livre capital, *I Sogni, Studi clinici e psicologici di uno alienista*, S. de Sanctis a étudié cent soixante-cinq hommes et cinquante-cinq femmes adultes « normales ». En ce qui concerne le rapport du contenu manifeste du rêve avec les faits de la veille (c'est-à-dire les *résidus diurnes*), les résultats sont les suivants :

	Hommes	Pourcentage	Femmes	Pourcentage
Admettent que le rapport a toujours lieu	128	85,3 %	36	72 %
Admettent qu'assez souvent le rapport n'a pas lieu	22	14,7 %	14	28 %

Le questionnaire de S. de Sanctis a été repris en 1993 par une psychologue de Turin, Roberta Spreafico [15], sur cent cinquante-quatre hommes, *69 %* admettent des résidus diurnes dans leurs rêves contre *43 %* chez cinquante-quatre femmes.

FREUD (1900-1924)

Dans sa revue de la littérature, Freud fait allusion à Strümpell, Hildebrandt, Weed et Halam et s'accorde avec eux pour admettre que le rêve montre une nette préférence pour les impressions du jour précédent. Il fait une part plus longue à la théorie de Robert[16] : « Robert fut en effet l'un des premiers à attribuer au rêve une fonction. » Selon lui, on rêve souvent des *menues impressions de la journée*, très rarement des faits importants. Robert croit pouvoir affirmer que ce ne sont jamais les faits auxquels nous avons longuement réfléchi, mais ceux-là seuls qui demeurent inachevés dans notre esprit ou n'ont fait que l'effleurer qui deviennent les excitants de nos rêves. De là vient que, le plus souvent, on ne peut expliquer le rêve : les causes sont précisément « *celles des impressions des sens du jour précédent, dont le rêveur n'a pas pleinement connaissance* ». Robert se représente donc le rêve « comme un processus somatique d'*élimination* dont nous prenons connaissance par notre réaction à lui. Le rêve est l'élimination de pensées étouffées dans l'œuf. Un homme à qui on enlèverait la possibilité de rêver deviendrait fou au bout d'un certain temps parce qu'une masse importante de pensées inachevées, informes et d'impressions superficielles s'amoncellerait dans son cerveau et étoufferait les ensembles bien achevés que la mémoire aurait pu conserver. Ainsi le rêve joue pour le cerveau surchargé le rôle de soupape de sûreté — c'est le rêve oubli.

Malgré l'aspect naïf et quasi hydraulique de cette théorie (le cerveau qui déborde parce qu'il ne peut pas éliminer le trop-plein), la théorie de Robert a été reprise récemment par Crick et Mitchinson[17] : le réseau neuronal du cerveau peut devenir « surchargé » s'il doit traiter simultanément des modèles trop différents ou trop vastes (c'est l'avatar informatique de la théorie de Robert). La surcharge du réseau devrait donc entraîner des associations « bizarres » ou reproduire toujours le même état d'association (des obsessions) ou, si le réseau possède une « action en retour », fermé sur lui-même, il pourrait répondre par des « hallucinations » à des signaux qui devraient normalement n'entraîner aucune réponse. Il faut donc pouvoir éliminer les comportements parasites du réseau. Le *deus ex machina* capable d'éliminer ces parasites serait le sommeil paradoxal (ou le rêve). Le rêve serait alors un processus de nettoyage (l'élimination de Robert) pendant lequel le cerveau, fonctionnant en circuit fermé, pourrait se libérer de toutes les modalités parasites en raison de la création de nombreux circuits d'information. Riches de l'enseignement des réseaux neuronaux et de l'informatique, Crick et Mitchinson vont même jusqu'à imaginer que l'activité stochastique ou aléatoire ponto-géniculo-occipitale (PGO), qui envahit le cerveau du rêveur pendant le sommeil paradoxal et qui est responsable des mouvements oculaires (voir p. 104), serait responsable de ce « nettoyage », puisqu'un ordinateur peut devenir plus performant à la suite de stimulations aléatoires. La fonction du rêve serait de réaliser un « apprentissage en sens inverse ». Freud répond à Robert (et un siècle avant, à Crick et Mitchinson qui ignorent superbement Robert) de la façon suivante : « Si le rêve était destiné à décharger notre mémoire des impressions de peu de valeur de la journée, cette explication tombe quand on songe que le rêve contient quantité de souvenirs indifférents et qui proviennent de notre enfance, ou alors, il faudrait conclure que le rêve remplit très mal sa tâche [18]. » Plus loin, Freud ajoute : « Si réellement la tâche du rêve était de libérer notre mémoire des "scories" des souvenirs de la journée par un travail psychique d'une espèce particulière, notre sommeil serait beaucoup plus tourmenté et soumis à un travail plus rude que ne paraît l'être notre vie même de la veille. Le nombre des impressions indifférentes de la journée dont nous devrions protéger notre mémoire est visiblement incommensurable. La nuit n'y suffirait pas. Il paraît beaucoup plus vraisemblable que l'oubli des impressions indifférentes va de soi et sans intervention active de notre pouvoir psychique. »

Selon Freud, les sources des rêves sont les suivantes :

— un événement de notre vie psychique récent et important qui est directement représenté dans le rêve (cf. le rêve de l'injection faite à Irma) ;

— plusieurs faits vécus récents et significatifs que le rêve unit en un tout ;

— un ou plusieurs faits vécus récents et importants

représentés dans le rêve par la mention d'un événement simultané mais indifférent ;

— un fait de vie intérieure important (souvenirs, suite de pensées) qui est représenté dans le rêve *toujours* par la mention d'une impression récente mais indifférente.

On voit ainsi, conclut Freud, que dans l'interprétation d'un rêve il y a une condition qui se retrouve *toujours* : une partie du contenu du rêve *doit reproduire une impression de la veille*.

Il s'agit bien du *contenu manifeste du rêve*. Voici quelques exemples que cite Freud en rapprochant le contenu manifeste du *Traumtag* :

— *contenu* : j'ai écrit une *monographie* sur une certaine (obscure) espèce de plantes,

— *source* : j'ai vu le matin, à la devanture d'une librairie, une *monographie* sur l'espèce cyclamen ;

— *contenu* : je m'abonne à un périodique qui coûte 20 fl. par an dans la librairie de S. et R. ;

— *source* : ma femme m'a rappelé la veille que je lui devais encore 20 fl. d'argent de la semaine.

Si Freud insiste tant sur la fréquence des résidus diurnes, c'est qu'il a été incapable (en dehors des souvenirs de l'enfance) de trouver des délais d'incorporation correspondant à d'autres latences. Après avoir cité Swoboda [19], qui a essayé de trouver des délais d'incorporation de vingt-trois et vingt-huit jours (correspondant aux « périodes mâle et femelle » de Fliess), Freud décrit trois rêves d'octobre 1910 où il semble exister une latence de treize ou vingt-huit jours. Mais une analyse plus approfondie lui révèle que le contenu manifeste de ces rêves (le profil de Savonarole, un professeur portant une lampe, le professeur Oser, qui est mort), est en rapport également avec des impressions de la veille immédiate.

CARL JUNG (1964-1970)

Puisque nous avons cité Freud si souvent, il est normal que nous ayons eu la curiosité d'aller à la recherche des sources temporelles des contenus manifestes de souvenirs de rêve dans l'œuvre de Jung. Or, à notre grande surprise, Carl Jung ne consacre pas un seul mot à cette question.

Pour C. Jung, l'étude d'une longue série de rêves permet de mieux dégager du *contenu manifeste* les symboles qui permettront de déceler le processus d'individuation. Dans son ouvrage, *Psychologie et Alchimie*[20], C. Jung s'appuie sur mille souvenirs de rêves dont l'auteur est un jeune homme de formation scientifique. Les quatre cents premiers rêves couvrent une époque de dix mois (soit une fréquence de 1,3 rêve/nuit). Cependant, il n'est nulle part question de diachronicité et le problème de restes diurnes n'est jamais abordé. « Pour Freud, écrit Jung, l'inconscient est un produit de la conscience et l'inconscient contient seulement des résidus de conscient. Je veux dire qu'il concevait l'inconscient comme une sorte de magasin où tout ce qui est écarté par le conscient est entassé et abandonné. Pour moi, l'inconscient était une matrice, une base de la conscience douée de créativité et capable d'agir de manière autonome et d'intervenir de manière autonome dans le conscient [...] L'inconscient peut interférer avec le conscient chaque fois qu'il lui plaît[21]. » Ainsi, les rêves collectifs, les archétypes, peuvent parfois *annoncer* certaines situations. La flèche du temps est donc l'inverse de celle de Freud. Jung recherche dans les séries de souvenirs manifestes de rêves l'*animus*, l'*anima*, la *persona* et les mandalas. Les résidus archaïques (ou archétypes) ne peuvent être tirés de l'expérience personnelle du rêveur car ils semblent être innés, originels et constituer un héritage de l'esprit humain[22].

Selon Jung[23], « tout comme le biologiste a besoin de l'anatomie comparée, le psychologue ne peut pas se passer d'une anatomie comparée de la psyché ». En quelque sorte, la recherche d'une phylogenèse de l'inconscient occulte chez Jung la nécessité d'aller à la recherche des restes diurnes.

ERNEST HARTMANN (1968)

Ernest Hartmann, professeur à la faculté de médecine de l'université Tufts à Boston, est le fils du célèbre psychanalyste Heinz Hartmann (disciple de Freud), qui mit au premier plan l'autonomie du Moi et sa fonction d'adaptation. E. Hartmann fut également un pionnier de la première époque électrophysiologique qui suivit la découverte du sommeil paradoxal et il publia des articles princeps sur les troubles du sommeil en psychiatrie et le rôle de certains neurotransmetteurs cérébraux (noradrénaline, sérotonine) dans l'organisation du cycle éveil-sommeil. Il fut le premier, à ma connaissance, à avoir entrepris une étude « microdiachronique » des résidus diurnes en relation avec l'*heure* du *Traumtag*. Dans un article quasiment oublié, publié dans *Psychophysiology*[24], en 1968, E. Hartmann commence ainsi : « Dans la théorie psychanalytique, le matériel des résidus diurnes joue un rôle relativement minime. Le désir inconscient qui s'efforce de s'accomplir au cours des rêves utilise les éléments apparentés mais indifférents des résidus diurnes pour devenir des représentations perceptuelles et pour franchir la censure. Les théories récentes sur les fonctions du rêve et de l'état D (*D state* est le qualificatif employé par E. Hartmann pour sommeil paradoxal) font jouer un rôle important au processus de mémorisation. Ainsi, l'étude du contenu des résidus diurnes apparaît important pour comprendre le rêve. De toute façon, poursuit justement E. Hartmann, il n'y a eu que très peu d'études concernant les conditions temporelles des événements de l'éveil qui sont incorporés dans le contenu des résidus diurnes ainsi que le type d'événements qui sont ou non incorporés dans les rêves. »

E. Hartmann explique ensuite qu'il est le sujet unique de cette étude. Pendant quatre ans, il a transcrit huit cents souvenirs de ses propres rêves (soit une fréquence de 0,55 souvenir de rêve/jour) en notant, de la façon la plus précise possible, l'heure du *Traumtag* qui se trouvait incorporée dans un résidu diurne. E. Hartmann définit un résidu diurne comme n'importe quel élément dans un *contenu manifeste* de rêve, soit sensoriel (le plus souvent), soit idéatoire, ou un événement très spécifique qui puisse être mis en relation de façon précise (à l'heure près) pendant le *Traumtag*, ou le/les jours précédents. Ses résultats principaux peuvent être résumés ainsi

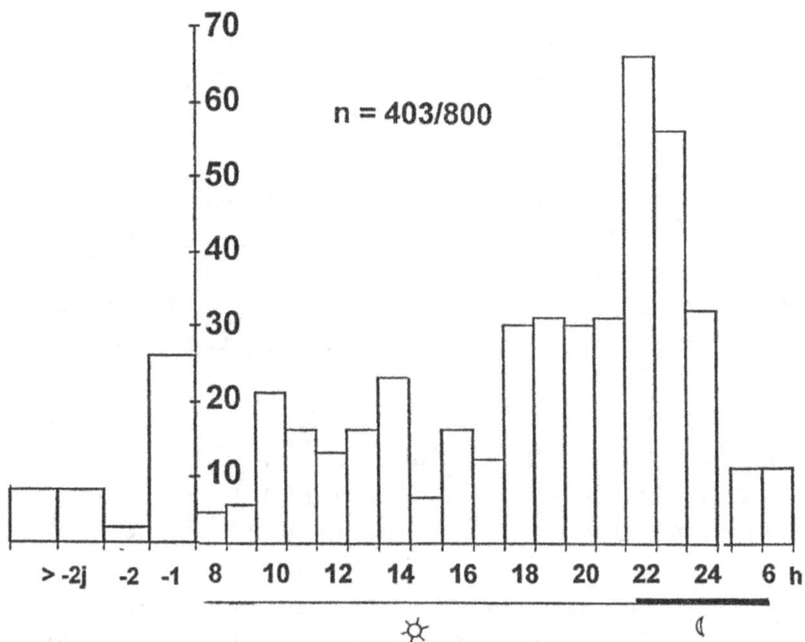

Figure 1, Incorporation des événements de la journée dans les rêves de la nuit suivante,
À partir de 800 souvenirs de ses propres rêves, Hartmann a pu préciser, dans 413 cas,
l'heure de l'événement vécu au cours de la journée qui a laissé une trace dans le
contenu manifeste d'un rêve,
En ordonnées ; nombre de rêves,
En abscisses ; horaire de l'événement vécu qui est la source du rêve, Les événements
survenant entre 21 heures et 23 heures sont incorporés plus fréquemment dans les
rêves de la nuit (– 1, – 2, >– 2 J),
(D'après Hartmann, 1968,)

(voir figure 1). La proportion de résidus diurnes est de
403/800, soit 50 %. L'histogramme de répartition des événements diurnes révèle un maximum entre 21 h 30 et 22 h 30.
Les « fantasmes » ou « rêves éveillés » faits au lit avant de s'endormir ne sont *jamais* incorporés dans les rêves. La grande
majorité des restes diurnes (260/400, soit 65 %) apparaît
comme des éléments visuels de la scène onirique. Ensuite
15 % sont représentés par des « pensées » et 11 % par des
conversations animées par le rêveur. Il y a seulement 3 % de
sensations auditives. Les événements du *Traumtag* qui indui-
sent les résidus diurnes sont des conversations entre le sujet et
quelqu'un d'autre. 17 % sont des événements visuels observés

pendant l'éveil, 14 % sont en relation avec une lecture, 13,7 % sont en rapport avec des « pensées » et 12 % avec des « actions ». Il y a seulement trois souvenirs en rapport avec l'odorat, un avec le goût, un avec le toucher et un avec une « émotion spécifique » (non précisée).

L'importance « subjective » des événements inclus dans les résidus diurnes est la suivante : 70 % sont jugés peu importants et surviennent surtout dans l'après-midi ou en soirée, 14 % moyennement importants. Enfin, 8 % d'événements, jugés très importants, surviennent surtout avant le *Traumtag* (la veille ou plusieurs jours avant). Hartmann note aussi que le contenu des rêves des jours précédents (qui ont cependant été écrits chaque matin) ne réapparaissent pas ensuite.

Hartmann conclut enfin cette remarquable (et unique) étude en insistant sur le fait que la grande majorité des résidus diurnes est en rapport avec une *mémoire à court terme* (entre 18 et 23 heures). Il émet l'hypothèse que les événements de la matinée sont peut-être incorporés dans les premiers rêves de la nuit (qui sont oubliés) et que les pensées et fantasmes conscients, que l'on évoque avant de s'endormir, sont éliminés du « pool » responsable des résidus diurnes manifestes.

L'étude de Hartmann fut suivie par d'autres recherches, dont le matériel était le souvenir manifeste des rêves recueillis chaque matin par les expérimentateurs ou des étudiants.

EPSTEIN (1985) [25]

Cet auteur a classé cinquante rêves de sa propre onirothèque à la recherche de la latence de l'incorporation des événements diurnes. Dans 52 % des cas, cette latence était comprise entre 0 et 24 heures (c'est-à-dire le *Traumtag*), dans 28 % elle était de 24 à 48 heures, 18 % entre 48-72 heures et 2 % entre 72-96 heures. Ainsi, la fréquence de résidus diurnes est de l'ordre de 50 %. Si l'on ne prend en considération (pour comparaison) que les souvenirs de rêves en rapport avec le *Traumtag* et la veille, la proportion relative devient alors 65 % et 35 %.

DAVIDSON ET KELSEY (1987) [26]

Sur les souvenirs de rêves recueillis chez quarante sujets, la latence d'incorporation des événements de la veille fut établie seulement entre 0 et 3 jours. Il y eut 70 % de résidus diurnes contre 35 % de la veille.

NIELSEN ET POWELL (1992) [27]

Cette étude des auteurs québécois (qui inclut l'obligatoire analyse de variance et des tests aussi « exotiques » que le facteur de correction de Geisser-Greehouse) reflète la tendance actuelle de la psychologie du rêve (nombre de sujets importants, étude en double aveugle, statistique élaborée). Leur matériel repose à la fois sur les souvenirs de rêves recueillis chaque matin par quatre-vingt-quatre étudiants en psychologie, pendant quatorze jours, et sur les événements « emotionally meaningful » écrits le soir de chaque jour. Deux « juges », un psychologue ayant une longue expérience dans le classement des rêves et un étudiant sans expérience, eurent ensuite à confronter les événements du jour avec des souvenirs de rêves choisis au hasard. L'échelle des scores d'incorporation allait de 0 à 9. Le nombre de rêves recueillis fut de cinq cent quatre-vingt-quatorze (soit une moyenne de 42,4/nuit, soit environ 0,5 rêve/nuit par sujet). Dans 84 % des cas, il n'y eut pas d'incorporation (score = 0), et seulement 7 % de souvenirs de rêves en rapport avec les quatorze jours. Si on ne calcule que les deux premiers jours (parmi les 7 %), il existe alors 65 % de résidus diurnes et 35 % de souvenirs de la veille. L'étude des autres jours révèle un effet de traîne (« dream lag effect ») significatif pour le sixième jour et le douzième jour (voir plus loin).

MONSIEUR U. (1995)

Il existe beaucoup de rêveurs qui écrivent chaque matin leurs souvenirs de rêves. Certains ont développé des logiciels incorporant les paramètres concernant la latence d'incorporation du vécu dans les rêves. Je remercie monsieur U. qui a bien voulu me livrer ses résultats concernant mille quatre cent cinquante rêves recueillis depuis trois ans, soit 1,33 rêve/jour. Selon son système de notation, monsieur U. est capable de dater avec précision 38 % de ses souvenirs de rêves (résidu diurne) récents (– 1 à – 10 jours) ou se rapportant à des épisodes précis de sa vie, mais plus anciens (– 1 an à – 30 ans). Parmi les cinq cent cinquante et un souvenirs de rêves datés, il existe ainsi 16 % de résidus diurnes, 24 % de souvenirs en rapport avec – 1 jour à – 10 jours (donc 40 % de souvenirs de rêves récents) et 60 % se rapportant au passé (– 1 an à – 10 ans).

Étude de mon onirothèque personnelle (1979-1994)

Je recueille mes souvenirs de rêves depuis décembre 1970 (elle est riche au 1er janvier 1995 de cinq mille cinq cent trente rêves). En attendant la possibilité de traiter l'ensemble des contenus manifestes avec l'aide d'un ordinateur, j'ai pu entreprendre deux études préliminaires concernant la seule onirologie diachronique. La première fut publiée en 1979[28] et la seconde fut entreprise en 1994, afin de disposer d'un plus grand nombre de souvenirs de rêves dans le cadre de cette étude.

Étude de 1979. Deux mille cinq cent vingt-cinq souvenirs de rêves de mon onirothèque furent recueillis entre décembre 1970 et août 1978, soit sur deux mille deux cent soixante-douze jours (donc une fréquence de 0,9 souvenir de rêves/nuit (400 rêves/2525, soit 16 %, pouvaient être datés avec précision). Dans cette première étude, je n'ai retenu que cent trente souvenirs de rêves en relation avec des événements vieux de zéro (*Traumtag*) à quatorze jours et faits dans les conditions de vie de ma sphère habituelle, géographique, familiale et professionnelle, alors que les deux cent soixante-dix autres souvenirs de rêves étaient obtenus pendant des voyages ou au cours des dix à quinze jours après ces voyages à l'étranger (voir plus loin). La figure 2 représente la distribution des latences entre un événement vécu et son incorporation dans le souvenir oni-

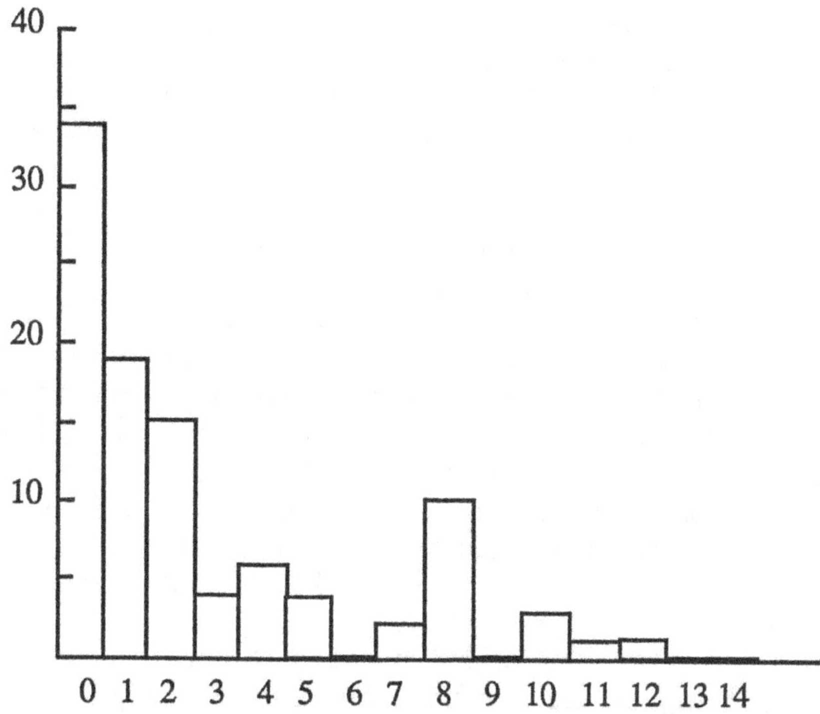

Figure 2. Histogramme de répartition des latences entre des événements de l'éveil et leur incorporation dans 130 rêves.
En ordonnées : pourcentage.
En abscisses : durée de la latence en jour. O indique les résidus diurnes, I signifie les événements de la veille.
(D'après Jouvet, 1992.)

rique *manifeste*. Les résidus diurnes sont retrouvés 45 fois sur 130 (soit 34,6 %). Les souvenirs en rapport avec la veille sont de 18 %. Il existe ensuite une décroissance quasi exponentielle jusqu'au sixième jour, interrompue par un pic significatif concernant l'incorporation des événements vécus huit jours auparavant (13/130, soit 10 %). Sur la base de mes résultats, Nielsen et Powell (1992) ont calculé que si l'on ne prend en compte que les résidus diurnes et de la veille, leur pourcentage respectif est alors de 64 % et de 36 %, ce qui est une proportion très comparable à la leur.

Études de 1994. La première étude, plus complète, a porté sur trois mille trois cent soixante souvenirs de rêves recueillis en dehors des périodes de voyages pendant quatre mille trois cent quatre-vingts jours (entre 1971 et 1982) (fréquence de 0,76 rêve/jour). Dans cette série, mille cinquante-trois souvenirs de rêves peuvent être datés entre 0 jour et − 50 ans. Il y a donc 31 % de souvenirs de rêves qui peuvent être datés avec précision et 69 % dont la datation est imprécise ou impossible.

Dans cette série, la proportion relative de résidus diurnes est de 36 % (soit 11 % des souvenirs totaux de rêves).

Dans la deuxième étude, dont l'échelle de temps correspond au séjour de Tama à Paris pendant quatre mois, j'ai, au hasard, sélectionné dix séries de cent souvenirs de rêves entre 1980 et 1993, afin d'apprécier la régularité des résultats. Les paramètres suivants ont été inclus : la fréquence de souvenirs de rêves/jour (qui varie entre 0,65 et 0,29), la fréquence de souvenirs de rêves datés (entre 0 et − 50 ans) selon les classes suivantes : résidus diurnes (de − 1 à − 120 jours, et de − 4 mois à − 50 ans).

La fréquence des résidus diurnes doit donc être établie, soit par rapport au nombre total de souvenirs de rêves (moyenne de 13,5 %), ou par rapport au nombre de souvenirs de rêves *datés* (moyenne de 37,6 %).

Je peux conclure de ces trois séries les lois suivantes :

Il m'est possible de dater *avec précision* (entre 0 jour et − 60 ans) l'événement responsable d'un souvenir de rêve manifeste dans 30 % des cas. Dans 70 % des cas, la « monotonie » de la sphère topographique et/ou professionnelle ne permet pas de retrouver *avec précision* l'origine de l'événement vécu.

Les résidus diurnes constituent environ *38 %* des souvenirs de rêves datés. Cette proportion est relativement stable dans les dix séries de cent souvenirs de rêves (entre 29 % et 50 %). Les résidus diurnes constituent seulement 13 à 15 % des souvenirs de rêves totaux.

Les souvenirs de rêves en rapport avec la durée comprise entre le *Traumtag* et − 120 jours constituent 89 % des souvenirs de rêves datés (soit 31 % des souvenirs de rêves totaux).

Les souvenirs de rêves en rapport avec des événements vécus entre − 4 mois et − 60 ans ne constituent que 10 % des souvenirs de rêves datés (et donc seulement 4,6 % des souvenirs de rêves totaux).

Étude des souvenirs de rêves en laboratoire

L'ère électrophysiologique (en permettant d'enregistrer l'activité électroencéphalographique, électro-oculographique et électromyographique au cours d'une nuit de sommeil) a rendu possible, à partir des années 1960, l'analyse des latences d'incorporation des événements de la vie éveillée en réveillant les sujets au cours des périodes successives de sommeil paradoxal, c'est-à-dire au moment de la plus grande probabilité d'apparition d'un rêve au cours de la nuit. Il est évident que les données recueillies dans ce type d'expérience ne sont pas comparables avec les souvenirs de rêves recueillis le matin. Certaines de ces études avaient également pour objet d'étudier « la trace diachronique végétative » (fréquence cardiaque au cours des rêves), faisant suite à la présentation de films « neutres » ou « émotionnels » (circoncision, film pornographique) présentés avant l'endormissement. C'est au cours de ces études que les expérimentateurs s'aperçurent qu'une grande proportion de souvenirs de rêves, obtenus en réveillant les sujets au cours de la nuit, était en rapport avec la situation expérimentale. Pour un étudiant en psychologie, élève et sujet, sinon futur collaborateur de l'expérimentateur, dormir avec des électrodes dans le laboratoire de sommeil de son patron n'est pas une situation « neutre » (qu'il soit payé ou non) ! Nous ne retiendrons de ces études que celle de Verdone (car il fut le précurseur de cette méthode) et celle de l'équipe de Roffwarg, car il s'agit d'une étude remarquable, si longue et si bien contrôlée qu'il y a peu de chances qu'elle puisse jamais être réalisée à nouveau.

VERDONE (1965) [29]
Verdone a enregistré quatre étudiants dans son laboratoire de sommeil, pendant dix nuits chacun. Lorsqu'ils étaient

réveillés au cours du sommeil paradoxal, les sujets devaient classer leurs souvenirs de rêves sur une échelle temporelle allant de « ce soir, dans la journée, jusqu'à plus de cinq ans ». Parmi les cent quatre-vingt-seize souvenirs de rêves recueillis, 22 % ont été considérés comme des résidus diurnes (car ils incorporaient les événements du jour précédent et surtout de la soirée). Les souvenirs de la veille étaient quatre fois moins fréquents (5 %). Cependant, dans la discussion de ces résultats, Nielsen et Powell[27] font remarquer que les événements de la soirée (où les sujets sont dans le laboratoire de sommeil) ne devraient pas être inclus ultérieurement. Si l'on élimine ces souvenirs, comme le font Nielsen et Powell, le pourcentage de résidus diurnes est alors de 70 % et celui de la veille de 30 %.

ROFFWARG, HERMANN, BOWE-ANDERS ET TAUBER (1976)[30]

Ce travail représente l'une des meilleures études expérimentales bien contrôlées permettant d'étudier non seulement les résidus diurnes du *Traumtag*, mais encore leur augmentation au cours du temps. En résumé, cette recherche consiste à faire porter à une quinzaine d'étudiants des lunettes qui filtrent toutes les couleurs, surtout le vert et le bleu, et qui ne laissent passer que le rouge et l'orangé (la longueur d'onde dominante est 632 mm). Les sujets portent donc chaque jour, pendant l'éveil, des filtres particuliers (Kodak n° 29 Wratten) et leur électroencéphalogramme est enregistré ensuite, au cours de la nuit. Ils sont réveillés pendant chaque épisode de sommeil paradoxal. On leur demande la couleur de leurs rêves (on sait, en effet, que le souvenir des couleurs d'un rêve disparaît très souvent en quelques secondes ou minutes après celui-ci). C'est pourquoi il est nécessaire de réveiller les sujets pendant le sommeil paradoxal considéré comme la traduction physiologique de l'activité onirique. Pendant les nuits de contrôle sans lunettes, les couleurs sont dispersées au hasard. Il y a autant de rouge, d'orangé que de vert ou de bleu et 50 % environ d'absence de couleur. Pendant les cinq jours où les sujets portent les lunettes, la proportion de rêves colorés en rouge et en orangé augmente progressivement, si bien que la quatrième et la cinquième nuit plus de la moitié des rêves (60 %) sont colorés en rouge ou orangé. Il existe donc une augmentation de 300 %, qui s'est faite de façon progressive. Après l'arrêt du port des lunettes (période de post-contrôle), la proportion relative des couleurs redevient identique à celle des contrôles. Il faut noter que ces résultats sont nets si l'on réveille les sujets au cours de la première période de sommeil paradoxal de la nuit. Même s'il est impossible de comparer ces résultats avec les souvenirs de rêves du matin, la démonstration de l'augmentation *progressive* de l'incorporation d'un *nouveau mode sensoriel* est un résultat remarquable.

Les souvenirs de rêves au cours des voyages ou dans des conditions inhabituelles

Cette revue de la littérature « onirologique » et des données de notre onirothèque nous confronte au problème difficile de la datation *exacte* d'un événement, lorsque le rêveur vit dans la même ambiance. Comment dater avec précision un événement banal s'il se produit de façon courante dans la même maison, le même lieu de travail, la même rue, la même ville, sinon le même pays ? Les marqueurs topographiques permettent souvent une datation exacte. Si je rencontre un ami en rêve dans le couloir de mon laboratoire, il me sera plus difficile de retrouver la date de cet événement que si je le rencontre sur un bateau, dans un funiculaire ou au sommet d'une pyramide mexicaine. C'est pourquoi nous consacrons ce chapitre à l'onirologie diachronique dans des conditions de vie « extraordinaires ». Cette étude est particulièrement importante, car il faut bien admettre que Tama, issu de sa savane sénégalaise, devait considérer les rues de Paris, son métro (qu'il avait en horreur) et la vie en France comme une expérience véritablement extraordinaire.

Nous avons cité, au début de ce chapitre, l'absence de résidu diurne chez les cosmonautes qui sont dans l'espace. Ils rêvent toujours qu'ils se trouvent sur la Terre et, lorsqu'ils sont revenus sur la Terre, ils ne rêvent jamais ou presque qu'ils sont dans l'espace. Cette observation mériterait certainement une étude plus détaillée (dont le budget serait fort modeste par rapport à l'argent qui est consacré à l'espace).

Je n'ai pas recueilli beaucoup de données concernant les rêves au cours des voyages dans la littérature scientifique : dans les quatre-vingt-cinq rêves personnels que décrit Freud dans son livre, il y a deux rêves en rapport avec un voyage au bord de la mer à Trieste, mais on ne repère pas nettement de résidu diurne. Freud cite, dans une note en bas de page, les rêves des sujets qui se trouvent placés dans des conditions de vie « inhabituelles ». Il fait référence en particulier à Nordenskjold[31]. « Nos rêves, dit cet auteur, n'ont jamais été aussi fréquents et vivants que pendant cette période où ils trahissaient nos pensées les plus intimes... C'était toujours *notre ancienne vie*, qui maintenant était si loin de nous, mais elle était peuplée d'événements de notre vie actuelle. Ainsi un de nos camarades avait fait ce rêve, très caractéristique : il était sur les bancs de l'école et on l'avait chargé, en guise de devoir, d'écorcher des petits chiens de mer préparés tout exprès pour la leçon. Plus souvent nos rêves tournaient autour de la nourriture et de la boisson. L'un de nous se distinguait par ses rêves de banquet et il était parfaitement heureux quand il pouvait nous annoncer le matin qu'il avait fait un dîner de trois services. Un autre rêvait de tabac, de montagne de tabac, un autre d'un bateau qui allait toutes voiles dehors à travers la mer libre. » Freud cite également Du Prel, qui, pendant un voyage en Afrique où il mourait de soif, avait sans cesse dévalé, en rêve, les prairies ruisselantes de sa patrie. Trenck, torturé par la faim, se voyait en Allemagne entouré de mets choisis. On voit bien ici se mélanger les souvenirs anciens avec quelques restes diurnes, et les rêves d'eau ou de festin, classiques chez des sujets qui manquent d'eau ou de nourriture.

Dans le cas de ma propre onirothèque, en complément des données déjà publiées en 1979 (voir figure 3), j'ai classé trois cent six souvenirs de rêves supplémentaires, recueillis

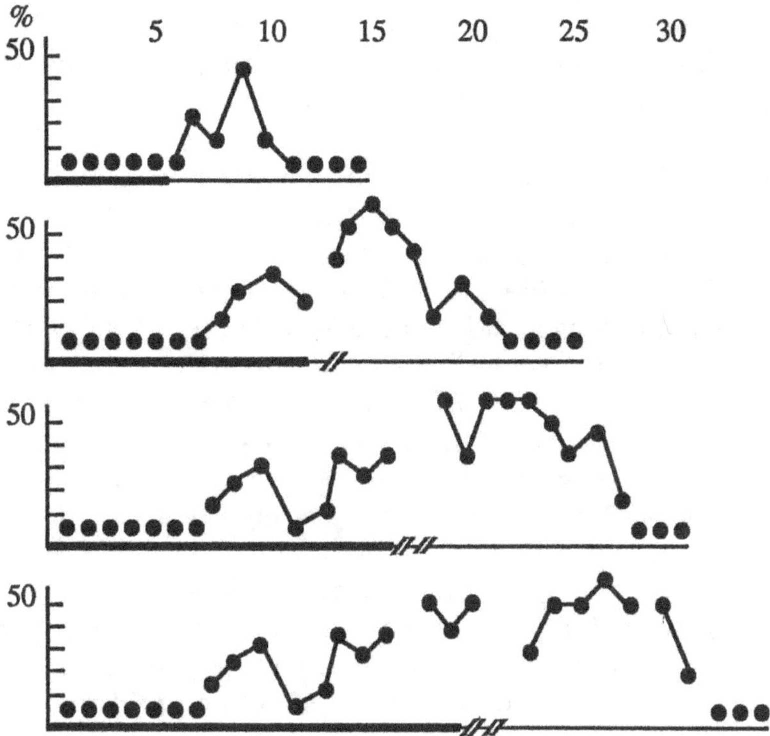

Figure 3. Apparition de la mémoire spatiale au cours des rêves.
En ordonnées : fréquence de rêves (en pourcentage) en rapport avec un pays « exoti-que » visité.
En abscisses : le trait gras noir indique des voyages de différentes durées (5, 10, 15 ou 20 jours). On remarque l'apparition des souvenirs de rêves en rapport avec le voyage vers le 7e-8e jour et la persistance des souvenirs de rêves en rapport avec le voyage après le retour au domicile. Les petits traits verticaux signalent l'absence totale de souvenirs de rêve due aux conditions du voyage de retour.
(D'après Jouvet, 1992.)

pendant et dix à douze jours après vingt voyages dans des pays « exotiques » (soit d'une durée de huit jours, soit d'une durée de douze jours). Pendant un voyage, il est évidemment plus facile de dater les rêves, puisque le classement est quasi binaire : ou bien le souvenir de rêve est en rapport avec l'ambiance plus ou moins exotique du pays visité, lorsque le paysage des villes ou des campagnes est différent de l'Europe (comme l'Asie du Sud-Est, les îles du Pacifique ou l'Afrique noire), ou bien il est en rapport avec la France ou un lieu inconnu, mais sans caractéristique topographique. Les résultats obtenus sont comparables avec ceux publiés en 1979 : plus la durée du voyage augmente, plus le pourcentage de souvenirs de rêves en rapport avec le *nouvel environnement* augmente (de 7 % la première semaine à 42 % la troisième semaine). On retrouve ainsi un phénomène analogue à celui décrit par Roffwarg et ses collaborateurs avec les verres colorés. On peut remarquer que cette proportion de 42 % des souvenirs de rêves (de 0 à − 15 jours), obtenus la deuxième semaine d'un voyage, est le double de ce qui surviendrait dans des conditions de vie « ordinaires ». Enfin, il existe ce que l'on pourrait appeler une « traîne diachronique », qui persiste après un voyage. En effet, pendant deux semaines après le retour, 40 % des souvenirs de rêves sont en rapport avec la période de − 10 à − 2 jours du voyage précédent, au lieu des 6 % qui existeraient dans des conditions de contrôle. Je n'ai pas retrouvé dans la littérature d'autres données en rapport avec les souvenirs de rêves, dans des conditions de voyage. Il existe quelques données anecdotiques de prisonniers, qui rapportent que la plupart de leurs souvenirs de rêves, lorsqu'ils sont en prison, sont en rapport avec leur vie de liberté avant d'être en prison. C'est le cas de Jean-Paul Kaufman qui, interrogé par *L'Événement du jeudi*[32], répondit : « Le rêve était vraiment notre seconde vie. Marcel Carton, Marcel Fontaine et moi-même passions une bonne partie de nos matinées à analyser nos rêves de la nuit précédente. La plupart de ceux-ci avaient trait à notre enfance. La nuit, je passais la plus grande partie de mon temps à Corps-Nuds, le village de ma jeunesse. » Enfin, lorsque certains prisonniers redeviennent libres, ils font alors des rêves en rapport avec leur état de prisonniers. Il n'existe pas, à notre connaissance, de statistique permettant d'étudier ces phénomènes remarquables, dans de telles conditions.

Chapitre II

ANTHROPOLOGIE ET RÊVE :
LE CONTENU MANIFESTE DES SOUVENIRS DE RÊVES
(Monique GESSAIN)

S'attachant à décrire une société sans écriture, l'ethnologue, par sa seule observation, crée ses sources, toujours biaisées par ses intérêts, sa personnalité. Parmi les matériaux qui échappent à cette limitation — mythes, contes, légendes, autobiographies, rêves —, les souvenirs de rêves sont biaisés essentiellement par le rêveur, même si l'on estime que le choix du rêveur, parmi ses rêves, puisse, jusqu'à une certaine mesure, être influencé par l'ethnologue lorsque c'est à celui-ci qu'il les raconte.

Les ethnologues se sont donc naturellement intéressés aux rêves des populations qu'ils étudiaient, mais, selon les époques, ils ont tenté d'atteindre, dans et par ces rêves, des objectifs divers.

Dans une importante revue des études anthropologiques concernant les rêves, Roy G. d'Andrade[1] traite, en 1961, de l'influence des rêves sur l'origine et le développement de la culture, de l'universalité du symbolisme des rêves et des résultats des études sur l'interprétation psychologique des rêves dans les sociétés « primitives ». S'interrogeant sur la manière dont la culture influence et utilise les rêves, il concluait qu'« avant Freud, les rêves ont été considérés comme pouvant avoir une influence majeure sur l'origine et le développement de la religion. Après Freud, les rêves en vinrent à être considérés comme des représentations déguisées de motivation, concernant plutôt l'analyse de la psyché individuelle que celle d'événements sociaux et culturels. Cependant, vers 1930, les anthropologues ont commencé à mettre en question la théorie psychanalytique des rêves [...]. Ainsi les rêves sont-ils de nouveau entrés dans le champ des discussions sur la culture... ».

Roger Bastide [2] avait précisé, dès 1932, la méthode que le sociologue doit appliquer à l'étude du rêve : « Il ne suffit pas de donner le nom, l'âge ou les antécédents psychopathiques du rêveur... il serait bon d'indiquer aussi sa profession, sa culture, son milieu social [3]. » « Il faut distinguer, dans le rêve, ce qu'on a justement appelé le "contenu manifeste" et les "tendances cachées". L'apport de la société ne se trouve pas dans les images mêmes, qui forment le contenu du rêve, mais dans les tendances inconscientes qui en règlent la structure intime. On est ainsi amené probablement à établir une typologie du rêve, d'après les tendances secrètes qui s'y expriment, typologie différente de celle des psychanalystes : rêves de revanche, de libération, d'évasion, rêves sexuels, de continuation de travail (mathématique, littéraire, etc.). Et c'est cette typologie qui doit être fonction de la vie sociale. » Bastide considère que « le rôle joué par le rêve est fonction de la culture » et que le rêve permet au « non-civilisé de mieux s'insérer dans le cadre de sa collectivité ».

Dès 1934, R. Firth [4], étudiant la signification du rêve dans une population des îles Salomon, remarque la flexibilité de l'interprétation des rêves Tikopia, toujours en rapport avec la situation du rêveur et de sa famille. Cette flexibilité, qui permet erreurs et corrections, préserve la croyance dans la validité des rêves, messages des esprits. Elle rappelle la non-rigidité des interprétations de rêves par les Bassari. Firth regrettait que la publication de la totalité des souvenirs de rêves Tikopia « ait dû être remise à plus tard ».

En 1935, J.S. Lincoln affirme, dans son ouvrage *Le Rêve dans les cultures primitives* [5], la nécessité de l'approche anthropologique, posant à propos du rêve diverses questions toujours d'actualité : fonctions du rêve dans les sociétés primitives, relations entre contenu manifeste et culture, universalité des motifs et de leur sens...

Dès 1949, Dorothy Eggan défend l'intérêt de l'étude du contenu manifeste des rêves, à propos de six cents rêves hopi recueillis de 1939 à 1949 : « L'intérêt porté au sens le plus profond des rêves, au travers de la psychanalyse, a masqué les possibilités d'utiliser leur contenu manifeste pour des observations significatives[6]. » En 1952, elle publie une étude au titre évocateur, « Le contenu manifeste des rêves : un défi aux sciences sociales[7] », portant sur deux cent cinquante-quatre rêves d'un même sujet. Elle établit une liste de cinquante-cinq « éléments manifestes », fréquemment rencontrés dans ces rêves, et qui comprennent des symboles freudiens, des symboles cités par les Hopi dans leur interprétation des rêves, mais aussi des personnalités, des situations et des concepts particulièrement importants pour les Hopi. La fréquence de ces différents items met en évidence les stress aussi bien que les aides imposés par la culture du rêveur. Mais Dorothy Eggan regrette encore, en 1966, qu'à cause de la psychanalyse « il soit virtuellement impossible de penser en termes de seul contenu manifeste[8] ».

En dépit de ces controverses, un certain nombre de travaux généraux « montrent que l'intérêt pour le rêve de populations diverses ne faiblit pas ». Georges Devereux y insiste, en 1970, dans sa préface à la réédition de l'ouvrage de Lincoln[9] : « Une approche anthropologique du rêve demeure indispensable [...] l'interaction entre le culturel et le subjectif est et sera toujours un des problèmes cruciaux de toute [...] étude de l'homme. » Chantre de l'anthropologie psychanalytique (puis aussi de l'utilisation par les psychanalystes de l'anthropologie), Géza Roheim, qui a rencontré Freud en 1918, considère le rêve comme « la voie royale d'accès à un inconscient collectif[10] ». Le rêve est pour lui une réaction à la chute dans la mort (la matrice maternelle) que représenterait le sommeil[11]. G. Roheim retrouve chez tous les rêveurs (européens, australiens, amérindiens, africains) un rêve de base et des « êtres éternels du rêve. Les cérémonies sont les dramatisations des activités de ces personnages éternels venus du rêve[12] », parmi lesquels se comptent les ogres. La connaissance des sociétés « primitives », où il voit des systèmes construits sur le mode du rêve, l'aide à comprendre la psychopathologie européenne. Il n'est pas pour lui de symptôme qui ne trouve son analogue dans une forme culturelle « primitive », dont le malade européen n'a aucune connaissance. Géza Roheim associe ainsi, d'une culture à l'autre, délire et croyance, croyance « magique » et perception correcte de la réalité ; ses nombreux travaux (voir aussi Dadoun) concernent les rapports en « aller et retour » entre rêve, mythe et rituel. Mais ce qui intéresse Roheim dans le rêve, c'est « son contenu latent, qui ramène le rêveur à des situations [...] infantiles, et présente les difficultés réelles comme résolues dans le sens des désirs infantiles[13] ».

Le premier mérite de Géza Roheim demeure sa vision trinitaire de l'être humain — homme diurne, homme nocturne et homme rêveur —, vision qui rend à l'onirique, qui pourrait être une référence pour notre propre énergétique, une place trop souvent négligée. De cette « vigilance au rêve », nous devons lui rester reconnaissants. Caillois et Von Grunebaum publient en 1967 un ouvrage collectif où Bastide[14], s'interrogeant sur la fonction et le contenu du rêve dans chaque société ainsi que sur le cadre social de la pensée onirique, considère le rêve comme un processus actif, au rôle créateur dans la réalisation de l'individu. Pour Bastide, la dynamique du rêve permet d'entrevoir une continuité entre la vie nocturne et la praxis diurne : apportant des réponses mythiques à des situations nouvelles, le rêve lui apparaît comme un moyen d'accès à la perception des mythes.

Une autre vision générale est celle de Kuper[15], qui propose, en 1979, à partir d'un rêve de W.H.R. Rivers et de trois rêves d'un Indien des Plaines (rapportés par Devereux), une approche structuraliste des rêves utilisant les méthodes développées pour l'analyse du mythe, ce qui lui semble permettre une meilleure compréhension de la pensée inconsciente. Mais la plupart des travaux anthropologiques sur le rêve concernent les seuls Indiens d'Amérique et les sociétés shamaniques, où le rêve a une fonction psychothérapeutique.

Reconnaissant l'importance du contenu manifeste des souvenirs de rêve, Devereux[16] montre le rôle des facteurs culturels dans les troubles de la personnalité. Il raconte lui-même comment il fut amené, à partir de l'observation d'un Mohave, à la pratique d'une psychothérapie transculturelle, alors que les entretiens avaient été entrepris à des fins de recherche, et avec l'intention ferme d'éviter un traitement psychanalytique. Dans ce traitement, les rêves ont un rôle essentiel, intervenant dans cette population où ils sont considérés comme des événements réels et où les shamans acquièrent leurs connaissances dans la vie réelle, avant de les rêver[17].

En 1981, un numéro spécial d'*Éthos*[18] est consacré aux rêves. Un des six articles concerne les rêves de trois femmes Gusii du Kenya, informatrices rêvant de l'anthropologue qui les étudie. Celle-ci, Sarah Le Vine[19], met en garde les chercheurs contre les implications d'une telle situation. Dans le même volume, Thomas Gregor[20] donne les résultats de son analyse du contenu des rêves des adultes d'un groupe de quatre-vingt-trois Indiens du Brésil central. Parmi les paramètres étudiés figurent différents types d'agression (que le rêveur en soit l'auteur ou la victime) et d'anxiété.

L'année suivante, S. Le Vine[21] publie un nouvel article sur les rêves des femmes Gusii. Pour étudier la relation entre les rêves et le comportement culturel, elle analyse le contenu de quatre-vingt-huit rêves de vingt-deux femmes de dix-huit à quarante-cinq ans (dont dix-sept enceintes au moment d'au moins un rêve), affiliées à une Église chrétienne. Elle s'intéresse en particulier au lieu du rêve, aux personnages qui y apparaissent, aux manifestations de force personnelle (et recherche d'aide) et de persécution, à la maladie (et aux accidents et violences), au sexe, à l'accouchement, au monde surnaturel, enfin aux réactions émotionnelles, au souvenir du rêve et à sa signification, ainsi qu'aux rêves en série. Elle estime que les rêves de ces femmes Gusii reflètent les difficultés et les ambivalences de leurs vies à l'époque de l'enquête (de 1975 à 1979).

La même année, dans son étude du culte Bwiti, Fernandez[22] montre le rôle de la communication avec les ancêtres, par le rêve, dans l'élaboration des croyances et de la liturgie, chez les Fang du Gabon.

Mais comme le montrent les importantes bibliographies publiées par Andrade et Eggan en 1961, Webb et Cartwright[23] en 1978, Barbara Tedlock[24] en 1987, jusqu'à Perrin[25] en 1992, les références concernant les rêves de populations africaines sont peu nombreuses contrairement à celles concernant, par exemple, les Amérindiens.

En 1950, Bastide publie une étude comparée de rêves de mulâtres du Brésil[26] appartenant à deux classes très distinctes : une classe moyenne qui cherche à s'élever, en concurrence avec les Blancs, et une classe « adaptée » à sa place dans la société. Il s'intéresse à la présence dans leurs rêves, comme dans leurs histoires de vie, de sentiments refoulés d'infériorité ou de révolte.

En 1958, Lee[27] publie son étude des rêves de six cents Zulu, hommes et femmes, en même temps que leurs résultats au test TAT et les interviews concernant les rêves de cent vingt autres femmes. Il en conclut que les rêves des hommes et des femmes diffèrent et que « l'inconscient est un conservatoire du passé », car le contenu des rêves lui semble conforme à ce qu'était la morale zulu cinquante à soixante-quinze ans auparavant.

En 1966, Le Vine[28] publie une analyse de rêves d'un groupe de trois cent quarante-deux garçons (de quinze à vingt-huit ans) — élèves du secondaire au Nigeria — appartenant à trois ethnies différentes : soixante-six Haouassa (définis par l'auteur comme « musulmans non éduqués »), cent trente-neuf Yoruba (le plus souvent chrétiens, cent six du Sud qualifiés d'« éduqués », trente-trois du Nord « non éduqués »), enfin cent trente-huit Ibo (« chrétiens plus ou moins éduqués »). Le but de cette enquête est de connaître les motivations au succès et à la réussite sociale de ces adolescents à partir des images de réussite apparues dans leurs rêves. Les résultats (en faveur des Ibo, devant les Yoruba du Nord, les Yoruba du Sud et enfin les Hausa) sont conformes à ceux de l'enquête ethnographique, concernant le système de mobilité sociale des trois populations.

M.M. Mubay[29], décrivant, en 1982, la symbolique du rêve chez les Yansi et les populations voisines du Zaïre, s'intéresse essentiellement au rôle du rêve comme moyen d'entrer en contact avec le monde invisible et les morts, et de connaître les intentions maléfiques d'un sorcier ou l'issue possible d'une démarche entreprise. Pour les Yansi, le rêve, qui peut être lu par un devin, annonce l'avenir, conseille, apporte un message des morts aux vivants, annonce un malheur, un reproche ou un bonheur.

L'ouvrage de Mubay présente le résumé (défini par lui comme contenu manifeste), l'interprétation (par décodage de symboles) et les effets ou conséquences éventuelles de 307/500 souvenirs de rêves recueillis auprès de cent quatre-vingts rêveurs, hommes et femmes d'âges et de groupes ethniques différents, souvent élèves d'écoles secondaires. Les rêveurs ont eux-mêmes rédigé ces textes auxquels renvoie un index des quelque huit cents symboles rencontrés, qui permettrait une étude de leurs fréquences, voire des corrélations les unissant. L'auteur a en effet défini des « constellations de rêves » portant le même message, soit parmi les nuits successives d'un même individu, soit parmi les rêves d'individus différents.

À l'exemple de Le Vine pour le Nigeria et de Mubay pour le Zaïre, ce sont aussi des textes rédigés par de jeunes adolescents qui ont fourni, en 1983, à Mamadou Traore Ray Autra[30] l'essentiel des matériaux dont il a tiré son ouvrage sur l'*interprétation des rêves dans la tradition africaine*. À côté d'enquêtes personnelles, il utilise les mémoires de fin d'études d'élèves de l'École normale venant de différents pays d'Afrique occidentale francophone, et appartenant à des ethnies et à des confessions diverses. Mais l'ambition de l'auteur est de « tirer, des différences, des nuances et des similitudes entre les concepts culturels et religieux et les attitudes de ces peuples face au rêve, quelques dénominateurs communs qui situent l'importance, la complexité et les implications de ce vaste problème dans l'univers africain ». À ce titre, l'ouvrage de Ray Autra est plein d'enseignements. À partir de conceptions le plus souvent mandingues et wolofs, où l'on reconnaît l'influence de l'Islam, l'auteur définit le rêve et décrit son rôle et son influence dans la vie individuelle et collective. Pour les Mandingues, le rêve est « la projection des actions vécues par le double — *damé-léké* — au cours de ses pérégrinations nocturnes, voire diurnes, puisqu'il arrive qu'on rêve dans la journée ». Cette conception du rêve est très proche de celle des Bassari qui s'accordent aussi à considérer le rêve comme un moyen d'information sur le passé, le présent et l'avenir (il permet de reconnaître les ennemis ou de voir l'état des récoltes à venir), un mode de communication avec les absents, les défunts ou les puissances surnaturelles, voire un moyen de divination.

Mais les Bassari sont bien loin des faits décrits concernant le rêve provoqué, l'usage de procédés et l'ingestion de plantes « onirogènes », l'interprétation des rêves par de véritables spécialistes, de même que la rigide catégorisation des rêves selon qu'ils sont ou non prophétiques, suggestifs, symboliques, ou proposant au rêveur une énigme.

Ray Autra traite également des facteurs qui influent sur le rêve : heure de la nuit, jour du mois lunaire, lieu. Les Bassari peuvent, comme les Malinké, connaître des moments du sommeil propices aux rêves : certains sont sûrs de rêver s'ils s'endorment assis dans la journée. Ray Autra écrit : « Pour faire de bons rêves, il faut être dans un lieu familier. Dès qu'on se trouve dans un endroit étranger à ses habitudes, les rêves que l'on fait sont flous, bizarres, incohérents ou effrayants ; car le double, n'étant pas habitué aux lieux, se met à divaguer comme une âme en peine. » Au cours des pages suivantes, nous verrons si les rêves de Tama se conforment à cette affirmation.

Ray Autra s'interroge aussi sur les rapports entre le rêve et la sorcellerie, le rêve et le sacrifice : des offrandes sacrificielles peuvent être conseillées à la suite d'un rêve, pour obtenir la réalisation d'un souhait ou conjurer un malheur annoncé. Le chapitre « Du rêve à la réalité » donne quelques exemples de réalisation de rêves prophétiques. Mais près des deux tiers de son livre sont consacrés à une « liste alphabétique d'interprétations traditionnelles de rêves », ainsi que des sacrifices à accomplir, cela sans aucune référence ethnique ou religieuse précise. Cette clef des songes, s'appliquant à tous et en tout temps, est très éloignée de l'interprétation Bassari, toujours individuelle et susceptible de modifications avec le temps.

Actuellement, les rapports entre le rêve et le mythe chez les immigrés d'Afrique noire en France sont au cœur de l'œuvre abondante de Tobie Nathan, professeur de psychopathologie clinique et pathologique, dans un contexte essentiellement thérapeutique. Dans *La Folie des autres. Traité d'ethnopsychiatrie clinique*[31], il compare « les fonctions respectives, dans la culture et dans l'appareil psychique, du rêve et du mythe[32] ». Violent et sexy, *Saraka Bô*[33], le roman policier publié par Tobie Nathan en 1993, en donne un exemple. C'est à la lumière de la mythologie grecque qu'un psychanalyste-ethnologue, entouré d'immigrés maliens et grand amateur de blues, y décrypte « la langue avec laquelle le commissaire dialogue avec l'assassin ». Pour résoudre l'énigme que lui proposent quelques rêveurs — deux policiers, un terroriste et une cyclomotoriste asexuée —, il faudra au praticien « deux jours, plutôt deux nuits et quelques rêves... ».

Toutes les écoles anthropologiques s'accordent à considérer les rêves comme des matériaux qui ne devraient pas être laissés de côté : D. Eggan[34] écrit en 1949 que « tout ce qui paraît important à une population ne peut guère être ignoré dans un examen de sa culture ou du comportement de ses individus ».

Plus récemment, Geertz[35] affirme qu'il ne serait pas vain de « regarder quelques vieux problèmes [...] concernant la façon dont la culture est articulée et rassemblée, [en allant] vers ceux qui interprètent les espèces de vies que les sociétés entretiennent ». Il recommande de concevoir « connaissance, émotion, motivation, perception, imagination, souvenir... n'importe quoi, comme étant en elles-mêmes et directement des affaires sociales ». Ce « n'importe quoi » comprend bien certainement les souvenirs de rêves de Tama.

Peut-être la récente parution de deux ouvrages consacrés aux « rêves d'ailleurs » marque-t-elle un renouveau de l'intérêt des anthropologues pour « les systèmes culturels du rêve ». Le premier, de Jedrej et Shaw, en 1992, concerne le rêve en relation avec la religion et la société en Afrique[36]. Comme son titre *(Studies on Religion in Africa)* l'indique, il ne s'intéresse donc pas à l'ensemble du contenu manifeste du rêve, mais ce premier ouvrage collectif sur le rêve en Afrique fournit des données neuves sur des populations aussi diverses que les Zezuru du Zimbabwe, les Temne de Sierra Leone, les Ibo du Nigeria, les Berti du Darfour, les Yansi du Zaïre, les Ingessana du Soudan, les tisserands Toucouleur et les membres de diverses Églises chrétiennes du Cameroun, du Nigeria, etc. De plus, l'introduction, par les éditeurs, et la postface, par Roy Willis, ont le mérite de situer l'histoire de l'étude ou de la non-étude des rêves d'Africains par rapport à l'histoire des sciences psychologiques et anthropologiques et des idées qu'elles véhiculent à propos de l'altérité depuis le XIXᵉ siècle.

En 1994 paraît un autre ouvrage collectif, « Rêver la culture », numéro spécial de la revue canadienne *Anthropologie et Société*. Un long article de M. Lortie-Jussier, J. de Koninck et M.J. Roy[37] y résume les recherches concernant le « contenu manifeste du rêve, en tant que reflet des préoccupations de la vie quotidienne [...] elles ont permis de dégager certains invariants de la structure des rêves et variantes liées au sexe, aux rôles sociaux, à l'âge et à la culture ».

Les exemples décrits concernent plus particulièrement (la revue est américaine) les Amérindiens, qui pratiquent le rêve « lucide » (B. Tedlock) et « des techniques de contrôle du contenu et du processus de rêve » (M.-F. Guédon), très éloignés du système bassari. Mais l'éditeur de l'ouvrage, Sylvie Poirier[38], à propos d'un exemple australien, « propose de considérer cinq moments dans l'analyse de la mise en œuvre sociale du rêve : les théories oniriques locales, le récit onirique, les modes de partage et les processus d'apprentissage du langage onirique, les thématiques oniriques et les grilles locales d'interprétation et, enfin, le potentiel révélateur/innovateur accordé au rêve ». Ce programme est assez proche de celui que nous nous sommes donné pour l'étude des rêves d'un Bassari : Tama.

Pourquoi avons-nous souhaité, dès les années 1960, étudier le contenu des rêves de Tama ? Peut-être parce que en dépit des nombreuses enquêtes sur les Bassari, nous sommes toujours incapables d'évaluer une certaine qualité de la société bassari. Nous pouvons décrire maints rouages de celle-ci, mais pouvons-nous répondre à des questions telles que : les hommes et les femmes bassari sont-ils « bien dans leur peau », l'atmosphère à l'intérieur du couple, de la famille ou de la classe d'âge est-elle marquée par la confiance ou la méfiance, la quiétude ou l'inquiétude, quel regard l'individu porte-t-il sur sa société et sa culture ?

Nous comprenons fort bien le malaise et l'interrogation à l'origine de l'enquête de Parin[39] chez les Dogons : « Avant de partir chez le peuple dogon, nous avons étudié la littérature ethnologique relative à cette ethnie. Il s'agissait des travaux de Marcel Griaule, de Germaine Dieterlen et de nombreux autres ethnologues qui, presque tous, appartenaient à l'école de Marcel Mauss [...] et avaient composé plus de cent cinquante travaux, dont plusieurs ouvrages de quelques centaines de pages. Après avoir lu et minutieusement étudié toute cette littérature, nous sommes allés en pays dogon, sans avoir la moindre idée du genre de personnes qui nous y attendaient. Nous ne savions pas si ces gens, dont les mœurs et les institutions, les conditions de vie matérielle, les connaissances intellectuelles et les capacités spirituelles étaient magistralement exposées, étaient des hommes et des femmes ouverts ou fermés, doux ou agressifs, heureux et équilibrés ou malheureux et chancelants. Après toutes ces lectures, il était impossible de deviner si ces gens vivaient sous la contrainte du système religieux quadripartite, comme malades obsessionnels, forcés de remplir des devoirs décourageants et rigides par des obligations multiples que ces systèmes demandaient d'eux, ou bien — comme nous le trouvâmes bientôt après sur place — si cette multitude de correspondances spirito-religieuses ber-

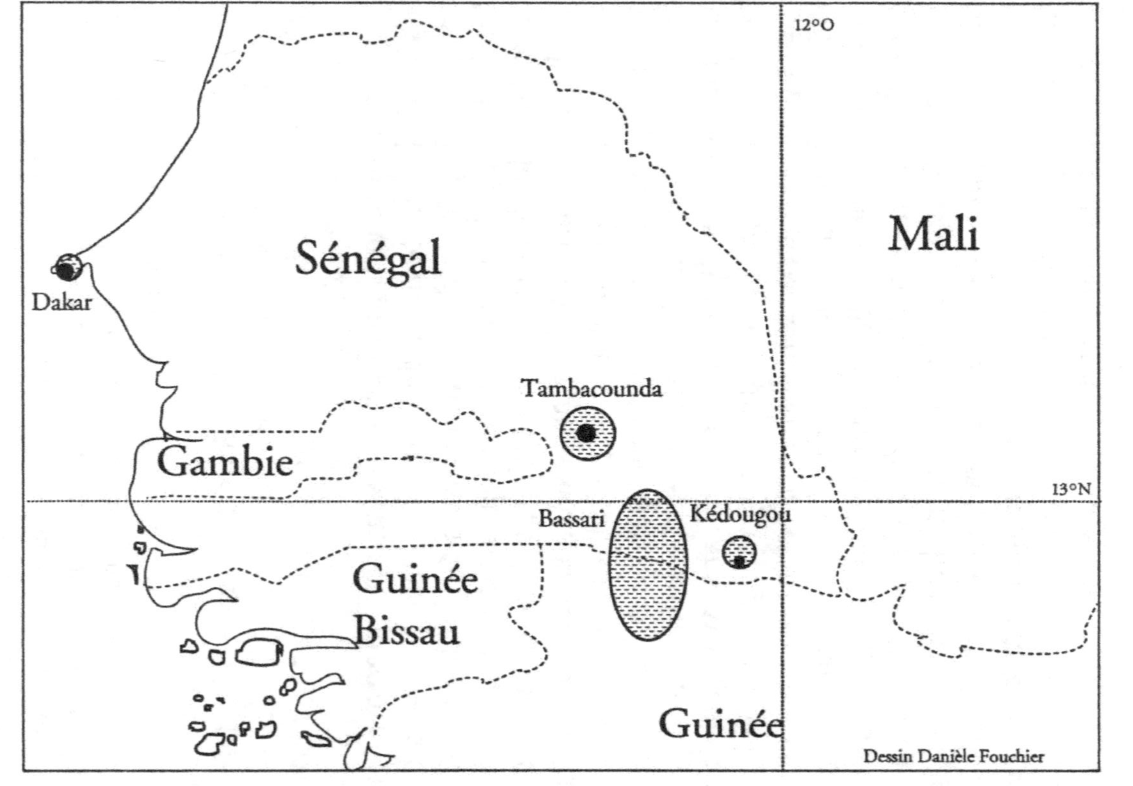

Le pays bassari, à la frontière du Sénégal et de la Guinée, et les villes du Sénégal où vivent de nombreux émigrés bassari.

çaient des individus détendus, d'un tempérament gai, stable et d'une grande liberté affective, comme un réseau d'amour que les dieux et les ancêtres morts avaient tendu pour amortir les duretés de la vie terrestre pour leurs chers êtres qui se régalaient de cette affection. » Les Bassari ne sont pas les Dogons, mais ils ont cependant, eux aussi, donné lieu à des enquêtes multidisciplinaires de longue durée et qui s'intéresse aux hommes et aux femmes composant la société bassari ne peut manquer de se poser des questions similaires à celles exprimées par Parin. Peut-être avons-nous espéré que les souvenirs de rêves de Tama pourraient aider à une meilleure évaluation de la « qualité de vie » de Tama, voire des autres membres de la société bassari, ne serait-ce qu'en corrigeant « l'idéalisme » de toute description ethnologique pour laquelle appréhender une société de l'intérieur reste un objectif difficile sinon inatteignable [40] ?

« Que prétendons-nous, écrit Geertz [41], quand nous prétendons comprendre les moyens sémiotiques par lesquels [...] les personnes sont définies l'une pour l'autre ? Que nous connaissons des mots ou que nous connaissons des esprits ? [...] Quand un ethnographe [...] s'efforce de trouver la conception que se fait de la personne un groupe d'indigènes, il avance et recule en se demandant à soi-même : "Quelle est la forme générale de leur vie ?" et : "Quels sont [...] les véhicules par lesquels cette forme s'exprime ?" »

À l'origine de notre intérêt pour les rêves de Tama, on peut sans doute trouver une démarche analogue et, dans la méthode utilisée pour leur étude, un mouvement semblable.

L'analyse du contenu manifeste des souvenirs de rêves de Tama, tels qu'il nous les a racontés, nous éclairera-t-elle sur la culture bassari et sur l'interaction entre le culturel et le subjectif, telle qu'elle apparaît chez Tama ? Nous permettra-t-elle de mesurer, parmi les croyances partagées par les Bassari, parmi les institutions que nous avons vues fonctionner chez eux, celles qui modèlent et colorent la vie de tous les jours de l'un d'entre eux ?

DEUXIÈME PARTIE

Les Bassari :
leurs vies diurnes et nocturnes

Chapitre III

LES BASSARI, GENS DE LA LATÉRITE
(Monique GESSAIN)

À la frontière du Sénégal et de la Guinée, dans une région de collines culminant entre trois et quatre cents mètres, vivent environ dix mille Bassari. Ceux que nous appelons ainsi se nomment eux-mêmes Beliyan : « ceux de la latérite », roche présente chez eux sous tous ses aspects : gravillons, blocs, dalles, carapaces ou cuirasses.

Leur présence est attestée, là où ils habitent aujourd'hui, au XVIIe siècle, mais leur expansion géographique semble avoir été plus grande autrefois. Venus de l'est, les Tenda, dont ils font partie, se seraient installés en Haute-Gambie dès le XIIIe siècle, avant les Peul et les Mandingues qui y constituent actuellement la majorité de la population.

Les Bassari sont cinq à six mille au Sénégal, cinq mille en Guinée, mille cinq cents en Guinée-Bissau et quelques-uns en Gambie. Plus de 10 % habitent actuellement des agglomérations urbaines au Sénégal (cinq cents à Kédougou et aux environs, huit cents à Tambacounda) et en Guinée (à Koundara, etc.).

Leur langue appartient au groupe ouest-Atlantique Nord. Elle se caractérise par un système de classes nominales auquel s'accordent les adjectifs, possessifs, déterminants et relatifs.

Le pays bassari est situé à environ quatre cents kilomètres

de la côte Atlantique, par la route à huit cents kilomètres de Dakar. Le climat, la végétation, profondément modifiée par l'homme, et la faune sont ceux de la savane arborée soudanienne, à la limite des zones sahélienne et guinéenne. La quantité annuelle de pluies dépasse mille millimètres, réparties au cours d'une seule saison pluvieuse, de mai à octobre, pendant laquelle la température est de 29 à 32 degrés pour remonter ensuite pendant la saison sèche et atteindre 41 degrés en avril.

Les villages bassari s'échelonnent sur un territoire long d'environ soixante kilomètres, large d'une quinzaine, à l'exception de quelques-uns, isolés à cinquante kilomètres au nord-est. Partageant ce territoire avec les Peul qui, venus de Guinée, les envahirent à partir de la fin du siècle dernier et occupent aujourd'hui les bas-fonds avec leurs troupeaux, les Bassari habitent généralement les crêtes. Chaque village groupe de soixante à cinq cents personnes qui peuvent être réparties sur un territoire de quarante kilomètres carrés ou plus.

L'habitat

Les Bassari habitent, jusqu'en 1960, des maisons circulaires aux murs de blocs de latérite et aux toits de paille. En Guinée, plusieurs femmes peuvent partager la même maison tandis qu'au Sénégal, chaque épouse d'un mari polygame dispose d'une maison-chambre à coucher. La concession familiale (le « carré ») groupe les chambres des hommes et des femmes ainsi que cuisine, grenier et bergeries. Au Sénégal, chaque famille patriarcale (un homme marié, sa ou ses femmes et leurs enfants, parfois un ou deux parents âgés, un fils ou un frère marié) vit isolée au milieu de ses champs. Au centre du terroir se trouve la concession du chef et le « village de fête » qui regroupe les *ambofor* (maisons communes où chaque soir dorment jeunes gens et jeunes filles), ainsi que les maisons où chaque famille vient habiter quelques semaines à la fin de la saison sèche, au moment des cérémonies de l'initiation des garçons. En Guinée, le village est habité toute l'année.

Le genre de vie

La chasse a été l'occupation essentielle des hommes, individuellement ou à deux ou trois autour des villages, en groupes plus nombreux vers le Saruat et surtout dans ce qui est devenu le parc du Niokholo, traditionnel territoire de chasse des Bassari. On tirait à l'arc les perdreaux, les singes, voire une antilope, qui, blessée, serait ensuite attrapée à la course par les chiens ; on attrapait les perdreaux au trébuchet et les gros mammifères au fusil. On chassait pour se nourrir, mais aussi pour le prestige : qui a tué un de ces animaux que les Bassari parlant français qualifient d'animal d'honneur — éléphant, hippopotame, lion, panthère, buffle, hyène — obtient pour lui, sa femme et sa fille, le droit de porter un ornement flatteur.

Le gibier s'est raréfié, la création du parc national du Niokholo Koba et l'interdiction de la chasse ont entraîné l'abandon du rituel qui marquait la mise à mort de certains « animaux d'honneur ». Mais la chasse demeure présente dans les mentalités, le texte des chants de fête de classes d'âge, et le vocabulaire des jeux.

La quête du miel est assimilée à la chasse, précédée du même rituel, soumise aux mêmes interdits sur les rapports sexuels pendant les jours précédant l'expédition. L'abondance de la récolte est mise en rapport avec la floraison de certaines plantes, avec le cycle sexannuel qui règle le système de classes d'âge et avec un axe nord-est-sud-ouest, reliant de hauts lieux religieux. Les abeilles obéissent au génie maître des animaux sauvages qui peut leur ordonner de piquer quiconque oserait abattre un arbre dans un lieu interdit à la culture. Voisins et parents des Bassari, les Coniagui ont mis en déroute les Français et les Peul en ordonnant aux abeilles d'attaquer les assaillants. La consommation ritualisée de miel (sauvage ou récolté dans des ruches) est soumise à des interdits de classes d'âge essentiels. L'hydromel, très apprécié, est offert en prestation aux hommes âgés par les plus jeunes mais, contrairement à la bière de sorgho, il peut être vendu.

Les Bassari ont une grande connaissance de la flore de la région qu'ils occupent depuis fort longtemps : ils distinguent et nomment plus de trois cents plantes. À côté de leurs multiples usages techniques (habitat, vannerie, etc.) ou médicinaux, certaines sont consommées telles, d'autres après une préparation plus ou moins élaborée. La cueillette des végétaux comestibles — fruits, graines, racines, feuilles, tubercules — est plutôt le fait des enfants qui les consomment généralement en brousse, ou des femmes qui peuvent en rapporter à la maison une calebasse ou un panier. Quelques produits — graines de néré et fruits de karité, qui donnent lieu à de longues préparations, et « vin » de palmier — sont essentiels ; d'autres, plus accessoires, peuvent cependant constituer, en temps de disette, un appoint important à l'alimentation.

L'agriculture

Les Bassari pratiquent une culture itinérante dans des champs sur pente soumis à rotation (alternance de pois de terre et arachides et de sorgho) et longues jachères. Jusque vers 1960-1970, les habitations sont déplacées lorsque la famille change de champs, environ tous les six ans. Alors que les champs sur pente ne donnent lieu qu'à un droit d'usage, du père aux fils, les rizières de bas-fonds hautement valorisées donnent lieu à un héritage. Aujourd'hui, les habitations sont fixes et les champs occupés à peine quatre ans de suite. Les jachères ont raccourci et dans certains quartiers, les terres sont rares.

Les travaux des champs s'échelonnent tout au long de l'année : des semailles (à partir de mai-juin : sorgho, maïs, puis fonio et riz, arachides et pois de terre) aux désherbages, jusqu'aux récoltes (d'août à janvier-février autrefois, décembre aujourd'hui où la sécheresse a fait préférer des variétés hâtives). En saison sèche, on débrousse et on prépare les nouveaux champs.

Parents, voisins, camarades de classe, habitants d'un même quartier s'associent pour cultiver en commun. Dans le système *bindyandr*, tous les membres du groupe travaillent successivement dans le champ de chacun d'entre eux. Dans le système *atembanyon*, le paiement, différé, d'une journée de culture collective consiste en une certaine quantité de sorgho, destiné à la fabrication de bière, dont la consommation est toujours rituelle. *Apenan* est un travail collectif au bénéfice du chef de village.

La société

La population se partage entre six à huit lignées (selon les villages) ; le mariage est interdit entre sujets appartenant à la même lignée. L'appartenance à la lignée se transmet de la mère à ses enfants. Épouse et enfants appartiennent à une matrilignée différente de celle du mari-père. Certaines lignées, comme les *Bendya* (qui comprennent plusieurs sous-lignées) sont représentées par un grand nombre de sujets, d'autres par beaucoup moins, comme les *Bidyar*. Certaines prérogatives leur sont attachées : les maîtres de l'initiation *khore* sont *Biyankenty*, les maîtres de la terre et de la pluie *Bonang*.

La femme habite chez son mari et le mariage unit le plus souvent des conjoints du même village ou du même groupe de villages, défini à la fois par une proximité géographique, des cérémonies célébrées en commun, parfois une origine commune. La chefferie, les biens — en particulier le bétail, les récoltes, les rizières — sont traditionnellement transmis d'oncle maternel à neveu utérin. Ainsi la chefferie est-elle héritée par un neveu qui, souvent, n'habite pas le village du chef décédé.

La femme est valorisée et respectée, et aujourd'hui le

mariage ne peut avoir lieu sans son consentement. Chaque homme a souvent deux ou trois femmes à la fois, rarement plus ; à sa mort, ses frères héritent de ses femmes (c'est le lévirat).

La société bassari, égalitaire, qui ne connaît pas de castes, est marquée par des classes d'âge groupant l'ensemble de la population, de l'enfance à la vieillesse. Ce système comporte, pour chaque classe d'hommes ou de femmes, des obligations, des prestations, des cérémonies, des divertissements et des rituels de passage — chaque six ans — qui contribuent, dans une population distribuée en petits villages indépendants, à assurer une cohésion au niveau des groupes de villages.

Les relations entre échelons sont régies par des lois analogues à celles de la parenté, en ce qui concerne les appellations et les attitudes. Les échelons consécutifs sont dits « pères » et « fils », les « pères » exercent sur les « fils » une autorité très stricte allant jusqu'aux brimades et aux coups ; les échelons non consécutifs (séparés par un échelon) s'appellent d'un terme réciproque désignant à la fois les grands-parents et les petits-enfants, et ont entre eux des rapports faciles et affectueux, proches d'une « parenté à plaisanterie ».

Bien qu'associés aux classes d'âge, l'accès aux maisons communes des jeunes gens, la circoncision, l'excision, le mariage et, dans certains cas, l'initiation des garçons ne semblent pas devoir être considérés seulement par rapport à ce système peut-être antérieur à certaines de ces institutions, et particulièrement présent et élaboré dans un groupe de villages sénégalais.

Joie de leurs parents, fierté de leur mère et de sa lignée, membres à part entière de la communauté économique (sans eux, qui garderait les champs contre les oiseaux et les singes, surveillerait les chèvres et les vaches en hivernage et à l'époque des récoltes ?), les enfants font de bonne heure l'apprentissage de la vie en groupe, de la vie rituelle. Loin d'être quantité négligeable, ils voient les adultes faire appel à eux car leur jeunesse n'exclut pas les responsabilités.

Dès la naissance, garçons et filles portent un prénom indiquant leur ordre de naissance parmi les enfants de leur mère : *Tyara* ou *Ityar* est le premier fils de sa mère, *Tyira* ou *Ityir* la première fille. Des surnoms leur sont souvent attribués : *Inder* l'oiseau corvinelle, *Ingot* le bâton crochu à abaisser les branches porteuses de fruits.

À partir de huit ans, garçons et filles quittent les maisons de leurs parents, le soir après le repas, pour rejoindre leurs camarades dans les maisons communes où ils passeront la nuit, y apprenant les jeux, les chants, les danses, les travaux, les devoirs et les prérogatives de leurs classes d'âge, c'est-à-dire l'essentiel de la vie sociale. Les petits garçons *ringeta* sont circoncis vers dix ans.

Vers seize ans, les *lemeta* sont soumis à l'« initiation » : cet ensemble de rituels et de cérémonies, dont une partie est publique, de brimades, de révélations et d'enseignement fera d'eux des adultes, porteurs d'un nouveau nom.

C'est le plus souvent l'enfant lui-même qui demande à être circoncis ou initié, son père acceptant ou non, selon la maturité de son fils et selon ses ressources.

Autrefois les *lug* récemment initiés étaient soumis à des interdits alimentaires, ne pouvaient pas réclamer à manger et évitaient de trop boire : ils devaient se surveiller. Les *falug* sont des « chiens » accablés de travaux obligatoires, irresponsables et méprisés. Mais, par les journées de culture collective auxquelles ils étaient assujettis (plusieurs centaines de journées de travail, au cours des six ans que dure cette classe), les *falug* représentaient une force de travail considérable. Aussi l'absence des *falug* — qui sont nombreux à émigrer en ville (entre autres raisons, pour échapper à ces travaux obligatoires ?) — est-elle aujourd'hui particulièrement mal ressentie par les hommes âgés, qui se considèrent en droit de recevoir d'eux des prestations de bière de sorgho et de voir cultiver leurs champs par des travailleurs jeunes et nombreux.

Les *ndyar* doivent se montrer sérieux et maîtres d'eux-mêmes. Ils ont plus de responsabilités que tous les autres : « Ils gardent les coutumes », enterrent les morts, distribuent

Principales classes d'âge masculines et féminines *

HOMMES		FEMMES
	56 ans	
	55 ans	
	54 ans	
	53 ans	
	52 ans	
	51 ans	
	50 ans	
	49 ans	ENDÉPÉKA
	48 ans	
	47 ans	
	46 ans	
	45 ans	
	44 ans	ENDOKEING
	43 ans	
	42 ans	
	41 ans	
ÉPIDOR	40 ans	ENDOKORED
	39 ans	
	38 ans	
	37 ans	
	36 ans	
	35 ans	
ÉKETOK	34 ans	ENDEZÉBEKÉBATYA
	33 ans	
	32 ans	
	31 ans	
	30 ans	
	29 ans	
NDYAR	28 ans	ENDÉBATYA
	27 ans	
	26 ans	
	25 ans	
	24 ans	
	23 ans	
FALUG	22 ans	ENDODYAR
	21 ans	
	20 ans	
	19 ans	
	18 ans	
LUG	17 ans	
	16 ans	ENDOPALUG
(initiation)	15 ans	
	14 ans	(excision)
LEMETA	13 ans	
	12 ans	
(circoncision)	11 ans	ENDODUG
RINGETA	10 ans	
	9 ans	
	8 ans	

---

* Les âges sont approximatifs. Les *endopalug* = filles des *falug*, ont environ huit ans de moins qu'eux ; les *endodyar* = filles des *ndyar*, ont environ huit ans de moins qu'eux, etc.

la bière et la viande, buvant modérément pour pouvoir surveiller les vieux qui auraient trop bu... Ils sont les adultes par excellence.

Les jeunes filles sont excisées vers seize ans ; ni la circoncision ni l'excision ne donnent lieu à grande cérémonie. Chaque classe de filles correspond à une classe de garçons de quelque huit ans plus âgés : ainsi les *endodyar* (filles des *ndyar*) ont-elles de dix-huit à vingt-quatre ans alors que les *ndyar* en ont de vingt-six à trente-deux. Une relation particulière lie les jeunes filles aux garçons de la classe plus jeune : *endodyar* et *falug*, *endopalug* et *lug*. Ils dansent ensemble et les jeunes filles respectent ces jeunes hommes devant lesquels, il y a peu de temps, elles n'osaient pas manger et parmi lesquels elles trouvaient souvent leurs maris : ils ont à peu près le même âge.

La classe des *endepeka* (en cela parallèle à celle des *ndyar* pour les hommes) est pour les femmes celle des responsabilités : distribuer la bière, surveiller les femmes les plus âgées qui auraient trop bu, veiller à l'observance des « coutumes » féminines, etc.

Les rituels de passage de classe — tous les six ans — comprennent généralement des journées de culture, des brimades et un enseignement par la classe précédente, enfin une cérémonie avec partage de boissons et danses.

Liés par leurs soirées communes aux *ambofor*, par les dures journées de cultures collectives, par les brimades subies puis infligées, par les nuits de danse, les amitiés et les amours, les camarades de classe, et tout particulièrement les camarades d'initiation ou les camarades de lit à l'*ambofor*, restent proches tout au cours de leur vie... servis ensemble aux distributions de bière qui marquent les jours de culture collective, les rituels et les cérémonies religieuses. Peu à peu, le nombre des membres de chaque classe diminue, mais jusqu'à leur mort, hommes et femmes bassari se sentent appartenir à telle ou telle classe.

Dans cette organisation complexe où chacun joue successivement les rôles assignés aux diverses classes d'âge, les Bassari, hommes et femmes, se meuvent avec une remarquable aisance, se situant précisément parmi un grand nombre d'individus (plusieurs centaines, peut-être un millier ?) dont ils connaissent les liens réciproques tant du point de vue des classes d'âge que de celui des parentèles. Les femmes, en particulier, évoluent selon un savant contrepoint entre les exigences souvent antagonistes de leur classe, d'une part, de leur famille et de leur couple, d'autre part. Peut-être la réussite de cet équilibre doit-elle être mise en rapport avec la manière dont les enfants bassari sont élevés dès leur première enfance.

À côté des humains, apparaissent épisodiquement des masques et des *koré*. Les premiers sont esprits nés du fleuve Gambie ; vêtus de feuilles et de tissus d'écorce, le corps souvent enduit d'ocre, ils cachent leur visage aux regards des non-initiés ; les uns sont muets, d'autres déguisent leur voix. Certains sont agressifs (les *lukuta* de la bataille de l'initiation), d'autres plus spécialement musiciens-chanteurs. Les *lukuta*, au rôle rituel plus marqué, sortent plus souvent en saison sèche et ont une relation privilégiée avec les femmes âgées ; les *lènèr*, dont les chants entraînent les cultivateurs au travail, sont plus spécialement associés aux jeunes filles. Les *koré* au visage découvert connaissent un système de classes d'âge, ont un langage et un comportement qui s'opposent à ceux de la société humaine. Esprits incarnés ou hommes possédés par un esprit initiatique, doués de pouvoirs surnaturels, en particulier en ce qui concerne la fécondité et la santé (les enfants malportants leur sont confiés), *lukuta* et *koré* peuvent être considérés comme responsables du renouvellement des générations bassari.

Intermédiaires entre les humains et les puissances surnaturelles, les masques *lukuta* offrent en sacrifice bière de sorgho et plats de nourriture, au cours de cérémonies qui ont pour but de demander au dieu créateur pluies et fécondité des plantes et des femmes. D'autres sorties de masques concernent les seules récoltes de céréales et de légumineuses cultivées dans les champs sur pente ; ces masques entraînent les cultivateurs au travail des champs, dans la journée, et à la danse, le soir, de retour à la maison. Ainsi, les masques *lènèr* peuvent-ils sortir une centaine de fois à Etyolo au cours d'un hivernage, entre juin et novembre, avant de retourner au fleuve en saison sèche, jusqu'à l'année suivante. Ils participent aux travaux collectifs qui rassemblent une classe d'âge, des voisins, des amis (ils sont souvent dix, vingt, trente, parfois beaucoup plus), partageant avec eux nourriture et boisson (bière de sorgho, hydromel, vin de palme). Les sorties de masques *gwangwuran* et *Pena bishyara* (seul masque représentant une femme) sont beaucoup plus rares.

Chasseurs et gibier peuvent entretenir des rapports privilégiés et le même être vivant peut être tour à tour plante ou insecte.

Les Bassari invoquent de nombreuses puissances surnaturelles (esprits d'ancêtres en particulier), auxquelles sont offerts en sacrifice, sur des autels de pierre, coqs et bière de sorgho.

Le changement

Réputés pour leur respect des traditions, les Bassari ont vécu depuis le début du XXe siècle une évolution accélérée.

Vers 1900, date à laquelle la démographie bassari paraît avoir été stationnaire et leur société presque autarcique, les Bassari sont relativement peu nombreux et seuls à occuper leur territoire : ils entretiennent quelques relations commerciales avec les Malinké. Leurs voisins peul, musulmans et éleveurs représentent pour eux l'envahisseur d'hier, l'ennemi.

Vêtus de fibres et de peaux, les Bassari sont alors chasseurs-cueilleurs autant que cultivateurs de tubercules à connotations symboliques et de sorgho à bière. Ne dépendant essentiellement de l'extérieur que pour le sel, les Bassari tirent de leur environnement les matériaux nécessaires à leur nourriture, à la construction de leurs maisons, à la fabrication de leur vannerie et de leur poterie. Ils ont de leur environnement une connaissance qui leur permet d'en utiliser toutes les ressources, sans lui porter de trop lourdes atteintes.

La redistribution des surplus est la règle, loisirs et fêtes occupent une partie importante du temps. À cette époque, les Bassari ne se marient qu'entre eux et tous sont animistes.

Aux alentours de 1930 se font jour divers changements qui vont fortement marquer l'avenir : de ces années date l'ouverture du pays bassari, dans son ensemble, vers l'extérieur. Les premières écoles sont ouvertes en Guinée vers 1940, puis au Sénégal. La population bassari est, vers 1950-1960, plus largement scolarisée que les populations voisines, et le nombre des hommes parlant français est frappant.

À la même époque, et à la suite de leurs voisins Coniagui, les Bassari sont de plus en plus nombreux à émigrer en saison sèche.

Sénégalais ou Guinéens, les Bassari restent tournés économiquement vers Youkounkoun en Guinée, centre trois fois plus proche que Kédougou, tant qu'une barrière monétaire ne sépare pas la Guinée (indépendante en 1958) et le Sénégal.

Les Bassari s'engagent alors dans une transformation profonde qui touche leur genre de vie, mais aussi toute leur mentalité, comme cela a été observé chez d'autres populations, passant de la chasse et du jardinage à l'agriculture, d'une recherche de prestige à une recherche de profit.

La période 1930-1960 voit la chasse, la cueillette et le jardinage sur terre sans jachère diminuer au profit de l'agriculture, les tubercules étant peu à peu abandonnés tandis que s'accroît la production des céréales et des légumineuses. L'alimentation s'en trouve fortement modifiée. Dans les villages les plus « modernes », l'agriculture, auparavant activité d'appoint de chasseurs âgés, devient, avant 1960, l'activité essentielle d'une population accrue : les chasseurs-jardiniers deviennent agriculteurs. Dans le même temps, les administrations sénégalaise et guinéenne relaient l'administration française, les missions catholiques s'implantent dans les villages de l'arrondissement de Salemata, et des soins de santé « modernes » font leur apparition. Ces changements semblent aller de pair avec une augmentation de la population.

Dès 1930, les cultivateurs bassari commencent à acheter

des vaches à leurs voisins peul et, bientôt, quelques familles peul s'installent sur le terroir même des villages bassari. Au cours des années 1960 (époque des rêves de Tama), la présence de nombreuses vaches — appartenant à des Bassari ou à des Peul — rend la vie difficile aux cultivateurs. En saison sèche, les vaches broutent librement l'herbe et les tiges de sorgho dans les champs. En hivernage, elles trouvent de l'herbe nouvelle dès les premières pluies sur les montagnes, puis, un peu plus tard, dans les vallées. À partir du moment où le sorgho sort de terre fin juin, début juillet, il faut garder les troupeaux. Les Bassari surveillent les leurs du matin au soir et les attachent pendant la nuit, tandis que les Peul sont censés conduire leurs troupeaux, plus importants, au loin, jusqu'à la saison sèche.

À l'époque de la récolte du sorgho, aujourd'hui en novembre, protéger les champs contre les vaches devient une préoccupation essentielle : c'est le moment des discussions entre Bassari et Peul, les premiers accusant les seconds de mal surveiller leurs animaux et tentant de leur faire rembourser, en argent, les dégâts causés aux récoltes. Les troupeaux peul les plus importants quittent rapidement les villages, où ils manquent d'eau pendant la saison sèche. Mais le schéma idéal de cette transhumance n'est pas toujours respecté.

Dans ces années 1960, des clôtures autour des concessions familiales bassari apparaissent à Etyolo ; elles se généralisent à partir de 1973, à la fois pour se protéger contre les vaches errantes et pour permettre la culture de maïs sur la parcelle fumée par les déjections du troupeau, qui y est enfermé chaque nuit.

Quelques touristes apparaissent en pays bassari, soit à partir du parc du Niokholo Koba, soit, depuis les années 1960, venant de Dakar à Noël ou à Pâques ou en avril-mai pour assister aux rites les plus spectaculaires de l'initiation des garçons.

C'est dans ce contexte qu'a grandi Tama. Mais depuis les années 1960, la transformation du genre de vie et des rapports avec l'environnement est allée de pair avec une ouverture croissante vers l'extérieur, dans le cadre d'une évolution touchant l'ensemble de la société bassari. Les structures démographiques ont évolué, l'importance des migrations, des échanges commerciaux et de la circulation monétaire s'est accrue. L'habitat et l'alimentation se sont transformés. Les structures sociales communautaires laissent place à un individualisme croissant.

Les relations entre Bassari et Peul évoluent. À part quelques sujets âgés, tous les hommes bassari (mais pas toutes les femmes) parlent peul, alors que seuls certains hommes et quelques femmes peul parlent bassari.

On assiste à un adoucissement et à un « rajeunissement » des coutumes. L'accès à la circoncision, à l'initiation, au mariage, à la maternité est plus précoce. Il n'y a plus guère de fiançailles d'enfants. Les hommes prennent plus tôt que leurs pères une seconde, voire une troisième épouse. Les femmes semblent conserver, mieux que les hommes, leurs coutumes propres.

Aujourd'hui tenants d'une agriculture extensive, les Bassari, producteurs de sorgho, paraissent attirés par toutes les nouveautés : élevage bovin et culture attelée, bananeraies, culture du riz, puis du maïs, cultures maraîchères. Seule, la culture du coton, malgré la propagande qui lui est faite, ne semble tenter que quelques-uns...

Les Bassari portent sur leurs cartes d'identité le nom de lignée de leur père et, au même titre que les neveux utérins, les fils prétendent aujourd'hui à leur part d'héritage.

Dans certains villages, sous l'influence peul, les murs des maisons sont souvent faits de briques et les Bassari mangent plus souvent du maïs.

Malgré une émigration importante, la population semble rester stable. Mais avec les besoins grandissants de chacun, la surface des champs s'est accrue et la longueur des jachères raccourcie. De nombreux puits ont été creusés, les jardins se sont multipliés et on assiste aux premières tentatives de culture attelée... par quelques pionniers.

Au Sénégal, rares sont les hommes qui se sont islamisés

au cours de migrations dans les villes ou dans certains villages, où la pression peul est particulièrement forte. Mais à l'extrême sud de l'aire bassari, en Guinée, des villages entiers ont basculé vers l'islam au contact de voisins peul.

L'influence des missions chrétiennes (surtout catholiques, implantées en Guinée depuis trois générations, plus récemment au Sénégal) est importante ; outre l'évangélisation, elle est responsable de nombreuses actions de développement au niveau des écoles, des dispensaires, des incitations au jardinage et de certaines transformations de l'agriculture.

Chapitre IV

LE SOMMEIL ET LE RÊVE CHEZ LES BASSARI
(Monique GESSAIN)

La nuit bassari est dangereuse : on le dit aux enfants, et certains adultes n'aiment pas sortir pendant ces heures où se promènent les puissances surnaturelles — esprits ou génies.

Le sommeil

Beaucoup d'hommes, et pratiquement toutes les femmes bassari, dorment sur une natte de bambous ou de feuilles de rônier posée sur un lit de nervures de palmier raphia, à la période chaude, et, à la fin de la saison sèche, beaucoup dorment dehors. À la période la plus fraîche, tout le monde dort à l'intérieur des maisons, porte fermée (il n'y a pas de fenêtre), parfois avec un petit feu. Le lit peut s'abriter, surtout en Guinée, derrière un paravent de terre proche de la porte. Le mari passe la nuit avec chacune de ses femmes à tour de rôle, la femme venant le plus souvent le retrouver dans sa maison, alors que les jeunes enfants dorment dans la maison de leur mère, sur son lit ou sur un lit proche.

Après le repas du soir pris dans leurs familles respectives, les enfants et adolescents (de huit à vingt-cinq ans) rejoignent, après une demi-heure ou une heure de marche, dans la nuit et parfois sous la pluie, les *ambofor* situés approximativementau centre du village, à côté des maisons du chef et du « village de fête ». Une de ces maisons communes est réservée aux *ringeta* et *lemeta* (garçons non initiés), une aux *lug* (jeunes hommes initiés) et *endodug*, une autre aux *falug* et *endopalug* (voir âges figure, p. 74). Garçons et filles (ils peuvent être dix, vingt ou trente par *ambofor*) dorment sur des lits différents, faits de rondins, sans natte, ni couverture, ni pagne. Avant de dormir, les adolescents se réunissent dehors sur des lits analogues, généralement surélevés, à la porte des *ambofor*. La « causerie » est ponctuée de cris, interrompue par des chants et des danses.

La durée du sommeil est fortement liée à la saison, au sexe et à l'âge. Tous disent se coucher plus tôt et se lever plus tard lorsqu'il fait « froid » (12 à 16 degrés la nuit), en décembre et janvier. On dort moins en hivernage (c'est la saison des cultures). Les femmes dorment moins que les hommes, et, à l'*ambofor*, les enfants et adolescents s'endorment très tard (pas avant minuit en saison sèche) et ont du mal à se lever le matin.

En saison sèche, hommes et femmes se couchent vers 22-23 heures. Les Bassari du Sénégal se couchent plus tôt que leurs parents de Guinée qui, tard dans la nuit, cassent des noyaux de palmier à huile pour préparer de l'huile. Au Sénégal, en saison sèche, les hommes se couchent particulièrement tard le jeudi, au retour du marché de Kwote, où ils ont bu du vin de palme... Plus l'hivernage avance, plus on est pressé de dormir.

Le soir, il peut y avoir de grandes différences dans l'heure du coucher des uns ou des autres, mais le matin, au carré, en saison sèche, presque tout le monde se lève avec le jour. Vers 7 heures, tous sont debout, à l'exception de quelques vieillards. Cependant, au moment des semailles et des récoltes, les bons cultivateurs se lèvent très tôt avant le jour, pour empêcher les perdreaux de voler les semences ou pour protéger les champs contre les vaches. On fait plus souvent la sieste à la fin de la saison sèche, parce qu'il fait très chaud et qu'on n'a pas de travail.

Les femmes (tous s'accordent à le dire, et les hommes insistent là-dessus) se lèvent plus tôt que les hommes — souvent avant le jour, à partir de 6 heures notamment en hivernage, quand elles n'ont pas de nourriture pilée d'avance — et se couchent plus tard, pour la même raison. La qualité du sommeil des femmes, en particulier de celles qui ont de jeunes enfants, diffère aussi de celle des hommes. Ceux-ci se réveillent le matin reposés, alors que celles-là se disent le matin « un peu » reposées : leur bébé les réveille trois à cinq fois par nuit, chiffres tirés des résultats d'une enquête sur le sommeil, et confirmés par une enquête sur l'alimentation du nourrisson bassari.

Lug et *falug* (ils ont entre seize et vingt-cinq ans), qui peuvent parler, chanter, danser aux *ambofor* jusqu'à deux heures du matin, paraissent parfois endormis dans la journée ! En hivernage, les enfants sont souvent si fatigués par les travaux des champs qu'ils s'endorment dès leur retour à la maison, à la tombée de la nuit ; on les réveille pour le repas, au bout d'une demi-heure ou une heure, puis ils dînent et partent aux *ambofor* quand ils y entendent leurs camarades crier.

Hommes et femmes âgés affirment moins dormir que les sujets plus jeunes, parce qu'ils « pensent beaucoup » en se couchant, mais certains dorment tard le matin. Il n'est pas rare de voir la porte de la maison d'un vieillard encore fermée à 9 heures du matin : les gens âgés ont toujours froid, ferment leur porte et entretiennent dans la case un petit feu. Mais il y a aussi des vieillards qui s'endorment très tôt, dès le repas fini, vers 8 heures du soir, pour se réveiller définitivement au premier chant du coq, vers 5 heures et demie du matin. Presque tous se réveillent une ou plusieurs fois par nuit et ont plus ou moins de mal à se rendormir.

À la maison, si on a une lampe à pétrole, le dernier à se coucher l'éteint. La femme qui a de jeunes enfants garde à côté d'elle la lampe et les allumettes.

L'appartenance à telle ou telle classe d'âge a un impact

important sur la qualité et la durée du sommeil. Les femmes disent souvent avoir eu très sommeil lorsqu'elles étaient *endopalug, endodyar* ou *endobatya* et participaient avec les jeunes hommes des classes correspondantes à des journées de travaux agricoles collectifs, qui se prolongeaient la nuit par des danses. Les femmes âgées se plaignent aussi d'avoir manqué de sommeil quand elles étaient *endepeka* : elles avaient alors un maximum de responsabilités (elles devaient « penser ») et participaient aux danses nocturnes de masques *lukuta*. Certains hommes se souviennent aussi de nuits de danses et de boisson qui, lorsqu'ils étaient jeunes — *falug* ou *ndyar* — les ont privés de sommeil. On fait parfois la sieste, quand on a beaucoup travaillé le matin ou beaucoup dansé la nuit précédente.

On connaît au village ceux qui dorment beaucoup et très profondément, et ceux ou celles qui dorment peu et très légèrement. On sait que les chasseurs n'ont jamais sommeil ; en expédition, ils dorment peu (et de jour, quand ils ont chassé la nuit) et certains, en hivernage, se défatiguent des travaux des champs en allant à la chasse. Le boucanage de la viande exige une surveillance continue, interdisant le sommeil. En général, le tabac empêche de dormir et les boissons alcoolisées (vin de palme, bière, hydromel) font dormir. Cependant, certains, ayant bu, ne dorment pas, mais crient et insultent les gens.

Les Bassari ne semblent pas considérer l'insomnie comme une maladie. Aux bébés qui ont du mal à s'endormir, on donne le jus de la racine de *cyperus* (on taille ce rhizome odoriférant pour en faire des perles portées en colliers), mâchée par la maman.

On dit volontiers que les voleurs ont sur eux un médicament qui endort les habitants du carré où ils viennent voler, et j'ai entendu poser la question à propos d'un homme qui, pour rejoindre une femme mariée, poussait le mari de celle-ci sur son lit ou emmenait la femme à côté : avait-il endormi le mari ?

Tout le monde pense que celui qui dort peu (à l'exception

des bébés) est préoccupé, « pense trop », et hommes et femmes sont unanimes : jeune on dort vite et bien (à quelques exceptions près) ; d'un enfant à qui son père a refusé qu'il soit, selon son souhait, circoncis, on dit : « Ce soir, il ne dormira pas » ; plus âgé, on pense trop pour dormir longtemps.

Sommeil, préoccupations et travail agricole apparaissent interdépendants. On dort le matin ou dans la journée quand on n'a pas de travail, et on considère généralement que si l'on veut se réveiller de bonne heure (sous-entendu pour travailler), on le peut.

En hivernage, le choix et le partage du travail à accomplir le lendemain par chacun des membres de la maisonnée sont une préoccupation lancinante pour le chef de famille. Les femmes y pensent aussi mais leurs plus graves préoccupations nocturnes semblent en relation avec leurs enfants, ou leur éventuelle non-fécondité... Un autre souci fréquent est, pour les parents, le retour de leurs enfants émigrés.

Tous les Bassari redoutent de « penser trop ». « C'est par intervalles, dit Tama, il y a des moments où je suis tranquille... pour moi, ce n'est pas une maladie. Il y a des gens qui n'arrivent pas à bien manger parce qu'ils pensent trop... moi ça ne m'ennuie qu'à certains moments. Ça ne me dérange pas beaucoup, ça ne me fait pas maigrir. Mais je pense trop au moment des travaux agricoles, je peux maigrir... Quand j'ai eu trop d'histoires avec ma femme, je pensais trop. »

En novembre 1993, alors qu'un taureau appartenant à un de ses frères vient de mourir — vraisemblablement empoisonné par un Peul — Tama m'explique : « Hier, dans la journée, occupé, je n'ai pas pensé au taureau mais, pendant la nuit, je ne dormais pas, je pensais que si j'étais Dieu, j'allais punir ce Peul... »

Bâiller est un signe de sommeil ou de mauvaise santé. Parmi les animaux, on remarque que le lièvre dort beaucoup — jour et nuit : il ne se promène que le soir entre 8 et 10 heures, seul moment où l'on peut le chasser. La couleuvre sifflante semble ne jamais dormir : elle parle tout le temps.

La nuit, il ne faut pas braquer une torche électrique sur un éléphant ou un phacochère : il foncera sur toi...

Le rêve selon les Bassari

Tout être vivant comprend, outre son corps visible, la respiration, le souffle vital, *ondyin*, la pensée, l'esprit, *onden*, et le cœur, *endyuw*, au sens de cœur d'un arbre, souvent traduit en français par âme. D'un enfant dont l'intelligence semble décroître, on dira qu'on lui a pris son *endyuw* et qu'on l'a remplacé par l'*endyuw* d'un animal. Pour guérir un enfant malade à qui a été volé son *endyuw*, un homme ou une femme aux pouvoirs surnaturels peut le remplacer par l'*endyuw* d'un certain arbre *(Parkia biglobosa)* : on verse sur l'enfant, à travers une passoire, de l'eau contenant des feuilles de cet arbre. *Endyuw* est un principe immortel qui, à la mort du vivant qu'il anime, s'en va dans le corps d'une femme, qui devient alors enceinte.

Pendant le sommeil, *endyuw* quitte le corps et se promène. « *Endyuw* peut aller loin, voir des choses bonnes ou mauvaises. *Quand* endyuw *voyage, tu rêves* : tu vois ce que ton *endyuw* voit... *Endyuw* peut s'en aller dans un pays que tu ne connais pas, voir des bâtiments que tu ne connais pas... *Le rêve, c'est ce que voit* endyuw. Il ne faut pas réveiller quelqu'un, peut-être était-il en train de rêver une chose importante. Si l'on rêve que l'on lutte, c'est *endyuw* qui lutte avec quelqu'un. » Au réveil, *endyuw* rentre dans le corps. Le terme *lâkel* (de *-lâk*, se coucher) désigne, pour les Bassari, à la fois ce que voient le rêveur (le rêve) ou le devin (en réponse à une question posée), et tout mauvais présage. *Lakel*, c'est essentiellement un malheur annoncé.

Le rêve est très fréquent. B. rêve chaque nuit, même s'il ne se le rappelle pas. « Cette nuit, j'ai rêvé deux fois. J'ai rêvé de petits garçons d'Epingé [village voisin] qui cherchaient un bouc non castré (un tel bouc se promène beaucoup...). Je ne pouvais pas dire que je ne l'avais pas vu : "Allez voir dans la case des chèvres si vous le reconnaissez." Entre-temps les petits garçons se sont battus entre eux. Je n'avais pas reconnu le troisième, très petit, qui suivait les deux autres.

« J'ai aussi rêvé que Dy. [zoologiste américaine qui étudie les chimpanzés et vient depuis longtemps au pays bassari] m'avait fait signer un papier et m'avait dit : "Va chercher ton calendrier avant que je signe." Après, elle m'a donné un feutre vert. »

On peut même rêver assis, à peine endormi ; en se réveillant, on s'aperçoit qu'on a rêvé.

« Il y a plusieurs sortes de rêves. Tu rêves que tu manges quelque chose de bon, du miel. Le lendemain, tu diras : j'ai bien dormi, j'ai rêvé que je mangeais quelque chose de bon. Il y a des rêves mauvais : tu rêves que tu es mordu par un serpent, que des gens te chassent pour te tuer, ou que tu tombes dans l'eau : tu as mal dormi. » « Souvent je crie, j'ai très peur, une bête me poursuit, elle ne va pas très vite. Mais moi, je n'ai pas le courage de foncer. » Si tous connaissent ces « mauvais rêves », il n'y a pas de terme bassari pour cauchemar. Pour les désigner, on dit : « un rêve qui fait peur : *lakel iyigenayik* », ou « un rêve de malheur : *lakel ir oyimenagh* ». On peut voir en rêve *inyetyelo nyetelo* : cet animal imaginaire rit bouche ouverte en montrant ses dents. « Quand on le voit, on ne peut pas courir, ou bien il te serre le cou et tu ne peux pas courir, malgré l'envie que tu en as. »

En 1970 et 1973, à l'occasion d'un sondage préliminaire à une enquête qui ne fut pas réalisée, on demanda à trois hommes bassari, dont Tama : « Vous arrive-t-il d'être dérangé par des cauchemars (rêves qui vous effraient ou vous bouleversent) ? » Tous les trois répondirent « parfois », l'un d'eux précisant même : « Aujourd'hui j'ai rêvé ça : il y avait une réunion ; on a bu le matin le contenu d'un pot de bière *atyenge* et puis les gendarmes sont arrivés et ils ont dit : « Maintenant dispersez-vous, les bières c'est défendu. » Après moi, je les voyais venir. Je commence à courir. J'ai couru encore, je me lève à voler tout le long de la rivière, il y avait un grand trou, je suis descendu en volant. Après, là je me réveille, ah comment... ah ! j'ai pensé : peut-être, il va nous arriver comme en Guinée, où les bières sont défendues. »

Le même homme raconte un autre jour : « Il y a une bête qui me suit, je vole, je ne laisse pas loin la terre, la bête ne me trouve pas, mais je ne vole pas haut : ce rêve-là m'arrive souvent. »

Il arrive au rêveur de parler, de crier, de pleurer. Il fallut, une nuit, réveiller un homme qui criait et pleurait : « Qu'y a-t-il ? — Ma jambe est sèche, me fait mal... » Au réveil, le rêveur peut prendre le rêve pour la réalité. Témerin rêve qu'il a de la viande, en mange et en laisse un morceau. Au matin, il se lève, cherche sa viande, demande à sa femme : « Où est ma viande ? — Quelle viande ? Où as-tu obtenu de la viande ? Tu l'as partagée avec qui ? » Il s'aperçoit qu'il avait rêvé. Un autre matin, il cherche dans tous les greniers l'argent qu'il a caché... en rêve. Certains rêveurs pleurent, crient, marchent... et se réveillent : le même Témerin voit en rêve un singe, il se lève pour le frapper et... tombe dans le feu, brûle sa couverture qu'il met ensuite dans le canari à eau pour éteindre le feu. Le lendemain matin, il faut changer l'eau. Un autre homme dort, la jambe pliée. À moitié réveillé, il prend son genou pour quelqu'un et le coupe avec son coupe-coupe. Une nuit, Gahétendemi rêve qu'il se bat avec « le » lion. Il se bat (en réalité) avec sa femme, Niari, et la blesse. Elle l'appelle, il ne répond pas. Niari sort. Sa coépouse Tyiro lui demande : « Qu'est-ce qu'il y a ? — Gahétendemi me bat en dormant. » Elles le réveillent : « Je me battais avec le lion », dit-il. Ceux à qui arrivent de tels rêves se les rappellent le lendemain, ce qui indiquerait qu'il s'agit bien de souvenir de rêve et non de somnambulisme.

Les interprétations du rêve

Rêver est toujours une affaire sérieuse, en particulier pour les parents d'enfants émigrés, qui sont à l'affût de nouvelles les concernant.

Le rêveur bassari s'interroge habituellement sur le sens de son rêve, qui peut être prémonitoire, comme à propos du rêve cité ci-dessus : « Peut-être les bières vont nous être interdites... » Car si les rêves ne sont pas tous prémonitoires, ils le sont fréquemment comme le remarque notre informateur, Tama, le 5 mars 1967 : « Les rêves, ça montre les choses avant », et plus précisément, le 23 mai 1964 : « J'ai rêvé que j'étais avec Naonin. Je ne sais pas pourquoi je rêve toujours de Naonin [qui a émigré en ville, il y a longtemps]. Peut être va-t-il rentrer [dans notre village]. »

La recherche de la signification du rêve se teinte toujours d'une certaine inquiétude. On raconte son rêve au réveil, on interroge autrui, mais, en règle générale, chacun établit son code d'interprétation : « Il y a des rêves, me dit I., qui révèlent le malheur. S'il y a quelque chose dans notre famille, tu le comprendras toi-même. La première fois que tu rêves telle ou telle chose, tu le gardes dans ton cœur et tu regardes ce qui t'arrive. Quand je rêve d'eau rouge qui coule, je sais que quelqu'un (pas seulement dans ma famille) va mourir : cela est arrivé pour la mort de l'enfant de N. Lorsque X. a fait le même rêve, j'ai su que tel malade était mort, je l'ai dit à ma mère. » Pour certains, ce n'est pas bon de rêver de bambou frais : c'est rêver de mort, car avec les bambous frais, on fait les fibres pour attacher le mort roulé dans une natte. Pour d'autres, c'est rêver d'un puits creusé : un puits, c'est comme une tombe. Tama se montre souvent certain de ses interprétations : « Chaque fois que je rêve de [masque] *lukuta*, j'apprends une mauvaise nouvelle : une mort chez moi », faisant allusion à la mort de deux enfants annoncée dans une lettre, reçue quelques jours auparavant. Le rêve peut donner des indications précises. Quand Tama rêve de masques vers *opeb* (quartier sud de son village), il sait qu'il y aura un malheur à *opeb* : cela lui est arrivé à Paris — un parent du village voisin d'*opeb* était décédé. Tama se souvient encore de cette concordance en 1993 : « Si, dans un rêve, je me vois moi-même en masque, cela n'est pas bon, je n'aime pas ça. Si la danse est bien animée, si des gens crient, cela annonce que des gens vont pleurer... Quand je rêve de Blancs un lundi, je reçois du courrier le mardi. Ou bien je rêve de vous le jour où vous m'écrivez une lettre et je la reçois après. » Ici, si on parle trop de quelqu'un, on dit : « Il a rêvé de nous. » Pour Ingali, frère de Tama, rêver de lettres annonce de l'argent, rêver d'argent annonce des lettres, être chassé par un serpent ou attraper un poisson annonce une grossesse : « Ma femme est enceinte, on va annoncer une naissance. » Pleurer ou rire en rêve peut annoncer quelque chose de bon. « Quand je rêve de photo, c'est un porte-bonheur », dit un autre informateur.

Cette clef des songes individuelle est en accord avec la manière dont les Bassari interprètent tout signe. Ainsi, pour l'un, voir passer tel animal de gauche à droite est-il l'annonce d'un événement faste, parce qu'il a observé une première séquence, « animal passant de gauche à droite-événement faste », tandis que, pour un autre, voir passer tel animal de gauche à droite peut, au contraire, annoncer un événement néfaste. De même, si celui-ci se cogne sur une pierre en marchant (« tamponne »), il s'en retourne d'où il vient, alors que celui-là continue son chemin, attendant l'explication : « Souvent si tu donnes quelque chose à quelqu'un venu chez toi, celui-là te répond : ah bon, c'est pour cela que j'ai tamponné. » Tama, pour sa part, a d'abord pensé que se cogner le pied droit lui portait bonheur, le pied gauche annonçant un malheur, ou tout au moins une contrariété. Ainsi, lorsqu'il était à la campagne en France, un garde forestier est-il venu lui reprocher d'avoir mis des collets... après qu'il se fut cogné le pied gauche. Plus tard, il a semblé à Tama que se cogner le pied gauche était, au contraire, un signe faste : « Maintenant, je ne comprends pas... » Mais « tamponner » n'est jamais indifférent, dans la réalité ou en rêve. Lorsqu'un *lukuta* rencontre une femme, dès qu'ils se sont salués, ils se demandent mutuellement s'ils n'ont pas « tamponné » en route. Au matin de la bataille de l'initiation, un vieillard interroge les masques : « Tout est-il bien pour vous ? n'avez-vous pas fait de mauvais rêves ou rencontré un signe néfaste ? » Si, pendant la nuit précédente, un *koré* du matin ou un sacrificateur de l'initiation a vu en rêve un signe néfaste à propos d'un masque ou d'un initié, celui-ci ne luttera pas. Qui rêve d'un malheur survenant à quelqu'un préviendra celui-ci, qui consultera un devin pour se protéger. Qui rêve qu'Untel va tuer un gros gibier ou un animal d'honneur le préviendra (« j'ai vu cet animal avec toi »), pour qu'il aille à la chasse et tue cet animal. Mais on m'a aussi dit : « Si tu rêves de quelqu'un, ne lui dis pas, sinon tu montres le chemin au sorcier. » D'une manière générale, on parle souvent de rêves en pays bassari, où ils sont pris au sérieux.

Si chacun, en général, interprète ses propres rêves, quiconque hésite sur le sens d'un rêve qui l'inquiète peut interroger un devin ou tout autre spécialiste de l'interprétation des signes.

Quelques exemples de rêves considérés comme prémonitoires nous ont été donnés. « Cette année, dit un homme, j'ai rêvé de la famille de Nyanelin. Beaucoup de gens partaient vers la route d'Akanyira. Yera, le fils de Nyanelin, était enrhumé et se mouchait avec un mouchoir. Quelques jours après, on a reçu un message de Salemata : la femme de Nyanelin était décédée à Tambacounda chez son fils. C'est comme ça que j'ai compris que les rêves, c'est la réalité. »

Dans les récits autobiographiques recueillis en pays bassari auprès de jeunes hommes, très peu de souvenirs de rêves ont été fournis spontanément. Il n'y en a pas un seul dans les dix cahiers où Nyanganin raconte son enfance et sa jeunesse. Le premier souvenir de rêve de Robert se situe lorsqu'il avait environ quatre ans, la nuit qui suivit son retour chez son père. Celui-ci avait été le chercher auprès de sa mère qui avait momentanément quitté son mari et s'était réfugiée chez son oncle maternel : « Sur le lit de bambous où je faisais des rêves inexplicables, [je rêvais de] ma mère que j'avais laissée à une très grande distance, [de] camarades avec lesquels je pêchais le poisson, chassais les écureuils et les singes quand j'étais séparé de mon père » (Robert I, p. 6).

À l'école, il rêve aussi : « Envahi complètement par le lourd sommeil... à peine arrivé à notre lit, je m'endormais profondément. Ce sommeil... était suivi par de bons rêves » (V, p. 11).

Une autre nuit, « pendant que je me reposais couché sur le tara, mes yeux clos, mon corps allongé, selon les multiples rêves que je faisais, je me trouvais chez moi en conversation avec mes parents. Mon père me chatouillait, tandis que ma mère me donnait des baisers. Mes frères jouaient de la flûte puis dansaient autour de nous. Ma sœur égrenait les épis du mil dans le van. Je voyais encore de très loin mes camarades qui, le sac sur le dos, s'attardaient au bord du marigot en allant à l'école. Ils levaient leurs mains en signe de bonjour. Sur le pont, une eau jaillissante coulait entre les pierres. Ils la contemplaient. Le soleil encore très jeune répandait ses doux et jaunes rayons aux sommets des chaînes de montagnes. L'horizon était vermeil, il faisait jour sur les roses [allusion à une chanson française apprise à l'école]. J'entendais le refrain, les oiseaux chantaient qui les réveillaient, disaient bonjour aux fleurs.

« Ô, quels bons rêves ! Croyant que ces rêves étaient de la réalité, lorsque je fus à demi réveillé, je voulus prolonger mon sommeil. Mais la nuit se terminait. Un de mes camarades me toucha du coude au flanc pour me réveiller et me dire qu'il était temps de me lever pour faire ma toilette matinale. Je levai la tête et regardai à la porte. Je vis un à un les élèves des autres dortoirs qui passaient en courant à toute allure pour aller au marigot. Après quoi, je me rendis compte que je n'étais pas chez moi. C'étaient des rêves que je faisais. Fâché de m'être réveillé et de couper la succession de mes bons rêves, je me levai vivement, puis me mis à suivre mes camarades sans dire un mot au camarade qui m'avait réveillé » (V, p. 12-13).

Le même rêveur fait aussi allusion à ses rêves éveillés, ses rêveries à l'école ou dans sa famille.

Dans un autre récit, Léonard raconte comment il a « été dicté par songe d'aller à l'école sans [avoir été désigné] par le chef de village », comme cela se passait à l'époque. Quelques années plus tard, une sorte de rêve éveillé l'incitera à devenir catholique.

Ainsi connaissons-nous quelques exemples de rêves (ou de rêveries) considérés comme prémonitoires ou comme étant à l'origine d'une décision.

Un seul de nos informateurs nous a dit noter ses rêves : « Une Italienne, en 1987, à Ziguinchor, m'a appris à écrire mes bonnes idées, mes rêves. Si on n'écrit pas, on oublie ses bonnes idées... j'écris mes rêves et je les raconte à ma femme qui, elle aussi, me raconte les siens. Quand j'étais à Tamba, j'ai rêvé de gens qui travaillaient aux champs. Cela m'annonçait un malheur dans la famille de M. — la mort d'un bébé. Le rêve dit quelque chose qui doit arriver. »

C'est ainsi qu'il a noté certains de ses souvenirs de rêves, ceux dont il pensait qu'ils pouvaient être prémonitoires. « Quand je rêve qu'une voiture arrive chez moi, une semaine plus tard une voiture arrive chez moi, à l'école, à Étyolo, et m'emmène à Tamba et Kaolack. » Il a ainsi noté dans un cahier huit souvenirs de rêves entre avril et novembre 1990 et sept entre janvier et avril 1992. Mais cet ancien moniteur d'école catéchistique, aujourd'hui impliqué dans un programme de jardins collectifs, et qui se rend fréquemment à Dakar, diffère, à bien des égards, de la majorité des autres hommes de son village.

Chapitre V

ÉTUDE POLYGRAPHIQUE DU SOMMEIL
ET DU RÊVE DES BASSARI
(Michel JOUVET)

Une enquête sur le sommeil et les rêves ne peut être que descriptive et s'appuyer sur l'évaluation subjective des individus étudiés. Il en est ainsi de notre enquête sur les habitudes de sommeil des Bassari et du contenu manifeste des cinq cents rêves de Tama.

Cependant, l'étude du sommeil et du rêve peut également être objective. L'enregistrement de l'activité électrique cérébrale et d'autres index permet d'obtenir des hypnogrammes (c'est-à-dire l'évolution cyclique des différents stades ou états de sommeil) et les méthodes d'évaluation des hypnogrammes sont suffisamment précises pour que n'importe quel spécialiste du sommeil qui examinerait les enregistrements arrive à des résultats identiques dans 95 % des cas.

L'enregistrement électroencéphalographique d'une nuit de sommeil permet aussi de repérer, à quelques secondes près, le début et la fin des quatre ou cinq périodes de sommeil paradoxal (qui correspondent à l'activité onirique). Parmi les nombreux critères qui permettent de repérer le sommeil paradoxal, les mouvements oculaires constituent l'un des index les plus intéressants, car leur distribution dans le temps (leur pattern) est soumis à des facteurs génétiques. Leur étude apparaît donc comme particulièrement importante, puisque les sujets que nous étudions constituent un isolat génétique.

Résumé concernant les données polygraphiques d'une nuit de sommeil

L'avènement de l'électroencéphalographie et la possibilité d'enregistrer en même temps, sur le même enregistreur ou polygraphe, l'activité électrique musculaire (électromyogramme ou EMG) et les mouvements oculaires (c'est-à-dire la polygraphie) ont permis de quantifier de nombreux paramètres qui surviennent au cours d'une nuit de sommeil chez l'homme. Au début des années 1960, les chercheurs se sont surtout intéressés aux mystères du sommeil paradoxal[1]. Cet état de sommeil s'accompagne d'une activité électrique qui ressemble au sommeil léger, de mouvements oculaires et d'une disparition totale du tonus musculaire. La première période de sommeil paradoxal survient environ quatre-vingt-dix minutes après l'endormissement et dure vingt minutes. Il va ensuite survenir à nouveau environ toutes les heures et demie. Il y a ainsi au cours d'une nuit de sommeil quatre ou cinq épisodes de sommeil paradoxal, soit environ cent minutes (à peu près 20 % de la durée totale du sommeil). Lorsqu'on réveille un sujet au cours du sommeil paradoxal, dans 80 % des cas, il raconte un rêve avec beaucoup de détails, souvent en couleurs. Si on le réveille en dehors de ces périodes, les souvenirs de rêve sont soit absents, soit estompés, très rarement en couleurs. C'est pourquoi la majorité des chercheurs admet que le sommeil paradoxal est la traduction électrophysiologique du rêve. La durée du sommeil paradoxal, son rythme (appelé ultradien car il est inférieur à vingt-quatre heures), de l'ordre de quatre-vingt-dix minutes, ne sont pas des critères pertinents permettant de différencier un individu de l'autre. Par contre, les mouvements oculaires qui surviennent pendant cette période pourraient représenter des critères de discrimination.

Les mouvements oculaires au cours du sommeil paradoxal, leur structure d'occurrence (pattern)

Lorsque les phases de sommeil avec mouvements oculaires furent découvertes, on supposa d'abord que les mouvements oculaires étaient en rapport avec l'observation de la scène onirique ; ce fut « l'hypothèse dite du balayage » *(scanning hypothesis).*

Certains enregistrements étaient en effet assez troublants : après avoir été réveillé, un sujet présentant des mouvements réguliers de droite à gauche raconta un rêve au cours duquel il regardait une partie de tennis. Un autre sujet, réveillé après une série de mouvements oculaires verticaux, raconta qu'il regardait les jambes d'une jeune femme qui montait un escalier devant lui. L'hypothèse du balayage n'est pas totalement infirmée et il est vraisemblable qu'au cours du sommeil paradoxal puissent survenir quelques séquences de mouvements oculaires en rapport avec l'imagerie onirique[2]. Cependant, l'hypothèse du « balayage » s'est trouvée confrontée à des arguments contraires : on s'aperçut, d'une part, que les enfants nouveau-nés pouvaient présenter des mouvements oculaires au cours du sommeil paradoxal, alors qu'il est difficile d'imaginer une imagerie visuelle au cours des rêves chez un nouveau-né. D'autre part, il existe des mouvements oculaires au cours du sommeil paradoxal chez des aveugles de naissance qui ne présentent pas d'imagerie visuelle onirique. En fait, c'est surtout la neurophysiologie animale, réalisée chez le chat, qui, en étudiant les mécanismes à la base de ces mouvements oculaires, permit de fournir de nouvelles hypothèses.

L'hypothèse du « codage » ou de la « programmation »[3]

Les mouvements oculaires qui surviennent chez le chat, au cours du sommeil paradoxal, sont provoqués par la mise en jeu d'un « générateur » situé dans le tronc cérébral (au niveau du *pont*). Ce « générateur » est responsable de l'apparition d'une activité électrique de grand voltage qui envoie des informations au niveau des muscles oculaires. Elle est donc responsable des mouvements oculaires. Elle envoie également des informations au niveau du système visuel (en particulier du noyau *genouillé* latéral et du cortex *occipital*), d'où le nom d'*activité ponto-géniculo-occipitale (activité* PGO) qui lui a été donnée. Si l'on peut recueillir cette activité PGO préférentiellement au niveau du système visuel et oculo-moteur, il est certain également qu'une grande partie des neurones du cortex cérébral est sous l'influence directe ou indirecte du système PGO. On estime ainsi que 60 à 70 % des cellules nerveuses corticales sont intéressées par le générateur de l'activité PGO. On peut en effet mettre en évidence, à leur niveau, soit une inhibition, soit une facilitation, en même temps que survient l'activité PGO. Cette observation a conduit à l'hypothèse que le système nerveux central pouvait être « programmé » par le système PGO, issu du tronc cérébral. Ce codage est-il aléatoire ? Est-il soumis à des facteurs héréditaires ? Des expériences réalisées chez des souches consanguines de souris ont révélé que chaque souche de souris présentait des structures d'occurrence (ou des *patterns*) spécifiques de mouvements oculaires. Après croisements entre ces souches, les premières générations (F1) ou croisements en retour *(back cross)* pouvaient présenter des structures d'occurrence, en rapport avec l'un ou l'autre des parents. Ainsi, pour la première fois, l'existence de facteurs héréditaires était démontrée au niveau de la structure d'occurrence des mouvements oculaires du sommeil[4].

À la suite de ces expériences réalisées chez l'animal, des investigations furent entreprises chez l'homme. L'enregistrement des mouvements oculaires fut alors effectué, une dizaine de nuits, pendant toutes les périodes de sommeil paradoxal chez des jumeaux non consanguins, c'est-à-dire hétérozygotes, chez une dizaine de paires de jumeaux homozygotes et chez des sujets non apparentés du même âge. Bien qu'à cette époque, les moyens informatiques fussent encore peu puissants, il devint vite évident que la structure de répartition des mouvements oculaires était similaire chez les paires de jumeaux monozygotes, alors qu'il n'y avait pas de ressemblance entre les enregistrements obtenus chez des jumeaux hétérozygotes ou chez des sujets apparentés du même âge[5]. Ces résultats obtenus chez l'homme étaient donc en faveur de l'hypothèse de l'existence de facteurs héréditaires ou génétiques au niveau d'un hypothétique système de codage ou de programmation, pendant le sommeil paradoxal. Ce système de programmation serait alors responsable d'une hérédité psychologique que les travaux de Bouchard avaient mise en évidence récemment[9]. Il parut alors intéressant d'étudier les mouvements oculaires, au cours du sommeil paradoxal, chez des populations aussi dissemblables que possible (au point de vue génétique) des populations européennes qui avaient été étudiées jusque-là. C'est pour cette raison que nous avons mis sur pied un programme d'études interdisciplinaires pour aller à Etyolo, en pays bassari.

Un laboratoire de sommeil à Etyolo

Il n'était pas facile d'enregistrer le sommeil, en 1974, à Etyolo. Ce village ne possède pas l'électricité et à cette époque il n'existait pas encore d'appareil d'électroencéphalographie portable, comme ceux qui existent actuellement et qui fonctionnent avec des batteries. Il fallut donc résoudre une à une les difficultés que soulève ce genre de recherche. Par exemple, il était alors interdit d'envoyer des accus par avion. Nous dûmes donc envoyer des accus par voie de mer, jusqu'à Dakar. Ensuite, il fallut mettre au point un système d'acquisition permettant de coder les mouvements oculaires sur un support magnétique de façon à pouvoir plus facilement les traiter au retour. Ce système devait à la fois être fiable et pouvoir être contrôlé, en temps réel, avec un signal sonore. Enfin, les nombreux obstacles purent être surmontés grâce à l'appui des organismes qui nous ont soutenus. Nous avons enfin réussi à installer un laboratoire d'enregistrement EEG dans une des cases du carré où nous étions hébergés. C'est ainsi que nous avons pu, avec J. Mouret et C. Balsamo, enregistrer successivement cinq sujets, dont Tama, pendant toute une nuit, sur un enregistreur à quatre voies, au cours de la période de Noël 1974[6]. Je garde encore un souvenir très précis des nuits au cours desquelles nous enregistrions ces sujets, des cris d'animaux, encore peu familiers, qui parvenaient de la savane et qui se mêlaient au bip du signal des mouvements oculaires. Au cours de la nuit de la Saint-Sylvestre, étant responsable de l'enregistrement, je me souviens d'avoir écouté, sur un petit appareil de radio à piles, un discours interminable de Sékou Touré qui faisait l'apologie du marxisme-léninisme, et prédisait un avenir radieux pour la Guinée, qui se trouvait de l'autre côté des collines ! De nombreux souvenirs reviennent à ma mémoire lorsque j'évoque cette période. Notre arrivée avait attiré des alignements de plus en plus longs de consultants peul ou bassari. Ces derniers, même enfants, restaient toujours stoïques et muets lorsqu'il fallait leur faire une injection d'antibiotique, ce qui n'était pas le cas des Peul. Par curiosité et presque par déontologie, il m'arrivait également de faire une visite hebdomadaire au « Sorcier », qui officiait au-dessus de la colline. Il ouvrait le ventre d'un petit poulet et examinait soigneusement la couleur des testicules — noir ou blanc ? Ainsi, une journée pouvait être de bon ou de mauvais augure grâce à cet aruspice. Chercher à déterminer le futur avec les entrailles d'un poulet ou essayer de connaître une hypothétique programmation du cerveau grâce à des mouvements oculaires ! Ces deux démarches étaient-elles si dissemblables ?

Les enregistrements EEG et EOG (plus de cinquante épisodes de sommeil paradoxal) furent d'excellente qualité, car nous avions la chance de ne pas être parasités par les rythmes de cinquante périodes, puisque la première ligne d'électricité devait se situer à plus de cent kilomètres. Nous aurions sans doute pu en enregistrer quelques-uns de plus, mais malheureusement les accus furent épuisés et il ne restait pas assez d'essence dans la jeep pour les recharger.

L'analyse ultérieure, effectuée en France, des structures d'occurrence des mouvements oculaires mit en évidence des différences par rapport à nos données de contrôles (figures 4 et 5). D'une part, l'organisation de la nuit de sommeil, la durée des épisodes de sommeil paradoxal, la durée des différents stades (1, 2, 3, 4) de sommeil étaient similaires avec les cinquante sujets masculins de contrôle du même âge que nous avions alors enregistrés à Lyon. Cette constatation permet d'admettre que les conditions d'enregistrement ou de température n'avaient pas entraîné de modifications significatives de l'organisation du sommeil qui puissent éventuellement retentir sur l'organisation des mouvements oculaires. D'autre part, la distribution des mouvements oculaires, au cours du sommeil paradoxal, était significativement différente de celle que nous avions pu étudier sur la population de contrôle des cinquante mâles « caucasiens » du même âge (c'est-à-dire entre vingt-trois et vingt-sept ans). La fréquence des mouvements oculaires était diminuée et il y avait beaucoup moins de bouffées de mouvements rapides des yeux, tandis qu'il y avait une augmentation des mouvements des yeux isolés. Ces résultats préliminaires n'étaient évidemment pas suffisants pour prouver que les structures d'occurrence des mouvements des yeux que nous avions observés fussent seulement dépendantes de facteurs génétiques. Il existe, en effet, des différences aussi bien au point de vue climatique qu'au point de vue de la nourriture. La nourriture des Bassari consiste surtout en céréales, dont l'une est particulièrement riche en tryptophane (fonio), et est pauvre en viande. Cependant, je pense que nous pouvons éliminer ces facteurs nutritionnels et climatiques, puisque nous avons pu enregistrer deux sujets bassari — dont Tama — au mois de mars 1975, après qu'ils eurent passé deux mois en France, avec un régime alimentaire « français ». Ces sujets, déjà enregistrés au Sénégal en 1974, furent enregistrés dans notre laboratoire d'exploration fonctionnelle du sommeil, à Lyon, pendant trois nuits consécutives. Nous

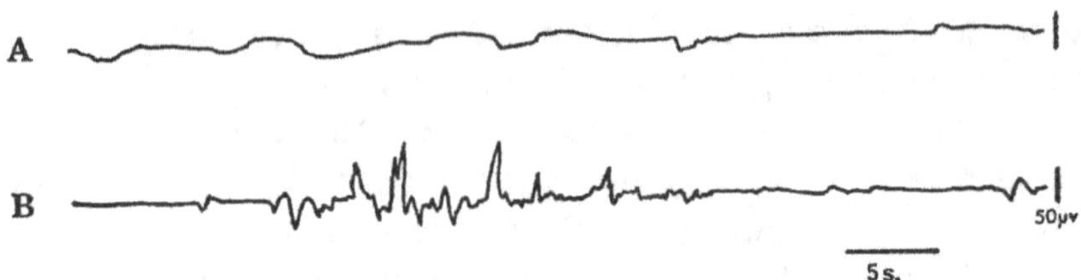

Figure 4. Enregistrements oculographiques des mouvements oculaires horizontaux au cours du Sommeil Paradoxal, A. chez Tama à Lyon (1975), B. chez un sujet masculin lyonnais du même âge — Base de temps : 5 secondes — Amplitude : 50 microvolts.

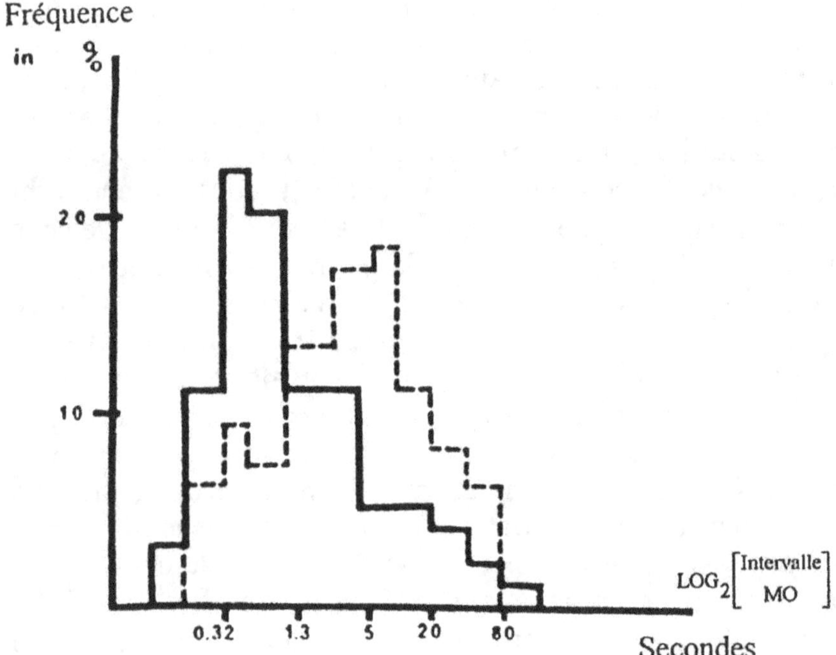

Figure 5. Distribution des intervalles entre mouvements oculaires au cours du Sommeil Paradoxal chez 50 sujets masculins européens (contrôle) (—) (La fréquence moyenne est de 35/min.) et chez Tama (...) (fréquence moyenne : 10/min.).
En ordonnées : fréquence de la distribution (en pourcentage).
En abscisses : intervalle entre les mouvements oculaires en seconde (échelle logarithmique).
(D'après Jouvet et al., 1981.)

fûmes alors capables d'enregistrer à nouveau, dans de bien meilleures conditions, des structures d'occurrence des mouvements oculaires identiques à celles que nous avions recueillies à Etyolo[7].

Il existe très peu d'études comparables ayant porté sur ce que l'on peut appeler « l'oniro-ethnologie objective ». À ma connaissance, seule Olga Petre-Quadens et ses collaborateurs ont étudié le sommeil et les structures d'occurrence des mouvements oculaires du sommeil paradoxal chez les Ibans de Sarawak (qui sont membres d'un groupe ethnique indochinois), ainsi que chez les Témiars de Malaisie (qui sont des pygmées de type négroïde). Chez les Témiars, Mme Pêtre-Quadens et ses collaborateurs ne trouvèrent pas de différences dans la structure d'occurrence des mouvements oculaires au cours du sommeil paradoxal, par rapport à leurs données de contrôle recueillies en Belgique. Cependant, la densité moyenne des mouvements oculaires était significativement diminuée. Les Ibans furent enregistrés dans deux conditions différentes. D'une part, dans un hôpital de Malaisie où ils étaient peut-être, selon Olga Petre-Quadens, soumis à un « stress psychologique ». Dans ces conditions, il existait une diminution significative de la densité des mouvements oculaires au cours du sommeil paradoxal. Ces sujets furent alors enregistrés à nouveau, dans leurs cases situées au milieu de la jungle. Dans un tel environnement familier, la densité des mouvements oculaires était comparable à celle de la population de contrôle « européenne »[8].

Les débuts difficiles de l'oniroethnologie

Il est évident que ces trois études doivent être considérées comme préliminaires. Cependant, à ma connaissance, aucune autre étude n'a été effectuée depuis vingt ans. Il est vrai que l'étude des « structures d'occurrence » ou des *patterns* des mouvements oculaires au cours du sommeil est un sujet difficile qui attire peu de chercheurs. D'autre part, le concept que le cerveau humain puisse être programmé au cours des rêves n'apparaît pas « politiquement correct » dans certains milieux. Qu'il existe des facteurs génétiques responsables des différences de comportement chez des souches de souris génétiquement différentes est un fait admis depuis longtemps. Malgré les travaux de Bouchard et de ses collaborateurs[9] (1990), qui révèlent l'existence d'une hérédité psychologique chez des jumeaux homozygotes élevés à part depuis la naissance, certains milieux se refusent à admettre que l'homme ne soit pas entièrement conditionné par son environnement. L'enregistrement des *patterns* des mouvements oculaires au cours du sommeil paradoxal était difficile en dehors d'un laboratoire bien équipé en 1974. Ces conditions sont devenues actuellement beaucoup plus faciles puisque des systèmes miniaturisés peuvent être employés. L'importance de telles études ne devrait pas être sous-estimée. Les populations dites « primitives » et de petite dimension sont en train de disparaître rapidement parce qu'elles ne peuvent pas s'adapter à notre système de vie. Certaines s'évanouissent par métissage, alcoolisme, épidémies ou même par génocide. Nous ne devrions pas oublier que ces groupes ont survécu dans un environnement qui nous apparaît « hostile ». La possibilité que le sommeil paradoxal puisse représenter le moment privilégié du cycle veille-sommeil, au cours duquel une programmation génétique de certains aspects du comportement pourrait survenir, souligne l'importance d'enregistrer autant d'informations que possible concernant ce phénomène (en particulier l'organisation des mouvements oculaires qui est le seul index objectif de cette hypothétique programmation).

Les groupes ou les populations « primitives » qui n'ont pas de communications écrites mais seulement une transmission orale de la culture sont fragiles. A. Hampaté Ba a pu écrire que la mort d'un vieil homme ou d'une vieille femme est comparable à la destruction d'une bibliothèque puisque la mémoire du groupe disparaît en même temps. Les enregistrements magnétiques des mouvements oculaires, au cours du sommeil paradoxal, chez ces différents groupes ethniques pourraient représenter une « onirothèque » objective de notre cerveau. Même si nous ne savons pas *encore* comment déchiffrer l'organisation temporelle des mouvements oculaires, qui sont enregistrés sur des bandes magnétiques, nous pouvons légitimement espérer arriver à les « décoder » grâce aux progrès considérables du traitement du signal. Lorsque cette époque viendra, il est, hélas, fort possible que ces groupes « primitifs » auront disparu pour toujours. Alors nous serons justement accusés par nos successeurs, hypnologues ou onirologues, d'avoir manqué et de curiosité et d'audace, en laissant s'évanouir pour toujours ces données fugaces (et incapables d'être fossilisées), qui sont peut-être l'une des clefs pour comprendre la nature de l'homme à travers les manifestations bioélectriques de sa vie onirique.

Chapitre VI

LA VIE DE TAMA
Ou pourquoi Shengneneké et lui s'appellent réciproquement
« tortue »

(Monique GESSAIN)

Né en août 1939 ou 1940, Tama a vécu l'enfance des petits Bassari de son époque, dans une famille d'agriculteurs spécialement étendue car son père, chef de canton, eut treize femmes, chiffre exceptionnel chez les Bassari qui n'en ont guère à cette époque que deux ou trois, au maximum quatre. La mère de Tama était la seconde femme de son père. À leur mariage celui-ci avait environ vingt-cinq ans et elle (sa fiancée depuis l'enfance) vingt ans. Ils ont eu cinq enfants : une fille morte à environ cinq ans, avant la naissance de Tama, un garçon mort vers treize ans et dont Tama se souvient un peu, une seconde fille, Ingema, Tama et un dernier fils, Ingali. Ces trois derniers enfants sont vivants. (Ceux des frères et sœurs de Tama, ainsi que des femmes de son père, cités dans ses souvenirs de rêves figurent au schéma généalogique p. 110).

Enfant, Tama (c'est le prénom numérique du second fils de chaque femme) avait été surnommé, à cause de sa petite taille, Inder, du nom d'un petit passereau, la corvinelle. À l'initiation, il reçut un nom signifiant « faites quelque chose de plus », nom choisi par sa mère, allusion au fait que son père avait demandé plus pour ses enfants qu'il n'avait donné pour épouser sa mère. Tama se considère conforme à son nom

109

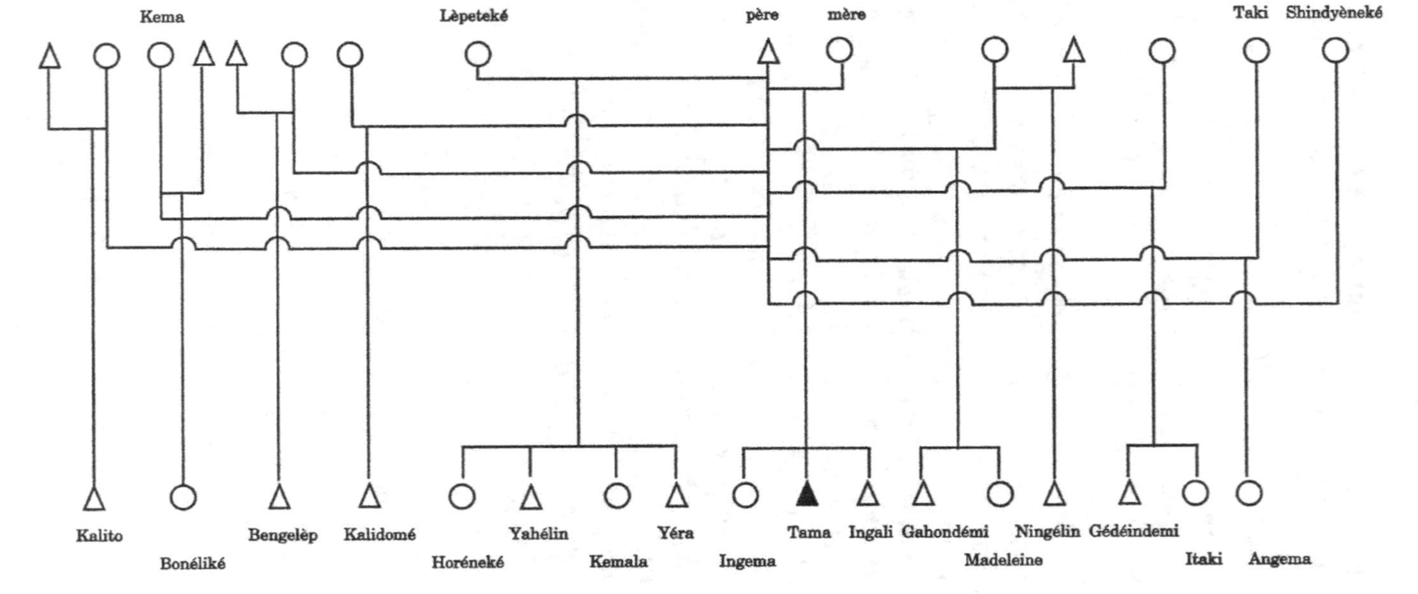

Dessin Danièle Fouchier

Autour de Tama, son père, sa mère, ceux de ses frères et celles de ses sœurs et des femmes de son père cités dans ses souvenirs de rêves (trois des « frères » de Tama ne sont les fils ni de son père, ni ceux de sa mère, mais les fils de femmes de son père et de précédents maris).

d'initiation, ayant fait plus que les autres en allant en France et en Amérique.

Interrogé sur sa vie, en 1993, Tama raconte : « Quand je commençais moi à faire quelque chose de ma vie, j'ai décidé de suivre les gens qui allaient faire des *krintin* [solides vanneries rectangulaires utilisées comme murs ou palissades] à Kédougou. C'est la première année de MA vie. J'étais *lug*. C'était en saison sèche 1961-1962. »

Ainsi, lorsque je propose à Tama de me raconter sa vie, commence-t-il par un événement vécu lorsqu'il était *lug*. Il a alors plus de vingt ans, mais la classe des *lug* est celle des hommes bassari après leur initiation. C'est dire l'importance pour eux de l'ensemble de rites, de brimades et d'enseignement communément désigné sous ce terme. Tama en est bien conscient : « La plus grande fête bassari, je crois que c'est l'initiation, *koré*, puis après cela les coutumes *eyuk*, autrefois *opimbi*, puis *olug* (rituels de changement de classe) », et il confirme sa propre « naissance » à l'initiation : « J'ai commencé à penser quand j'étais *lug*, mais je ne pensais pas beaucoup, après, *falug*, ça a continué jusqu'à maintenant, je pense beaucoup, plus que quand j'étais *falug*. »

Un récit de la vie de Tama a été recueilli depuis 1961, en particulier en 1967. Nous en donnons ci-dessous de larges extraits concernant la période antérieure aux rêves (1964 et 1967). Dates antérieures à 1961 et âges sont approximatifs, « reconstitués » à partir des années 1960 : il n'existe à cette époque chez les Bassari ni état civil ni grand intérêt pour le calendrier.

« Avant d'être *ringeta*... pendant que mes frères Gahondémi, Gédéindemi et moi — nous étions alors Tama, Yadé (ce nom désigne la hyène) et Inder — gardions les champs de mil ou de maïs, nous sommes partis causer et chercher des racines de *Spondias Mombin* qu'on croque comme du manioc. Quand mon père est venu voir le champ, il a vu que les perdreaux ont mangé toutes les graines. Il nous a appelés. Nous sommes venus, mon père a attrapé Gahondémi qui était le plus âgé. Mon père avait la main droite enflée, c'était difficile pour lui de frapper. Il a donné à Gahondémi un coup de bâton. Gahondémi a couru, mon père a couru après nous. Il n'a pas pu nous attraper.

« À ce moment-là il n'y avait pas beaucoup de riz. Quand nos mères en préparaient, on nous disait : "Celui qui ne se baigne pas ne mangera pas de riz." On allait tous se baigner à la rivière puis, en attendant le riz, on dansait la danse des *lemeta* en chantant : "Servez-nous des grosses poignées, une boule, ça bascule, que ta main en tremble."

« Un jour, on était partis chez les frères de ma mère à Ekès. Devant la maison, il y avait un karité. J'essayais d'y monter. On me disait de ne pas le faire car je vais tomber : "Si tu n'obéis pas, on va appeler *angondyogori*" [ainsi appelle-t-on, pour effrayer les enfants qui croient que ce sont des animaux, le bruit de bracelets de métal ou de perles secoués dans une calebasse]. Je ne pouvais pas descendre. Mes frères sont venus me chercher. Tous se sont cachés, mais moi, je ne pouvais pas. Ils sont venus me chercher et m'ont caché dans la maison. Je ne pleurais plus. »

Très jeune, Tama fait connaissance avec les brimades, les prérogatives et les enseignements qui accompagnent chaque étape du développement individuel. Selon l'expression bassari, ces brimades sont « remboursées » lors de l'étape suivante, les derniers à les avoir subies les faisant, à leur tour, subir à leurs cadets. Tama n'était pas encore à l'*ambofor* lorsqu'on lui a percé le nez. « N'importe qui perce, même une femme, si elle peut et si elle ose aussi... Je crois que c'est ma sœur qui m'a percé. Un jour, mes camarades, on leur avait percé le nez. Alors, moi aussi, j'ai envie de me percer. Alors on m'a percé. Il y a mes camarades qui ne l'étaient pas encore, on perçait ceux qui le voulaient, ceux qui osent. Ceux qui étaient percés l'an précédent nous ont frappé *iretyen* [le nez], presque tous les gens le font encore, mais ce n'est pas obligé. L'année d'après, il y en a d'autres qu'on a percés, nous les avons frappés. »

Une école a été créée dans le village de Tama, en 1947. Tama y est entré seul parmi ses frères. Le maître était très gentil et l'aimait beaucoup. À cette époque-là, seuls quelques anciens militaires parlaient un peu français. C'est vers cette date que Tama a vu pour la première fois un missionnaire catholique venu de Youkounkoun, en Guinée, avec un Bassari de Négaré, pour faire le catéchisme dans certains villages sénégalais.

« J'ai fait à peu près quatre ans à l'école, je crois, quatre ou cinq. Ni mon père, ni ma mère, ni mes femmes n'ont été à l'école. J'étais encore à l'école en 1949.

« Une année, mon père avait décidé d'envoyer mon frère Kalidomé et moi à l'école à Kédougou. Un jour, le maître d'école avait envoyé tous les enfants à Ebarak pour chercher du mil... Kalidomé et moi nous ne sommes pas partis. Le maître d'école nous a convoqués à Ebarak, nous y avons été. "Pourquoi n'êtes-vous pas venus ? — Parce que mon père nous a dit que nous allions partir à Kédougou."

« Quatre types nous ont attrapés, pieds et mains. Le maître nous a tapés très fort les fesses avec un bâton. Les fesses enflaient... C'est comme ça que les maîtres d'école faisaient autrefois...

« Un soir, les *ringeta* qui partaient chercher de l'eau pour les *lemeta* m'ont trouvé couché dehors devant la maison de mon père. Mon camarade Yaya d'Egatch m'a dit : "Aujourd'hui, camarade, nous allons partir à l'*ambofor*." Il m'a pris comme un bébé (sur le lit très haut), soulevé avec les mains et m'a posé par terre. On est partis à l'*ambofor*. À ce moment, je partais tous les jours, tous les jours. »

Peu à peu, les règles de la politesse et des salutations sont enseignées aux *ringeta* ainsi que leurs devoirs envers les *lemeta* et l'attitude qu'ils doivent avoir envers les filles que ni les *ringeta* ni les *lemeta* ne saluent.

« L'année après mon entrée à l'*ambofor*, les *lemeta* nous ont dit de commencer les *banmashyen* (prestations des *ringeta* envers les *lemeta*). Chaque soir, on amène ce qu'on a : mil mouillé ou arachides ou miel. Chaque *ringeta* apporte environ un kilo d'arachides, une pleine sacoche en peau de singe. Les *ringeta* font griller les arachides, disposent des pierres pour que les *lemeta* s'assoient dessus, vont chercher de l'eau pour les *lemeta* et appellent ceux-ci : "Venez manger." Les *banmashyen* ont commencé au mois de novembre, jusqu'à l'hivernage. Si tu n'as pas d'arachide, tu es obligé d'aller en creuser dans les champs. »

Quand Tama était petit, sa mère lui en donnait des paniers. Auparavant, le *ringeta* devait glaner tout lui-même, en grattant la terre avec la houe, dans les champs où les arachides restaient à sécher jusque tard en saison sèche, vers avril-mai. À cette date, les gens les rentraient dans leur carré, les décortiquaient et les mettaient dans des paniers. En participant à ces travaux, le *ringeta* pouvait gagner quelques arachides.

« Les *lemeta* essayaient d'empêcher les *ringeta* d'obtenir ces arachides de leur mère, mais c'était très difficile d'en trouver dans les champs [les singes cherchent avec les *ringeta*] et tous n'ont pas un parent qui a des arachides. À défaut d'arachides, il y en a qui préfèrent récolter du miel [un petit sac de miel équivaut à un plus grand sac d'arachides] ou des ignames. Si c'est l'arachide, on la fait griller à *l'ambofor*. Quand les *lemeta* disent : "Il faut griller l'arachide, amenez les *banmashyen* »*, on apporte les sacs, on les montre aux *lemeta*, on dit : "Voilà ma part, voilà ma part." Le miel, on le donne tout de suite, ils le mangent, l'arachide on la grille.

« Pendant que les *lemeta* mangeaient leurs arachides grillées, les *ringeta* allaient chercher de l'eau [en empruntant une calebasse aux filles de *l'ambofor*] pour que les *lemeta* boivent et se lavent les mains après avoir mangé. Des fois on nous fait fatiguer. Les *lemeta* boivent, boivent, même s'ils en ont assez, ils renversent l'eau exprès et nous disent : "Repartez en chercher", ils nous insultent comme des chiens...

« Au mois de janvier, on nous a dit de faire des flèches. Les grands, on leur a dit d'en faire cent, et moins aux petits. Celui qui n'a pas fini on le frappe.

« Nous étions très fatigués, on bottait [frappait à coups de pied] toute la classe si un seul *ringeta* a fait des bêtises

[Tama remarque qu'il était toujours puni à cause de ses camarades].

« Un jour, on m'a donné à boire une calebasse de bière non filtrée, peu fermentée et peu appréciée, mais un ami *lemeta* m'en a bu la moitié. Quand les *lemeta* voyaient des guêpes, ils nous disaient de danser *opimbi* à côté des guêpes, et les *lemeta* frappaient les guêpes qui nous attaquaient. On raconte cela aux enfants d'aujourd'hui. "Lève-toi", nous disait un *lemeta*, et il frappait le *ringeta*. "Pourquoi ?"

« Les *lemeta* étaient très méchants, quand moi j'étais *ringeta*. Certains *ringeta* ne voulaient pas retourner aux *ambofor*, leurs camarades allaient les chercher dans leurs carrés, sinon eux-mêmes seraient frappés par les *lemeta*. Les pères ne défendaient pas leurs enfants. Au contraire, si un fils n'obéissait pas à son père, celui-ci pouvait aller à l'*ambofor* le faire punir par la classe au-dessus.

« Les *lemeta* nous donnaient des tâches... des tresses de tiges de mil *odebender*. Chacun des garçons les plus âgés devait en fabriquer cent, on le faisait en octobre-novembre. Le jour du premier *andyila* [cérémonie où celui qui a une récolte de sorgho particulièrement importante en redistribue une grande partie sous forme de bière], les *ringeta* devaient remettre les *odebender* aux *lemeta*. Alors, ce jour-là, pour avoir apporté du bois là où on faisait les bières d'*andyila*, tous les *ringeta* recevaient *enongo, ndyik, mbelefekel* et un peu de *mbarag* [états et sous-produits de la bière].

« Quand tout était rassemblé, on disait que chaque *ringeta* n'avait qu'à présenter ce qu'il avait fait. Alors on comptait les *odebender*. Si tu n'avais pas terminé tes cent *odebender*, on te donnait des coups. Une année je n'avais pas fini... car après l'arrivée du maître d'école (en octobre), on n'en avait plus le temps. On nous a frappés un jour ordinaire. Nos camarades qui n'allaient pas à l'école étaient partis chercher de la paille à Hedemun [lieu-dit dans un village voisin] pour le toit de l'*ambofor*, et ceux d'entre eux qui n'avaient pas terminé leurs *odebender* ont été frappés. Nous qui allions à l'école, nous n'étions pas partis chercher la paille avec eux. Un beau jour, on nous a frappés, très fort, à côté de l'*ambofor*. On a pleuré. Ma mère a entendu, a demandé ce qui se passait. Personne n'a répondu.

« On nous frappait aussi quand, chaque soir, on n'apportait pas assez d'arachides grillées, de mil humide [mil mis à tremper dans l'eau pour l'attendrir : on le mange tel, sans cuisson], pour les seuls *lemeta*. Ceux-ci frappaient les quelques *ringeta* présents... c'est-à-dire ceux qui avaient apporté ces *banmashyen*. Les autres, qui n'avaient rien apporté, n'étaient pas venus à l'*ambofor* !

« Une année, le moment de la circoncision arrivé [début de la saison sèche], on a décidé, moi et mon frère Gédéindémi, de nous faire circoncire. On est partis un soir chez mon père, nous avons demandé. Il nous a dit : "[Non] vous allez pleurer [de souffrance parce que vous êtes trop jeunes]. Ce n'est pas possible, il faut [attendre] l'année prochaine." Nous avons dit : "Nous, nous voulons cette année parce qu'on circoncit nos camarades cette année." Il [a] dit non. On est repartis.

« On est revenus un jour, il n'était toujours pas d'accord ; on a demandé à maman. Ma mère a dit : "Qu'est-ce que ton père a dit ?" Nous avons dit que mon père n'était pas d'accord. Ma mère a dit : "Il faut attendre jusqu'au moment que ton père a dit, l'année prochaine. Comme ton père n'est pas d'accord, moi je ne peux rien faire."

« L'année suivante, on a demandé encore. Il était d'accord, alors on a demandé à maman. Comme mon père était d'accord, maman était d'accord aussi. On a demandé à mon père quel jour il fallait se faire circoncire. Il dit que c'était lundi, mais le lundi était passé, on a été obligés d'être circoncis le mardi.

« Un de mes frères était très méchant avec nous. Il s'appelait Bengelèp. Un jour, il a trompé ma sœur. Il y avait des guêpes dans un arbre. Il a dit à ma sœur : "Viens voir le derrière d'un serpent que j'ai tué. Attention, ne passe pas par ici, mais par là", en lui indiquant où étaient les guêpes. Moi qui voulais aussi voir le serpent, je suivais ma sœur. Les guêpes ont sauté sur nous, nous ont piqués, piqués. Bengelèp rigolait, nous on pleurait, nous avons été vraiment malades... Nous sommes partis raconter ça aux parents vis-à-vis desquels il se défendait, se disculpait avec ruse. Mais un jour, notre grand frère Bafanek [frère aîné de Yahelin] l'a puni. Bafanek a lié les mains et les chevilles de Bengelèp et l'a laissé assis en plein soleil, sur la terre brûlante, à l'heure où le soleil chauffe, pendant je ne sais pas combien de minutes, une heure peut-être. Nous, on était contents.

« Bengelèp attaquait toujours les plus petits que lui. Il enfonçait dans l'eau la tête de celui qui nageait à côté de lui. Dans la nuit, quand on mangeait *enap* [bouillie de semoule de céréales et de farine de légumineuses qui constitue à cette date la nourriture bassari habituelle], il tenait la calebasse de sauce brûlante et la montait vers toi : tu trempais ta main jusqu'au poignet... ou bien il enlevait la sauce et tu trempais ta poignée d'*enap* dans la terre.

« Bengelèp dit à Dupélin, fils d'un frère décédé du père de Tama [Dupélin, Bengelèp, Yadé et Tama habitent le même carré] : "Va frapper Yadé sur la tête. — Pourquoi ? dit Yadé. — C'est Bengelèp qui m'a dit de le faire. — Frappe-le comme il m'a frappé." Et Dupélin frappe Bengelèp : "C'est Yadé qui m'a dit de te frapper."

« Bengelèp disait que quand nous serions circoncis il mettrait du piment sur ses mains pour nous soigner. Mais il est mort avant d'être initié, juste avant notre circoncision. Malade, on l'avait amené à Ekès où moi j'accompagnais Yadé chez ses parents. Sa mère était morte. Il y avait sa parente à Edan. On est partis là-bas tous les deux pour l'avertir qu'il allait être circoncis. Elle a fait pour lui un sacrifice : il fallait, avant sa circoncision, avertir par une offrande l'autel sacrificiel auquel il avait été confié, lui "dire au revoir", comme on le fait lorsqu'un enfant est confié aux masques ou aux *koré*. On nous a dit : "Bengelèp vient de mourir." Nous on rigolait sans oser [le faire ouvertement].

« Yadé et moi, nous sommes revenus à Etyolo. On a averti le vieux des *lemeta*. Alors on a pris pour nous accompagner deux de nos camarades, dont le "vieux" des *lemeta* — il fallait l'avertir, on pouvait être accompagné par n'importe quel *lemeta*. On est partis le mardi matin, à Epingé, chez un homme qui circoncit souvent. C'est lui qui nous a circoncis tout près de la maison, derrière, en brousse. Il a craché des médicaments sur les pierres où nous nous sommes assis. »

Ils avaient apporté au circonciseur un peu d'argent, peut-être vingt ou cinquante francs pour eux deux, donnés par leurs parents ? Ils ne sont ensuite jamais retournés chez lui.

« On est revenus. Nos camarades ont tiré des coups de fusil, des coups très forts. Alors, dans la nuit, à 4 heures du matin, je ne pouvais plus pisser parce que l'on m'a circoncis, on m'a soigné vite, alors, le sang qui collait a collé dedans, à cause du pansement serré. C'était obligé que je réveille les *lemeta* (j'étais à l'*ambofor*), on a détaché le pansement (une feuille), à ce moment ça a sauté, j'ai pissé très fort. Ça fait très, très mal. Ils ont rattaché le pansement. D'abord quand on nous a circoncis, nous avons pris les morceaux coupés, chacun de nous les a enterrés dans une petite termitière-champignon. Ce n'est pas bien de jeter comme ça [n'importe où]. Les *lemeta* nous ont donné des renseignements, nous ont dit de ne pas marcher à l'endroit où l'on pile habituellement. Il ne faut pas marcher non plus par-dessus un pilon couché par terre, sinon le pansement va sauter tout seul, on ne doit pas s'asseoir sur un mortier ni même mettre son pied sur la trace d'un mortier [là où le mortier saute frappé par le pilon]. Tous les hommes sont soumis à ces interdits, pour éviter de gâter les charmes pour la chasse, mais il y a beaucoup moins de charmes maintenant » (le circoncis s'éloigne du monde des femmes — mortier et pilon, dont l'enfant est proche).

Lorsque Tama et ses frères étaient enfants, leur père les faisait travailler, « cultiver [pour obtenir] une poule », comme aujourd'hui lui-même promet à ses enfants des beignets du marché. Les enfants ont plus de travail en hivernage, à surveiller les champs, les chèvres, qu'en saison sèche, temps du repos et de la chasse.

Alors qu'il était *ringeta*, Tama a été pour la première fois à Kédougou, pour danser *lemeta* à une fête. C'est alors qu'il a connu l'électricité... quelques heures la nuit, dans les bureaux ou à la mission... un bouton tourné : « J'attendais l'heure où tout s'allumait en même temps... très clair. »

« Lorsque nous étions *ringeta*, les *lemeta* ont dit aux *ringeta* : chacun de vous n'a qu'à choisir une *endyam* [amie privilégiée] parmi les filles *endodug* qui vont à l'*ambofor*. Chaque *ringeta* en avait une. Moi j'étais avec Niari. On lui donnait des cadeaux : du maïs, des cannes à sucre, du miel. Elle aussi, elle faisait cuire les pois de terre (pas les arachides) ou bien elle achetait du lait.

— Comment l'avais-tu choisie ?

— Parce que j'aimais elle. Cela dure le temps qu'on est *ringeta*, après, quand on est *lemeta*, c'est fini. »

Tama avait environ douze ans, il était *ringeta* et circoncis lorsqu'il a appris à se servir d'un fusil. « J'avais un petit fusil. Mon père ne croyait pas que j'allais tuer des perdreaux. Il m'a dit : "Si tu tues, au premier perdreau que tu tues, je te donnerai cinquante francs" ; la première chose que j'ai tuée avec le fusil c'est une pintade, plus grosse que le perdreau, alors je l'ai donnée à mon père. Il ne m'a pas donné l'argent, c'était méchant. À ce moment, il a commencé à me donner les cartouches, calibre 12, mon père me prêtait le fusil.

« Je suis resté trois ou quatre ans *ringeta*. Puis, on nous a frappés pour devenir *lemeta* : "Voilà, aujourd'hui, vous êtes des *lemeta*, maintenant il faut faire toujours attention, il ne faut pas faire comme quand vous étiez *ringeta*, vous être changés maintenant." Il faut essayer d'être propres, il faut obéir aux vieux, si tu vois un vieux qui part chercher quelque chose, il faut l'aider si tu peux, si tu ne peux pas, tu laisses. Il faut être très gentil avec les vieux, les saluer. Si on est avec les vieux, quand ils veulent s'asseoir, il faut que tu lui donnes des feuilles ou un caillou avec les feuilles pour qu'ils s'assoient bien. Alors, les nouveaux *lemeta* sont avec les *lemeta* qui vont être initiés, on a mangé les arachides, on mangeait, on mangeait, même si tu as assez, tu continues à manger. Ce jour-là, tu es content.

« Plus tard, des jours après, ils ont dit encore que nous,

on est trop petit : "Vous allez être *ringeta*." Nous sommes redescendus *ringeta* : on pleurait, on a recommencé à chercher les arachides pour les *lemeta*, et les *ringeta* restés *ringeta* nous insultaient.

« Au cours de la saison sèche suivante, ils ont dit : "Bon, maintenant, vous êtes *lemeta*."

« Quand les commerçants de Guinée ont commencé à venir acheter des arachides à Etyolo, ma mère m'a donné un petit terrain pour en cultiver. J'étais *lemeta*.

« Avant d'être initié, pour apprendre la chasse, je suis parti chasser avec mon parent Tyara dans [ce qui est actuellement] le parc du Niokholo Koba, derrière la Gambie, à la clairière. Il y a là un trou où il y a toujours des porcs-épics. On a vu des traces de buffles qui venaient de passer. Tyara m'a dit de l'attendre, il est parti suivre les traces. Un gros phacochère est venu, je l'ai blessé au ventre. Ayant entendu le coup de fusil, Tyara est revenu : "Qu'as-tu tiré ?" Nous avons suivi les traces de sang, nous n'avons pas retrouvé le phacochère.

« Nous sommes retournés au campement de Nyangos, près de l'eau. Tyara est reparti à la tombée du soleil. J'ai eu peur, seul, armé, à côté du feu. J'entendais crier les nandinies [ce petit carnivore grimpe aux arbres et crie comme un humain] qui s'approchaient. Je les ai vus passer. J'avais peur. Tyara est revenu dans la nuit. On a passé la nuit là. Le matin, on a continué à chasser. On est partis voir des cavernes, là où habitent les porcs-épics. Là, chacun rentrait dans un trou [les trous communiquent], et y glissait avec une torche de paille et un fusil : pour devenir un homme je dois le faire, sinon ils vont me "saboter" [les Bassari emploient ce terme pour « dire du mal de quelqu'un, le perdre de réputation »]. J'ai continué jusqu'à ne plus pouvoir rentrer [le couloir était] trop étroit, je suis ressorti et j'ai retrouvé Tyara qui, lui aussi, était sorti. On a récolté du miel. Nous sommes rentrés au bout de quatre jours. Après cela on chassait, on tuait beaucoup de gibier, nous étions de grands chasseurs.

« On pêchait à NepNep. On remuait l'eau en la poussant avec des feuilles. Un jour, moi et un camarade, nous avons soulevé [notre barrage de feuilles], nous croyions avoir un gros poisson. C'était un python, on a tout lâché !

« Nous étions *lemeta* depuis un an, quand mon père a décidé de nous initier : "Il faut que vous cultiviez pour votre fête" [c'est une manière d'encourager les garçons à travailler aux champs]. On a travaillé. Le temps de l'initiation est arrivé [c'était en 1957], on a mouillé la bière [mis le sorgho à tremper pour préparer la bière]. D'abord, on a été à la chasse pour obtenir les peaux pour faire les ornements de sabre et les sacoches blanches. On les a fabriqués. Les bières ont été préparées.

« Au jour de l'initiation, quand les masques sont venus, un parent de mon père nous a conseillés, nous expliquant comment lutter. Les masques sont venus. C'est mon frère, Gahondémi, qui a lutté le premier, puis moi. J'avais très bien lutté, le masque [c'était Bungwol] ne m'a pas terrassé. Je ne l'ai pas terrassé. Le deuxième masque avec lequel j'ai lutté [c'était Pabunè] a dit que j'étais fou : j'ai failli le terrasser. Nous étions dix-sept garçons à initier. À la lutte, certains ont gagné, d'autres ont perdu.

« Nous sommes devenus *ongateléhé* [nouveaux initiés]. On nous a ramenés dans les carrés [de nos parents]. Puis nous sommes devenus *lug* » (toujours en 1957).

Après l'initiation, il faut réapprendre aux initiés (qui ont tout oublié de leur vie passée) leurs parents, les noms des filles et des garçons de leurs villages, le français quand ils le savaient, les gestes du travail agricole et de la chasse. Autrefois, cela se faisait au cours de chasses collectives : aujourd'hui, qui va à la chasse emmène avec lui les initiés et leur fait porter le gibier. Chaque nouvel initié doit donner la tête et le cou du premier animal qu'il tue à l'homme qui a fourni et sacrifié pour lui un coq au matin de son initiation.

Tama a tué d'abord plusieurs petites antilopes, sans les donner, puis il a donné la tête d'un mâle d'antilope des marais (*Redunca redunca*). « Tu dois donner au cours de l'année qui suit l'initiation. Si tu ne tues pas dans ce délai, tu ne donnes pas, mais alors tes camarades se moquent de toi : "Toi tu aimes les femmes, alors tu n'as rien tué pour le coq." » Ceux qui l'ont fait se moqueront toujours de ceux qui ne l'ont pas fait. L'année où Tama a été initié, seuls quatre ou cinq sur dix-sept initiés n'avaient pas « tué pour la tête ». Maintenant, c'est le cas de (presque) tous les initiés : personne ne « tue plus pour la tête ».

Un an après avoir été initiés, tous les garçons initiés l'année précédente partent à l'autel sacrificiel *ekeb*, le jour de *ekay* (cérémonie au cours de laquelle est fixée la date de la prochaine initiation). Là, on leur dit : « Maintenant, vous pouvez chercher des femmes si vous en avez besoin. » Mais lorsqu'on a dit cela à la promotion de Tama, ses camarades et lui-même ont été en brousse un matin de l'*ambofor*, et là ils ont décidé : « Attendons que les *falug* nous en aient parlé. »

Les *lug* pensaient que s'ils cherchaient des femmes, les *endyam* des *falug* quitteraient les *falug* pour les *lug* plus jeunes. Et puis il y eut un *apenan* où les *lug* devaient travailler avec les *falug*. Les *falug* expliquèrent aux *lug* comment il fallait travailler et ajoutèrent : « Maintenant vous allez chercher des filles. Il ne faut pas de bagarres entre vous. Si vous savez qu'un tel a fait demander un rendez-vous à telle fille, il ne faut pas essayer de déranger cet accord, sans cela vous vous battrez. » Ce sont des choses qui arrivent.

Autrefois, chaque fille *endopalug* ou *endodyar* avait un *endyam* parmi les *falug* et un autre parmi les *lug*. Dans les années 1960, les relations *endyam* évoluent. Auparavant, une fille n'aurait pas refusé un rendez-vous à un jeune homme parce qu'il ne lui semblait pas beau et ne lui plaisait pas, sinon elle ne pouvait pas le même jour en accorder un à un autre : aujourd'hui, rares sont les filles qui agissent ainsi.

Il arrive qu'un couple d'*endyam*, après une liaison de quelques mois ou de quelques années, se marie. La relation *endyam* a, dans ce cas, joué le rôle d'un mariage à l'essai et les hommes bassari disent : « On peut ainsi voir si la fille est tranquille, on connaît son caractère. » Il est rare de voir un homme refuser une épouse possible, aussi nous a-t-il semblé que c'était souvent la fille qui choisissait d'épouser son *endyam* plutôt que son fiancé : ainsi Niari a-t-elle préféré son *endyam* Tama à son « mari ».

Lorsqu'un jeune homme a plusieurs *endyam*, il est courant que deux de ces jeunes filles viennent lui rendre visite ensemble chaque soir. C'est ce qui arrivait à Tama au temps où il n'était pas marié et avait trois *endyam*. Chaque soir, deux de celles-ci venaient le rejoindre dans la maison qu'il s'était construite près de celle de son père, après qu'il eut passé quelque temps aux *ambofor*.

Mais vers les années 1960, il y a beaucoup de filles qui ne veulent pas venir à deux chez leur *endyam* commun. L'homme sait alors que ces filles ne voudront pas être coépouses.

« Je me rappelle... en 1959, après l'initiation, avec mes frères Gahondémi et Gédéindemi (la mère de ce dernier était morte depuis longtemps ; Fañirk, une autre femme de mon père, l'a élevé ; il était toujours avec ma mère). Nous étions déjà *lug*, nous avions cultivé un grand champ d'arachide et récolté de gros tas d'arachides, des tas séparés, dont tout le monde parlait. On discutait pour savoir quel était le plus gros. C'est la première fois que j'ai gagné de l'argent. On en a vendu une partie pour acheter nos habits, on n'avait pas tout vendu... J'ai donné une partie du tas d'arachides à ma mère.

« C'est en 1961 que nous nous sommes connus, quand je dansais *olug*. Vous m'avez photographié à Nangar avec les filles avec qui je dansais *olug*. À l'école [où habitaient Robert, Monique et Antoine Gessain], nous avons fait connaissance. L'année suivante, vous me questionniez sur les noms des plantes. Je cueillais toutes les plantes sauvages que l'on mangeait. Je mettais la feuille et le fruit entre les pages de journal. Chaque plante valait dix francs [Tama reconnaît que c'est lui qui nous a choisis et non pas nous qui avons choisi de travailler avec lui...].

« En novembre-décembre 1961, j'ai été faire des *krintin* [palissades de vannerie] à Kédougou où j'avais été une fois, quand j'étais *ringeta*, danser *olemeta* à une fête.

« J'ai été faire des *krintin* avec mon beau-frère Gwenfoml, le fils du frère de mon père Tisalin, mon camarade Dungwalin et mon frère Ingali, sur la route de Kédougou après Banda-fassi, à Sili... La première fois, j'ai gagné deux mille francs (à cent francs pièce). Puis on a fabriqué d'autres *krintin*, j'ai gagné quatre mille francs. Mon père est venu, je lui ai donné quatre mille francs à garder. Il me restait deux mille francs pour acheter des habits. [En 1993, le *krintin* vaut cinq cents francs à Kédougou, trois cents ou trois cent cinquante francs à Etyolo].

« Cette année-là ont été construits à Kédougou le dispensaire et une petite maison à la douane. Il y a un toubab [euro-péen] qui dirigeait les travaux. Nous nous sommes présentés avec Ningélin qui a été accepté au travail. Nous nous présentions tous les jours. Le toubab inscrivait les gens. Nous n'avons pas eu de travail. Un jour, on a décidé de rentrer. J'ai dit : "Je vais aller acheter du pain au marché." Juste devant la préfecture, j'ai croisé le commandant [qui a succédé à C.]. Je l'ai salué, il m'a salué. Il m'a demandé ce que je faisais. Je lui ai dit : "Je ne fais rien, j'ai demandé le travail, mais je n'ai pas réussi. — Viens au bureau."

« J'y ai été. Il m'a fait un papier, il m'a dit d'aller me pré-senter. Ils m'ont pris. J'ai travaillé pendant un mois et quelques jours, avec un menuisier qui faisait les portes. J'ai eu dix mille francs. Je suis rentré au pays. J'avais acheté deux génisses et quatre chèvres. Mes premières chèvres. C'est comme ça que j'ai commencé ma vie : partir faire des *krintin*, c'était le commencement de ma vie d'homme...

« J'ai eu une lampe à pétrole quand j'étais *falug*, j'avais déjà eu une torche électrique. Mon père a d'abord eu sa pre-mière lampe à pétrole qu'il utilisait pour la chasse, fixée sur sa tête, entourée de chiffons laissant une petite fenêtre ronde pour la lumière. Puis il a eu une lampe à acétylène fixée au front [dans les années 1960], puis une torche électrique.

« Aujourd'hui, chez les jeunes, les lampes électriques torches sont plus fréquentes que les lampes à pétrole. Je suis très sévère en ce qui concerne la torche, car il m'en faut une contre les animaux : python ou petits carnassiers. Un python de Seba a avalé une chèvre dans la cuisine de Niari et s'est enroulé autour d'une seconde. Il aurait pu en avaler trois...

« En 1962 [?], j'ai été à Tamba et Dakar avec Albenque [ethnologue qui a travaillé dans la région de Kédougou], j'ai fait l'aller et retour avec lui. J'ai vu la mer : je ne voyais pas l'autre bout... Je n'avais jamais vu autant de véhicules.

« Alors là, en 1962 ou 1963, quand vous êtes venue, vous m'avez proposé de venir en France. J'ai dit : "Oui, j'ai envie..." [À ce souvenir en 1993, il s'étonne de sa bravoure : être venu seul en France... Son père était d'accord.]

« Pour me faire venir, vous avez envoyé un message. Je récoltais le mil au champ [novembre-décembre 1963]. Marie-Paule est venue me chercher, m'a mis dans l'avion à Kédougou. Je suis arrivé à Dakar avant 6 heures [du soir]. Bugnicourt devait m'attendre. Il n'était pas là. Un chauffeur de taxi m'a amené au Building Administratif : B. était parti à l'aéroport. On trouve le gardien : "Est-ce que je peux rester là ?" Le gardien n'a pas voulu. Le chauffeur de taxi qui était très gentil m'a amené chez lui "jusqu'à ce que, demain matin, on revienne ici". On est partis chez lui, au matin, on a déjeuné, on est revenus au Building, on a trouvé B.

« Le jour où je devais partir, il m'a montré le bateau : la chambre, les douches. Je pensais : "Avec l'eau là, est-ce qu'on va arriver ?" J'ai vu que les gens avaient l'air tranquille. Plus tard, ils me disaient : "Tu as froid ? Mais qu'est-ce que tu vas faire en France... ?" B. m'avait donné un éventail bedik [population apparentée aux Bassari], Mme Gomila en avait aussi un. "Quand tu verras quelqu'un avec ça, tu iras le voir." Arrivé au port, j'ai regardé, je l'ai vue, elle m'a vu : "Voilà, c'est moi, je suis la mère de Gomila" [anthropologue qui a travaillé chez les Bassari et les Bedik]. Après, elle m'a amené chez elle, Gomila m'a téléphoné de Paris, il m'a salué en bedik. Elle m'a mené au train, dans la nuit. Je suis arrivé ici, à la gare, au petit matin. Je vois Mme et M. Gessain. Voilà, c'est comme ça que je suis arrivé à Paris. »

Quand Tama *(falug)* arrive en France, en décembre 1963, il a un fils (né en janvier 1963) de son *endyam* Niari, *endodyar* qui a cinq ou six ans de moins que lui (?). Elle est fiancée à Endega d'Ébarak à qui Tama remboursera la compensation matrimoniale déjà payée.

« À Paris (décembre 1963-mai 1964), j'ai vu les maisons très grandes et serrées. Au retour, j'avais oublié Dakar (est-ce que les maisons avaient été démolies ?), Paris était si grand que Dakar était devenu petit comme Kédougou ou Salemata. Mon mariage avec Niari a eu lieu à mon retour de voyage en France en 1964. »

Les hommes mariés conservent leurs *endyam*, tant que ces jeunes filles ne sont pas elles-mêmes mariées. Mais ils ne passent plus qu'une partie de leurs nuits (un moment chaque soir ou une nuit de temps à autre) aux *ambofor*. Ainsi, après son mariage, Tama disait-il à Niari : « Je pars, j'ai un rendez-vous », et il rejoignait ses deux autres *endyam* aux *ambofor*.

Leur fils, Tyara, meurt en mai 1965, leur fille Tyira naît le mois suivant, en juin 1965. Tama et Niari auront six autres enfants (de 1969 à 1982) ; six de ces huit enfants sont vivants.

Les relations sociales au milieu desquelles se déroule la vie des Bassari sont d'une grande complexité. En dehors des relations de parenté, de classe d'âge, d'amitié, d'*endyam*, chaque homme ou femme se choisit dans le sexe opposé des *nyapera* — relation qui peut lier des individus d'âges très différents et n'implique pas de relations sexuelles.

La relation *nyapera* donne lieu à échanges de cadeaux qui peuvent être très importants. Un jour où Tama était chez le mari d'une de ses *nyapera*, celle-ci a donné à Tama du manioc. Aussi, lorsque Tama est en France, en 1964, pense-t-il qu'il lui rapportera peut-être quelque chose, le lui portant lui-même ou le lui faisant porter par sa fille ou son fils qui viennent aux *ambofor*.

« Le deuxième voyage vers Paris (janvier-juin 1967), je l'ai encore fait seul et en bateau. Quand je suis arrivé à Dakar, vous y étiez, j'habitais chez Fili » (tout près de l'IFAN). Le matin, M.G. venait le chercher, il l'attendait au carrefour, devant le policier qui dirigeait la circulation, sans oser traverser.

« Revenant de France, j'arrivai à Kédougou, en juillet, pendant les pluies. Le père de la Mission catholique me confia Shengneneké qui rentrait au village avec son enfant de trois ans et un nouveau-né. Shengneneké est ma grand-mère de classe et nous pouvons donc plaisanter entre nous.

« À la nuit, nous sommes arrivés au Diakha. La pluie tombait abondamment et la rivière était trop haute pour la traverser. Je construisis un abri de branchages et de feuilles et nous nous sommes couchés, la femme et ses enfants et moi.

« À Kédougou, l'enfant avait vu une tortue : *apoghel*. Pendant la nuit, il en rêva, criant : "*Apoghel ! apoghel !*" J'allumais ma torche : l'enfant criait en s'agrippant à la main du nouveau-né...

« Depuis ce jour-là, Shengneneké et moi nous appelons réciproquement *apoghel* : tortue...

« À mon retour de France [où il retournera encore cinq fois entre 1970 et 1993], en juin 1967, j'ai trouvé Pena chez moi. » Née en 1952 (ou 1948-1949), Pena est fiancée à Tama depuis leur enfance. Elle va passer *endodyar*, tandis que Tama va devenir *ndyar*.

Je ne raconte pas tout ce que j'ai vu : « Il faut qu'il voie lui-même. » Je raconte à celui qui sait déjà, qui est allé à Dakar ou à Paris.

Le monde bassari a beaucoup changé, hein ! Les habits, les *atyuin* (obligation de classes), la chasse a beaucoup diminué, on va beaucoup plus au Sénégal...

Chapitre VII

LES RÊVES DE TAMA

Tama est venu à Paris de décembre 1963 à juin 1964, essentiellement pour participer au montage d'un film sur l'initiation bassari, tourné à Etyolo, en avril 1963. Tama est revenu à Paris, de janvier à juin 1967, pour participer au dépouillement d'enquêtes ethnologiques réalisées par le CRA (Centre de recherches anthropologiques) dans son village.

Ce sont les deux premiers voyages de Tama hors du Sénégal. Il a déjà été à Kédougou (préfecture du département dont son village fait partie), Tambabounda (capitale de la région orientale du Sénégal) et Dakar. Il connaît l'électricité, l'éclairage public, l'eau à la pompe, le cinéma, la mer, les maisons à étages et l'ascenseur mais, à Dakar, la densité de la circulation l'inquiète. Les villes sénégalaises, où l'on paie pour tout ce qu'on se procure gratuitement au village (logement, combustible, nourriture), sont pour Tama peuplées de Bassari — frères, parents, amis. De Dakar, en particulier, il ne connaît guère que les trajets qui le mènent chez ces derniers.

Le voyage par bateau lui laissera de mauvais souvenirs. À Paris, Tama habite chez Robert et Monique Gessain. Travaillant chaque jour au musée de l'Homme, en 1964, il fait des dictées, le soir, avec Antoine (sept ans) et partage quelque temps, en 1967, la chambre de Nicoline (quinze mois) qu'il aime promener au bois de Boulogne dans sa poussette. Il apprécie beaucoup la nourriture (viande, laitages..., il prend plusieurs kilos au cours des premières semaines), l'eau chaude de la baignoire, la radio, la télévision, les week-ends à la campagne (« vos haches ne coupent pas bien, elles se démanchent tout le temps », remarque-t-il, et à un prochain séjour il apportera une hache faite par un forgeron d'Etyolo), mais refusera toujours de prendre seul le métro (« je ne lis pas assez vite le nom des stations »).

Tama est arrivé à Paris depuis quinze jours lorsque, le 14 janvier suivant, au petit déjeuner, il rit. Pourquoi ? « Parce que j'ai rêvé que mon père me battait. » Il dit rêver souvent, précisant que, depuis son arrivée à Paris, il a beaucoup rêvé, presque chaque nuit, et que, chez lui aussi, il rêve presque toutes les nuits. Robert Gessain, anthropologue et analyste, suggère que nous notions chaque matin les souvenirs de rêves de Tama.

La quasi-totalité des rêves ont été notés au petit déjeuner, par Monique Gessain (M.G.), à l'exception de quelques-uns notés par Robert Gessain (R.G.), Marie-Paule Ferry (M.P.F., ethnolinguiste du CRA, à l'occasion de séjours de Tama chez elle), Pierre Smith (P.S., ethnologue du CRA étudiant les Bedik), ou Armelle de Crépy (A.C., collaboratrice du CRA) et quelques-uns ont été enregistrés au magnétophone ou écrits directement par Tama. Sur cent quarante-huit nuits en 1964, dix n'ont donné lieu à aucune notation, il en est de même pour trois nuits sur cent trente-quatre en 1967. Dans dix cas, Tama sait qu'il a rêvé, mais ne se rappelle rien...

Pour les souvenirs de 1964, nous avons toujours spécifié qui les avait notés. Cela n'a pas toujours été le cas en 1967, mais on peut considérer qu'en l'absence de renseignement, la plupart ont été notés par M.G.

Il arrive à Tama d'interrompre son récit ou de le compléter par quelques explications, souvent données entre parenthèses.

Nous n'avons que très peu modifié le texte parlé de Tama tel qu'il a été noté, et seulement lorsque cela nous a semblé nécessaire à sa clarté. Ce faisant, nous avons conservé les répétitions et les lourdeurs du texte parlé.

Nous avons séparé ce qui nous paraissait être des rêves différents, que Tama le précise ou non. Le signe • au début d'un alinéa indique le commencement d'un rêve. Les termes bassari (en italique) qui ne sont pas expliqués dans le texte des rêves ont été définis au chapitre III.

Faute de publier *in extenso* le corpus des souvenirs de rêves de Tama, tel que nous l'avons recueilli, nous donnons ci-dessous le texte d'environ un tiers des souvenirs de rêves de Tama. Nous refusant à opérer dans les récits de Tama une sélection subjective (les rêves les plus « intéressants » pour nous), nous avons choisi de publier les textes suivants :

— tous les rêves dont une partie est citée à titre d'exemple dans notre analyse du contenu des rêves de Tama (ci-dessus, p. 183) ;

— un certain nombre de rêves où figurent les personnages ou les thèmes cités le plus fréquemment parmi les éléments codés pour notre analyse statistique : père, mère, frères, camarades de classe d'âge, jeunes filles de la classe immédiatement la plus âgée, agressions, chasse... ;

— les récits de rêves de la première et de la dernière nuit des corpus de 1964 et de 1967.

Chaque souvenir de rêve est donné avec l'ensemble des souvenirs de rêves de cette nuit-là. Le lecteur constatera, parmi les souvenirs d'une même nuit, que le premier récit est souvent le plus long... La grille que nous avons élaborée pour l'étude des récits de rêves de Tama a été établie par nous et bien des caractéristiques des rêves de Tama passent certainement au travers de notre analyse et ne se retrouvent peut-être pas dans les rêves donnés ci-dessous.

La publication du corpus intégral des récits de souvenirs de rêves de Tama permettrait sans doute d'autres lectures, ainsi que des appréciations générales que ne peut autoriser la seule lecture d'extraits. Ainsi, ceux-ci ne permettent-ils pas d'évaluer la monotonie certaine des rêves de Tama, engendrée à la fois par la répétition des mêmes thèmes et des mêmes mots et par la faible fréquence de ces éléments étranges, inattendus voire, à nos yeux, saugrenus qui se rencontrent dans les récits de rêves d'autres populations. À ce titre, les rêves d'Aguibou Diallo (voir p. 187) sont plus « distrayants » pour le lecteur européen, mais ces répétitions, cette tonalité banale, cette absence, à nos yeux, de dramatisation est peut-être caractéristique du récit bassari. La comparaison s'impose là entre le rêve et le conte, cet autre récit chargé de sens énigmatique et truffé de répétitions qui ne sont sans doute pas que littéraires. Contrairement à l'auditoire bassari, l'étranger ne comprend pas toujours ce qu'évoque le conte, ni pourquoi le récit se termine là où lui ne voit pas de « chute ». À la lecture des récits de rêves bassari, il pourra ressentir une impression analogue.

Par souci d'incognito, les principaux personnages cités ont été désignés par leurs prénoms numériques : Tama est le second fils de sa mère, Pena sa troisième fille, etc. Les lettres, minuscules ou majuscules, entre parenthèses, à la suite de certains noms propres, indiquent le sexe, la parenté ou la classe d'âge par rapport à Tama.

(f) : femme.

(F) : frère de Tama.

(S) : sœur de Tama.

(EP) : épouse du père de Tama autre que sa mère.

(C) : membre de la classe d'âge de Tama. (FC) désigne donc un frère de Tama, membre de sa classe d'âge.

(fC) : femme membre de la classe d'âge de Tama.

(D) : membre de la classe d'âge précédant celle de Tama. (FD) désigne donc un frère de Tama, membre de la classe d'âge précédant la sienne.

(fD) : femme membre de la classe précédant celle de Tama.

Les noms propres bassari, non suivis d'indications, désignent des hommes.

Les termes bassari non expliqués dans le texte des rêves l'ont été précédemment, en particulier dans le chapitre III.

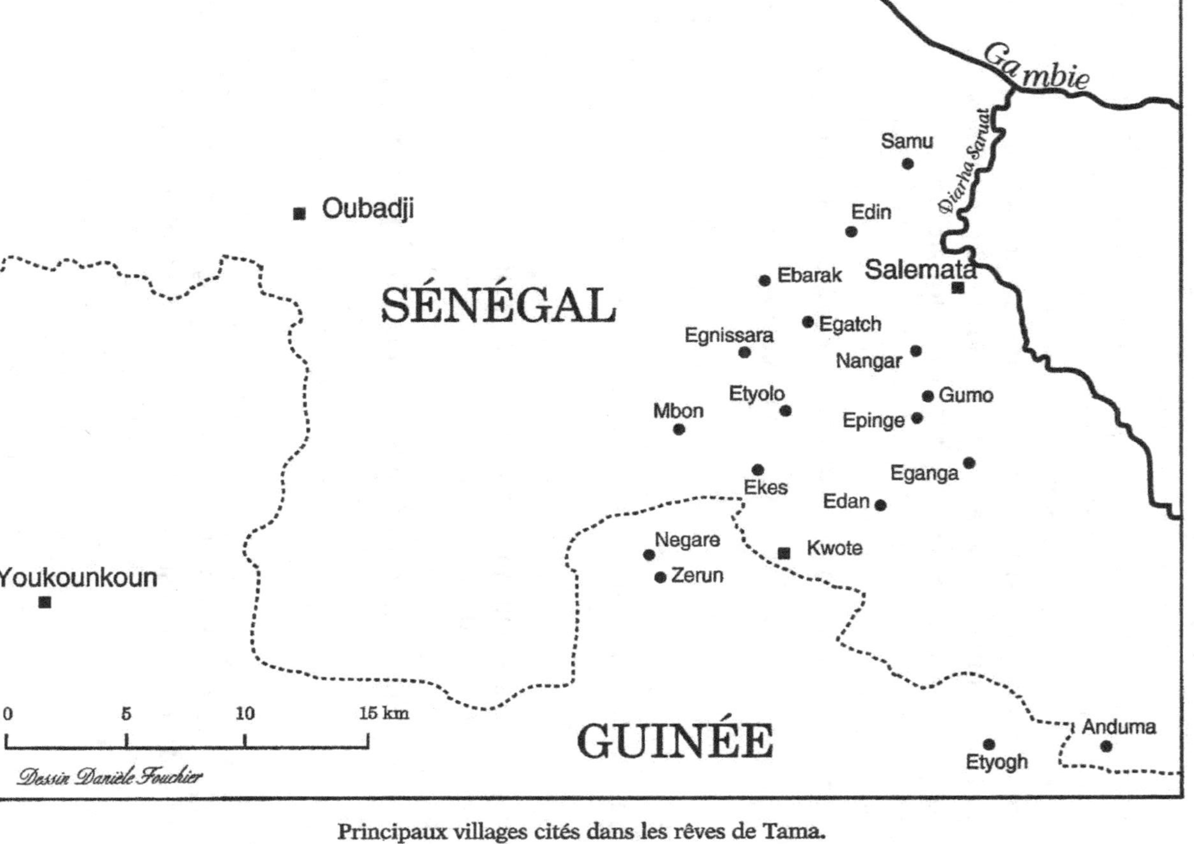

Principaux villages cités dans les rêves de Tama.

Janvier à juin 1964

1. MARDI 14 JANVIER — noté par MG.

• J'ai rêvé que je dormais. J'ai vu mon père qui frappe mes camarades. Il est venu chez moi, il m'a donné des coups de chicote (les Bassari emploient souvent en français les termes chicote et chicoter pour désigner une baguette flexible et frapper avec une telle arme). Je pleurais dans la nuit — j'ai crié et je me suis réveillé. Il me réveillait et toujours je dormais. Je n'ai plus vu mon père.

• Gahondémi (FC), mon frère, est venu : « Venez voir Tengour avec Shéliléon (fC). Ils sont couchés. » (Tengour est *lug*, Shéliléon (fC) *endopalug* : Tengour « vole » donc une fille des *falug*, classe à laquelle appartient Tama.) Nous sommes partis, ils ont entendu le bruit et ils sont partis. On a vu beaucoup de gens qui dormaient. On ne connaissait pas quels gens c'étaient.

• Et puis moi et Dungwanin (C). Il y avait quelque chose qui volait en l'air. Je suis monté dessus. J'étais en l'air au-dessus de la mer. J'avais peur. Je me suis réveillé.

5. SAMEDI 18 JANVIER — noté par M.G.

• Ce que je me rappelle, c'était une fête d'initiation. Il y avait beaucoup de gaillards qui se promenaient *oyanget* (nom d'une danse) avec le sifflet. Je crois que c'est vers Egatch comme ça. Et puis, on est passés dans un autre village, moi, Gédéindemi (FC) et Yangenin (C), on est revenus à Egatch, on a trouvé les Gahondémi (FC) qui dansaient la danse des *lug*. On leur a dit : « Comment, tu dis que tu vas rentrer et tu vas encore danser. » Nous sommes partis nous coucher dans un bâtiment, on entendait les *lènèr* qui dansaient et puis ils sont venus là où nous dormions, ils criaient, criaient.

Enfin, ils sont partis mais il y avait des Peul à côté dans un bâtiment. Moi, je suis sorti pour uriner, il y a la pluie qui tombait, et j'ai vu le Peul, sorti aussi pour uriner et je suis rentré. C'est fini ce que je me rappelle.

6. DIMANCHE 19 JANVIER — noté par M.G.

• J'ai rêvé. J'étais avec les géologues (comme beaucoup de Bassari, Tama a participé aux différentes enquêtes géologiques recherchant, dans la région, or, diamants, etc.). Et puis, on était dans une rivière — on a trouvé des pierres. Il nous a demandé : « Est-ce qu'il y a beaucoup de pierres de cette sorte-là ? » J'ai dit : « Oui, il y en a beaucoup. » Il a cassé les pierres avec un marteau. On a continué à marcher et puis on est partis et j'ai perdu le géologue. C'était moi, Gédéindemi (FC) et puis un autre (je ne me rappelle pas qui). Nous sommes partis à côté de chez nous, et alors c'était la nuit, et Gédéindemi (FC) était derrière, et moi et celui dont je ne me rappelle pas étions devant. J'ai dit à Gédéindemi (FC), qui était derrière : « Viens, on va partir. » En ce moment, il a vu des bêtes qu'il ne connaissait pas et il a eu peur. Il a dit : « Attendez-moi ; il y a des bêtes qui vont me manger. » Les bêtes sont venues jusque chez nous, elles sont passées en tournant autour de nous, mais, quand même, on a passé. On a eu peur. C'étaient des petites bêtes de trente centimètres de haut, avec des poils, quatre pattes, comme des gros rats, bêtes qui n'existent pas...

À ce moment-là aussi, j'ai entendu Gahondémi (FC) derrière, avec les vaches des Peul qui étaient au champ de mil. On l'a attendu. C'étaient les vaches de Lama. Gahondémi (FC) a fait sortir les vaches de notre champ, les a amenées vers chez mon père, il voulait les amener vers Lama, on l'a aidé à le faire.

Et nous avons trouvé les haricots de ma mère. Il y avait tellement de haricots. J'ai dit : « Ma mère a tellement de haricots. » Il y en avait beaucoup, beaucoup, beaucoup. « Elle ne pourra pas enlever tout ça... » J'ai oublié beaucoup. C'était très long...

7. LUNDI 20 JANVIER — noté par M. G.

• J'ai rêvé. On était je ne sais pas où, il y avait moi, Gédéindémi (FC), Ingali (F), Gyindyinin (C), qui encore ? Je crois que c'était nous seulement. En ce moment, on a entendu : « Ah, Angafior est mort » et Gédéindemi (FC) est parti avec Gyindyinin (C) et mon frère Ingali (F) pour l'enterrer. Et puis Ingali (F) est revenu, on lui a demandé : « Vous l'avez bien placé ? » Ils ont dit « oui ». Et puis, en ce moment il y avait les vaches (c'est moi qui surveillais les vaches avec Atama de Kadyirin), on était sur une montagne, il y avait deux vaches qui se battaient en luttant vers moi, moi je ne pouvais pas courir : si je me tourne par là, elles tournent aussi, moi je suis en bas, elles en haut et je ne peux pas courir bien. Je suis parti à la maison. Là-bas, il y a une femme qui me demandait : « Qu'est-ce que tu veux manger ? » J'ai dit : « N'importe quoi. » Il y avait ma mère avec ma sœur. Je crois que j'étais un peu malade. Et puis il y avait une fête encore, et puis il y avait moi, Tyara de Dyédyiti, et puis l'autre, je ne me rappelle pas qui il était, et puis il y avait deux femmes d'Ebarak, elles ont préparé à manger pour nous. Une femme a préparé pour moi et Tyara de Dyédyiti en disant que moi, je suis Inder (surnom de Tama enfant, voir biographie, p. 109) et Tyara de Dyédyiti aussi (il ne s'appelle pas comme ça en réalité). Et puis, il y a Tyara de Dyédyiti qui m'a demandé : « Est-ce qu'on va manger ? » J'ai dit : « Oui, on va manger. » Je ne me rappelle plus la suite.

• J'ai rêvé de quelque chose avec Yahélin (FD), mais je ne me rappelle pas...

8. MARDI 21 JANVIER — noté par M. G.

• J'ai rêvé qu'on s'était habillés en *lukuta* et puis je rentrais chez moi, et j'étais habillé en *lukuta*. On est partis avec Dungwanin (C), on est arrivés à la maison, on s'est déshabillés là-bas. Et puis nous nous sommes réunis, nous les *falug*, pour *bindyandr* (dans ce système, tous les membres du groupe travaillent successivement dans le champ de l'un d'entre eux). On a cultivé chez Naonin (C) du fonio. On est partis chez moi cultiver, on n'avait pas commencé. On s'est perdus.

• Il est arrivé une autre chose — on était dans le camion de mon père — le camion était parti chercher *épon* (préparation à base de sorgho et d'arachides), on a mangé, mangé, et puis, il y avait une histoire entre Kayhay et Yéra (F). Kayhay disait : « Appelez-le, je vais le botter » (le français parlé emploie souvent au Sénégal « botter » pour frapper à coups de pied). J'ai dit, moi : « Est-ce que tu pourras le botter ? » Il y avait Yahélin (FD) qui a botté Kayhay et a botté Yéra (F). Et puis il y a moi qui suis parti avec Gédéindemi (FC) prendre Yéra (F)... C'est tout ce que je me rappelle.

12. SAMEDI 25 JANVIER — noté par M. G.

• J'ai rêvé. Il y avait une bière *okosh* (En 1992, Tama dit : « Peut-être s'agit-il de la fête qui, en Guinée, s'appelle *ohosh* ? ») Je ne sais pas pour qui. Il y avait beaucoup de monde, et puis je suis parti. J'ai trouvé des gosses qui préparaient des feuilles pour s'amuser comme les *lènèr*. Je suis passé.

J'ai rencontré un chasseur. Il m'a dit : « Tu n'as pas vu ici une grande antilope qui a passé ? » J'ai dit : « Ah, je vois les traces comme elle a passé. » Et puis, il y a Ibélin (C) qui est venu, il a dit : « Voici les abeilles ici, je vais récolter le miel ce soir. » J'ai dit : « C'est à moi, c'est nous qui avions récolté ici. » Il y a Mashinin (C) qui est venu avec Galungwandemi (C). Nous avons récolté le miel. Et puis on l'a posé comme ça, sur un caillou. Et puis on discutait : « Partage, toi, partage, toi. — Ah ! moi, je ne partage pas. » Nous tous, on a dit : « On va laisser ici et on va partir. » Et puis nous sommes partis à quelques mètres. Je suis retourné là où était le miel. J'en ai pris. Il y a d'autres qui sont retournés, on a pris ça sans partager. On a mangé, on a vu beaucoup d'abeilles mais on n'a pas récolté de miel.

• Et puis on était chez nous encore avec mon père, Kalidomé (FC), Yéra (F), moi et Dinelebi, Gahondémi (FC), et puis on était vers la route de Pitalin, sous le palmier-ban là. Et puis Kalidomé (FC) a crié : « Donnez-moi un fusil, il y a un gros serpent, ici. » Il a pris le fusil, il a tiré le serpent qui est rentré dans le trou, il a pris les flèches, il tirait dans le trou. Et puis, je suis rentré comme ça. J'ai trouvé Yéra (F) par terre, il ne pouvait pas marcher.

J'ai dit : « Comment, Yéra (F) ? Qu'est-ce qu'il y a ? » Il dit : « Ah ! je ne peux pas marcher. » J'ai dit : « Comment, pourquoi ? » Il dit : « C'est le serpent qui m'a mordu. » J'ai voulu le soulever, mais je ne pouvais pas. Ah ! à ce moment j'ai pleuré, j'ai trouvé Nema Lépeteké (EP) au puits, j'ai dit : « Il y a Yéra (F) là, mais il y a un serpent qui l'a mordu, il ne peut pas marcher. » Et puis Lépeteké (EP) est partie, et Yéra (F) est guéri. Il y a Dinelebi qui m'a demandé : « Comment ? Pourquoi t'a-t-on envoyé à Salemata ? Qu'est-ce qu'on t'a dit [à Salemata] de me dire ? » J'ai dit : « Moi j'ai oublié, j'avais beaucoup de choses à penser. C'est à cause de la dot, parce qu'on m'avait dit de payer et puis je pensais trop. » Et puis c'est tout.

14. LUNDI 27 JANVIER — noté par M. G.

En se réveillant, Tama avait oublié ses rêves, a essayé très fortement de s'en souvenir. À 9 heures, il me raconte ceci :

• J'ai rêvé. Il y avait des jeunes gens d'Edan qui étaient venus à l'*ambofor* d'Etyolo et puis on s'amusait, on s'amusait avec les jeunes gens, il y avait des petites filles d'Edan aussi, et puis on parlait. On parlait question de *lukuta*, de *lènèr*, en cachette. Et puis, il y a une fille d'Edan qui était très maligne. Elle aussi, elle parlait, elle disait qu'elle connaît — tout le monde était étonné. Les jeunes gens ne parlaient pas, c'est elle seulement qui parlait. Elle a parlé, parlé, parlé beaucoup.

Et puis, il y avait chez nous beaucoup de femmes qui étaient venues piler les pois de terre de ma mère. Et puis aussi, il y avait moi, Tyangerin, Galasendémi (C), et puis d'autres encore, je ne me rappelle pas qui. Et puis on avait monté sur les arbres. Tyangerin disait : « Galasendémi (C), c'est un chasseur, mais il ne veut pas chasser. C'est un grand chasseur, mais il ne veut pas chasser. » Et puis, il y avait beaucoup de singes par terre et nous, on était en haut. Et puis on est descendu vite pour les attraper, mais je ne pouvais pas les attacher. Il y avait beaucoup de petits singes...

16. MERCREDI 29 JANVIER — noté par M. G.

• Il y avait une fête, nous imitions les *koré*, moi et tous les jeunes gens, et puis on s'amusait, on s'amusait. Il y a une femme dont l'enfant était malade, elle nous a parlé : « Ah ! mon enfant qui a envie de mourir... il est bien malade, vous allez savoir ce qu'il a. » On a regardé l'enfant. On n'a rien dit. Elle est venue encore : « Ah ! mon enfant a envie de mourir. » On lui a pris l'enfant. (En 1992, Tama dit : « On ne dit pas qu'un enfant a envie de mourir, on peut dire qu'il est proche de mourir. »)

On l'a regardé, on n'a rien dit encore (les *koré* ont le pouvoir de conserver les enfants en bonne santé. On leur confie les enfants malades).

En ce moment, il y a Yaséliké (f) qui pleurait, et puis... qu'est-ce qu'on a fait encore ?

• J'ai vu beaucoup de camarades, tous les *falug*. Dernin (C) est arrivé... et on cherchait moi avec Galungwandémi (C) un endroit où l'on va se coucher. Et puis on ne s'est pas couchés.

• Qu'est-ce que j'ai oublié encore ? Et puis, je travaillais avec une fille toubab (terme désignant les Blancs en Afrique francophone), on travaillait dans l'eau, on a pris la pirogue pour aller au travail et puis on est arrivés et on est retournés sur l'eau : on travaillait sur l'eau. J'ai oublié quel travail on faisait.

18. VENDREDI 31 JANVIER — noté par M. G.

• J'ai rêvé. Il y avait une danse des *lug* où je dansais avec Gahondémi (FC) et avec d'autres gens d'autres villages. On dansait chez nous. Je chante, les gars ne veulent pas me répondre. J'ai cessé de chanter. Et puis en ce moment je ne dansais plus, je causais avec les gosses au petit pont sur la rivière vers l'école, on a causé, causé, et puis on est montés à l'*ambofor* (là où il était avant, au-dessus de chez mon père) et il y avait beaucoup de gens, et puis il y a Gafabendémi qui m'a dit : « Fais-moi le médicament dont on m'avait parlé, le médicament pour les cheveux. » J'ai dit : « Oui d'accord. » Et puis je ne me rappelle pas ce qu'on faisait à l'*ambofor*, il y avait beaucoup de gens. À ce moment-là, nous étions au champ, moi. Dupélin (C), Ingali (F), Tisalin (D), mon père, Gahondémi (FC), on récoltait le mil de Tisalin (D), et puis il y a Yarélin (C), qui était parti à NepNep et puis il a amené une gourde de bangui (vin de palme, terme utilisé dans toute l'Afrique francophone), longue de près de deux mètres, et il est venu nous la donner. Et puis, on a bu, il est parti.

C'est tout.

22. MARDI 4 FÉVRIER — noté par M. G.

• Je suis parti moi avec Gafabendémi vers chez Kakalin. On a trouvé la femme de Kakalin qui cultive. Nous l'avons aidée à cultiver. Puis il y a deux Diakhanké qui sont encore venus nous aider. Et puis dans sa petite maison on a trouvé que la femme de Kakalin avait fait de l'huile de karité, nous avons continué vers Mbon (moi et Gafabendémi), et puis on a trouvé Béshenin (C) avec sa mère et la sœur de Béshenin (C) aux champs, qui travaillent l'arachide. Et puis nous, nous sommes passés. Et puis on a trouvé le feu qui brûlait une brousse, et puis à ce moment-là, on est partis éteindre le feu à côté de notre champ et puis il y en a d'autres qui prenaient de l'eau, et d'autres des feuilles pour éteindre le feu (on le frappe avec des branches feuillues). On a éteint le feu. Et puis, à ce moment-là, il y a Galasendémi (C) qui me parlait. Il m'a dit : « Est-ce que tu sais que le Peul de Bakaouka est mort ? » J'ai dit, moi : « Quel Peul ? » Il a dit : « Le Peul dont tu disais : il est trop grand, il est trop grand. » J'ai dit : « Ah ! bon. » Et puis on est partis vers NepNep, moi et mon frère Ingali (F) et Gafabendémi, j'ai vu trois bêtes à côté du jardin. Je ne sais pas quelles bêtes, c'est la première fois que je vois des bêtes comme cela. J'avais un petit arc et puis je frappais avec l'arc pour tuer les bêtes [que je] ne connais pas bien. Mais nous non plus, nous ne pouvions pas les tuer.

23. MERCREDI 5 FÉVRIER — noté par M.G.

• J'ai rêvé. Il y avait le chef d'Eganga qui avait invité Maridian, le commandant de Salémata. Maridian est venu chez mon père et il dit que mon père n'a qu'à le remplacer, car lui, il est occupé. Et puis, mon père a voulu que les *lènèr* partent avec lui à Eganga chez le chef Tadirin. Ils sont partis et puis, c'étaient moi et Dungwanin (C) qui imitions les masques. Et puis, on est arrivés là-bas, on était assis, et puis quand on est arrivés on nous a dit : « Chantez », on a chanté. Et puis, à ce moment, je n'ai pas vu Dungwanin (C), ceux qui imitaient les masques, c'étaient Gédéindemi (FC) et moi, on a chanté, et puis on est partis au travail. On voulait chanter. Je ne pouvais pas chanter. À ce moment, je ne sais pas ce qu'on a fait.

• J'ai vu une autre chose encore : ça, c'était chez nous à Etyolo. Il y avait une bagarre entre *falug* et *dyar*. Ils se sont battus entre eux — avec des grands bâtons. Moi, je n'étais pas là-dedans, dans la bataille. J'ai vu Yarélin (C), je ne sais pas où on partait, à Tambacounda ou quelque ville, avec des types, je ne sais pas lesquels. C'est tout ce que je me rappelle.

25. VENDREDI 7 FÉVRIER — noté par M.G.

• J'ai rêvé qu'on gardait le maïs. Il y a les singes qui viennent manger le maïs. J'ai couru, j'ai couru, je les fais sortir du maïs. Un singe est sorti et est parti de l'autre côté. Je l'ai chassé et Gahondémi (FC) est venu encore le chasser. On a chassé, on a vu le singe qui devient Wopeliké (fD), on a vu d'autres singes encore, on a chassé, chassé. Je suis retourné, on avait mis un tas de voitures et puis j'ai vu un voleur qui prenait un moteur, un motocycliste. J'ai crié, crié, il y a beaucoup de policiers qui sont venus, mais lui il était parti. C'était dans la nuit. Ils ont pris les moteurs, ils ont suivi la route pour voir si on peut le voir. On ne l'a pas vu.

• Il y avait les *lènèr* à Ekès, je suis parti dans la nuit pour imiter les masques remplaçants, prendre les feuilles des premiers masques s'ils sont fatigués (ainsi se relaient les masques danseurs). J'ai trouvé que déjà ils ont pris les feuilles (on les avait déjà remplacés). Je suis rentré.

C'est tout ce que je me rappelle : j'oublie toujours beaucoup.

28. LUNDI 10 FÉVRIER — noté par A. C.

• J'étais chez nous avec un camarade et puis on a vu l'avion qui se promène. Il s'est approché de chez nous, on était sur une montagne et puis l'avion commençait à se retourner dans l'air, et en se retournant il a cogné une pierre. On est partis regarder l'avion. On a vu Albenque qui avait une petite bosse au front quand il est sorti de l'appareil.

L'avion n'avait pas d'ailes. Il était carré.

• J'ai fait un autre rêve, mais j'ai oublié.

À 3 heures, Tama me dit : « Je me souviens : j'ai rêvé que j'ai perdu mes deux dents ; dès que j'essayais de les toucher, ça tombe. » Adolescent, serrant entre ses dents de fines lattes de bambou pour fabriquer, selon la technique bassari, des liens pour fixer la paille des toits, Tama a fait sauter ses deux incisives médianes supérieures. Nous lui avions promis de les lui faire remplacer lors de son séjour à Paris. Chaque semaine, il va chez le dentiste et il rêve souvent de dents (cf. nuit 46, 1964).

33. SAMEDI 15 FÉVRIER — noté par M. G.

• J'ai rêvé. Chez nous, à Etyolo, il y avait l'initiation. Je n'ai pas vu la lutte, j'ai vu juste les gens qui étaient venus à la fête, et puis mon frère Gédéindemi était habillé comme un *lukuta*. Sûrement, il courait avec nous.

Il y avait mes sœurs Itak (S), Ityir (S), ma grande sœur Ingema (S). Elles couraient. On est arrivés dans un endroit où il n'y avait pas de maisons (après réflexion, Tama dit : « Je crois qu'il y avait des maisons »). On a trouvé là-bas Gayakendémi qui vendait *épon* (voir nuit 8).

Il nous a donné à manger. On a mangé sur place.

Il y a Kwéyefo (fD) qui dit à Gayakendemi : « Hein ! hein ! tu ne m'en donnes pas. » Il n'a rien répondu. Il a donné *épon* à son petit frère Angafior.

Je ne sais pas qui m'a donné une lettre. On m'a dit : « Va mettre dans la boîte. » J'ai mis la lettre dans la boîte. Je suis monté sur un mur et puis j'ai mis la lettre dans la boîte, elle était noire.

Association sur Gayakendémi : lorsque j'étais à Kédougou, je couchais avec Gayakendémi dans la maison du Dr Gessain, lorsque j'ai quitté Etyolo pour Paris. J'étais content d'être avec lui.

37. MERCREDI 19 FÉVRIER — noté par M. G.

• J'ai rêvé chez nous. Il y avait une fête à Etyolo. Je n'ai pas vu la lutte (c'était *koré)*. Moi et Ilanin (C) on partait à Ignissara. On est partis, je n'ai pas vu le village d'Egnissara. J'ai vu Kalidomé (FC), il conduisait la Deux-Chevaux. Il m'a passé le volant pour apprendre. Il l'a repris : je ne pouvais pas conduire. C'est tout ce que je me rappelle.

43. MARDI 25 FÉVRIER — noté par M. G.

• J'ai rêvé d'*ofelar* (voir nuit 17) chez nous. Nous sommes partis. Il y avait beaucoup de jeunes gens d'autres villages qui étaient venus. Je n'ai pas vu danser. Nous sommes retournés, avec mes frères, à la maison. On a dit : « On va partir couper le fonio. »

D'abord, quand on est rentrés à la maison, on a trouvé Penpen (f) (l'ex-fiancée de Gahondémi (FC)) avec Koindé (fD). Il y avait ma mère, ma sœur, on a causé, causé, causé. J'ai demandé à mes frères : « Est-ce que ça vous intéresse *ofelar* ? » Ils ont dit que non. J'ai dit : « Moi, parce qu'il n'y a pas beaucoup de gens, alors ça ne m'intéresse pas. »

À ce moment-là, nous sommes partis couper le fonio. On n'a pas coupé le fonio. On est rentrés à la maison. J'ai trouvé que mon frère a envie de mourir. Il vomit. J'ai essayé de le soulever, mais je ne pouvais pas le tenir. J'ai pleuré, je me suis réveillé.

44. MERCREDI 26 FÉVRIER — noté par M. G.

• J'ai rêvé (encore) d'*ofelar*. Je n'ai pas vu la danse mais c'était *ofelar*. Je suis allé vers Ignissara, chez Béshenin (C). J'ai trouvé Béshenin (C) dans sa maison. On a causé là-dedans, causé. Il m'a montré sa paillasse qu'il a achetée à Tambacounda. Puis il y avait une vieille paillasse par terre et j'ai dit : « Vends-moi cette paillasse-là. » Je ne sais pas comment il m'a répondu.

Nous sommes partis avec Yahélin (FD) chez Bakalin d'Ignissara, pour faire rendre une dot. On ne l'a pas trouvé. Nous sommes retournés vers Etyolo, on a trouvé Korélin avec sa femme Dyendri (f). Et puis on a vu les gens qui gardaient le maïs, on les a aidés pour chasser les oiseaux. J'ai vu deux vaches attachées. Il y a les vaches qui sont venues chez Korélin, nos vaches. Il nous a dit : « Il faut surveiller les vaches. » Et puis en ce moment on ne surveillait pas les vaches parce que les récoltes étaient finies. Il y a mon frère Gahondémi (FC) qui disait : « Il y a Korélin qui dit de surveiller les vaches. » En ce moment, je ne sais pas ce qu'il y avait, mais il y avait beaucoup de monde. J'ai vu tous mes frères. Il y avait quelque chose en haut (je ne sais pas si c'est une maison ou quoi...) qui tombait, ou laissait tomber des choses, c'était comme un hélicoptère. On en a fait tomber quatre ou cinq. Il y a le père de Dungwanin (C)... il est tombé sur un arbre... je ne me rappelle pas le reste.

46. VENDREDI 28 FÉVRIER — noté par M. G.

• J'ai rêvé chez nous, et puis on nous a menés dans un village près d'Etyolo (je ne sais pas où, ce n'était pas un village de Bassari, c'était un village de...). Peut-être c'était un membre du gouvernement qui devait venir, je crois on avait cherché des *lènèr*. On est partis. Il y a Ilanin (C) qui s'habillait comme un *lènèr*. Et puis il y avait les filles d'Etyolo, et les filles regardaient Ilanin (C) s'habiller comme un masque, Ilanin (C) m'a dit : « Mets-toi le costume de *gwangwuran*. — Mais il n'y a en a pas. — Mais ils vont partir chercher ça. » J'ai dit : « Non, ce n'est pas la peine », et je n'ai pas vu la danse.

• J'ai vu autre chose : j'ai vu les *falug* dans l'*ambofor*, on était à l'*ambofor*. Il y avait Ibélin (C) qui disait : « Demain, il faut me réveiller de bonne heure, je vais aller chercher les chèvres. »

• J'ai vu autre chose encore : il y avait Yahélin (FD) qui était mort, et puis on a creusé la tombe, et on l'a mis là-dedans. Et puis, à ce moment on pleurait. Et puis j'ai vu — on était juste à la descente d'Akanyira — il y avait moi, Kétalin (C), Yorélin (C), Gahondémi (FC), et beaucoup d'autres gens. On descendait vers chez nous, et puis on m'avait remis les dents, ça me faisait mal, je les ai enlevées. Et puis, il y a quelqu'un (je ne sais pas qui) qui a demandé : « Qu'est-ce qu'il a, Tama, sur la main ? » Gahondémi (FC) a dit : « Ce sont les dents, on lui a remis les dents, mais ça lui fait mal, c'est pourquoi il les a enlevées. » Les dents étaient un peu noires. Il y avait deux dents : une longue dent de chaque côté.

47. SAMEDI 29 FÉVRIER — noté par A.C.

• J'ai rêvé. J'étais chez nous. On était partis aux champs, moi et mes frères et ma mère, pour récolter l'arachide. On a grillé l'arachide. On l'a mangée. On a décidé d'aller à *apenan* (travail collectif au bénéfice du chef de village). On m'a dit d'aller surveiller les vaches et puis on n'était pas partis à la fête, je ne suis pas parti surveiller les vaches.

51. MERCREDI 4 MARS — noté par M.G.

• J'ai rêvé. Je ne sais pas où on était, moi, Espérance et Armelle. On a trouvé les fruits ronds qui s'appellent *onwu*, on est montés, nous trois, en haut, on en a mangé. Nous sommes descendus. Il y avait de l'eau en bas. Je montais sur un autre arbre. L'arbre était gros, je ne pouvais pas monter jusqu'en haut. Et puis, je suis descendu. Je suis rentré dans l'eau, il y avait un crocodile là-dedans qui venait vers moi et moi je ne pouvais pas nager. Il m'a attrapé, mais il ne m'a pas mordu.

• J'ai vu autre chose. J'ai vu les *falug* qui dansaient.

55. DIMANCHE 8 MARS — noté par M.G.

• J'ai rêvé chez nous. J'étais à la chasse avec Gayakendémi, j'ai vu un varan, on l'a chassé, il est rentré dans l'eau et puis on a vu un grand trou : il y avait une grande bête là-dedans. On croyait que c'est un python. On avait peur. Et puis à ce moment-là, j'étais avec Kalito (F) ou avec je ne sais qui. Et puis on a vu un singe, on l'a chassé, le singe s'est retourné vers moi, il voulait me mordre et puis moi, je me suis rendu compte que je ne pouvais pas courir. Et puis, j'avais un coupe-coupe et puis le singe est arrivé jusqu'à moi, je voulais le couper. Je suis tombé, le singe est arrivé jusqu'à moi, mais il ne m'a pas mordu.

• J'étais avec Yarélin (C), et puis on partait récolter le miel. On est arrivés, on a vu les abeilles, on a posé les bagages (il ne faisait pas nuit en ce moment, on attendait qu'il fasse nuit). On continuait à marcher, je ne me rappelle plus bien.

• Mais j'ai vu autre chose : on était dans un bateau. Et dans le bateau, M. Gessain a demandé à Madame : « Qu'est-ce qu'on mange aujourd'hui ? » Je ne sais pas ce que Madame a répondu.

61. SAMEDI 14 MARS — noté par Tama,
réécrit et continué par M.G.

• J'ai rêvé chez nous. Et puis on partait avec les voitures vers la maison de Watélin. Il y avait trois voitures : on montait la petite montagne de chez Watélin. La première voiture est montée et moi, j'étais dans la deuxième voiture. Et puis, la voiture ne pouvait pas monter. La première est partie, a continué.

Nous, on s'est arrêtés en haut, on ne pouvait pas monter.

J'ai vu la femme de Tyangerin, la vieille Niari (f), elle disait : « C'est à cause de l'arbre qu'on ne peut pas monter. » L'arbre, là, on dit que cet arbre est un sorcier. Et puis (je crois que c'est M. Gessain qui lui a demandé ça) on lui a demandé : « Est-ce qu'on peut manger ça ? » Elle dit oui. Il y avait un petit arbre qui avait un trou et puis on faisait le sacrifice, là. (Tama remarque : « Je n'ai jamais vu un sacrifice comme ça. ») Et puis je ne sais pas qui était venu déranger cela. Et puis on parlait beaucoup, Niari (f) était fâchée.

• Et puis j'ai vu aussi, j'étais avec mon frère Gédéindemi (FC), qu'on pêchait les poissons avec les flèches. Et puis on tuait les poissons. Tout d'un coup, l'eau est partie, il n'y avait plus d'eau.

J'ai vu encore mes camarades, Galasendémi (C), Ibélin (C), Naonin (C), ils mangeaient des œufs ; on les ramassait comme ça, Galasendémi (C) et moi, et on partageait avec les autres.

73. JEUDI 26 MARS 1964 — noté par M.G.

• J'ai rêvé que nous étions allés à Tambacounda avec le patron (R.G.). J'ai trouvé beaucoup de Bassari là-bas. Et puis il y a Yahélin (FD) qui m'a demandé : « Tu es rentré ? » J'ai dit : « Non, je suis venu pour vous voir seulement. » En ce moment, il y avait Dyambeneké (fD) avec Fédaliké (fD) qui faisaient la cuisine du patron et puis Monsieur leur montrait tout ce qu'il fallait faire pour la cuisine. Et puis à ce moment j'ai vu les femmes qui faisaient le mur de Gwenfomi (D), elles mettaient la terre. Et on frappait les *ndyar* encore dans une maison. Je ne sais pas pour quelle « coutume » on les frappait (en français, les Bassari appellent coutumes les rituels de passage de classe). Je suis parti là-dedans, je ne sais pas avec qui. J'ai dit : « Nous sommes venus pour nous faire frapper », et puis on est resté longtemps, on ne nous a pas frappés. Et puis il y avait d'autres vieux, il y avait une corvée à côté. On a entendu un *lènèr* qui chante. En ce moment les vieux disaient : « C'est quel *lènèr* qui chante ? Il ne sait pas chanter, hein. » On demandait plus fort : « C'est quel *lènèr* qui chante là-bas ? » En ce moment le *lènèr* avait peur, il a couru. Il y a Gahondémi (FC) qui est parti voir. Il a trouvé que le masque était Derné. Il y avait Panyari qui était là, je crois que c'était une bière de Panyari. C'est fini.

74. VENDREDI 27 MARS — noté par M.G.

• J'ai rêvé que je partais à Edan avec Gahondémi (FC), et puis nous sommes arrivés chez Déshirin. On les a salués, on a dit : « Nous sommes venus ici. Bon d'accord, attendez-nous ici. » Ils sont partis chercher le bangui. À ce moment je partais, j'ai trouvé une femme qui m'a demandé : « Est-ce que tu connais ma fille ? » J'ai dit oui. Elle m'a dit que nous sommes parents, nous nous sommes Bidyar. Elle m'a raconté des choses, que sa fille était malade. Je ne me rappelle pas comment ça s'est passé, il y avait une autre femme là. On est arrivés, on a trouvé d'autres gens d'Edan, avec des gens d'Etyolo et d'Ignissara : Kedarin, Inarin, Kwéyefo (fD), et d'autres jeunes, je ne me rappelle pas qui... Ils récoltaient l'arachide. Je ne sais pas qui a dit : « Ah ! mais toi, Kedarin, tu as beaucoup de miel. » Il a dit : « Non, pas beaucoup. » Je suis retourné. Et puis j'ai trouvé Gahondémi (FC). Et puis on rentrait à Etyolo, et puis j'ai vu un type de Kédougou qui s'appelle Mamodu, dans sa maison. Je l'ai trouvé dans sa maison avec une carabine, et puis il tirait par la fenêtre, beaucoup de coups, et puis nous avons continué notre chemin, et puis Gahondémi (FC) a vu une antilope. Il a tiré, j'ai vu une autre antilope. J'ai pris le fusil de Gahondémi (FC). J'ai tiré l'antilope, elle est tombée, je suis venu l'attraper, et je disais à Gahondémi (FC) : « Égorge-la, égorge. » Et puis à ce moment je me suis réveillé.

• J'ai vu autre chose. J'étais à Mbon avec Gédéindemi (FC), Tyangerin. Il y avait les gardes aussi. J'étais parti prendre la dot d'une fille que j'avais épousée. J'ai épousé la fille et on m'a donné la dot (je suis payé deux fois ! ! !). Et puis on m'a donné les chèvres (les dots bassari se comptent en chèvres et hier soir nous avons travaillé sur le mariage, la dot, etc.). Et puis on rentrait, il y avait une fête, on disait on pile aujourd'hui [le mil pour] la bière de l'initiation à Ekes et c'est nous qui devions partir habiller les masques de *lukuta*. Et puis, je suis parti à la rivière pour dire aux *lug* qu'ils n'ont qu'à fabriquer les masques parce que moi je suis occupé. J'ai trouvé plein de jeunes à la rivière. Et puis je ne sais pas ce qu'on mangeait, on mangeait quelque chose à la rivière. Il y a une fille d'Ignissara qui m'a donné une ceinture d'aluminium à réparer pour elle.

77. LUNDI 30 MARS — noté par A.C.

• J'ai rêvé. Je partais avec le Dr Gessain à pied à Etyolo, avec Antoine. On a récolté du miel qu'on a mis dans un sac.

Les abeilles nous suivaient, nous courions. Et puis Antoine était fatigué : je l'ai porté sur mes épaules. On est arrivés aux champs de mon père. J'ai trouvé là-bas Dungwanin (C) et puis la femme de Tisalin (D).

Il y avait les voitures aux champs : la voiture de Luzuy. Et puis il y a Dungwanin (C) qui est rentré dans la voiture de Luzuy. Il essaie de conduire, il ne pouvait pas conduire, il appuie sur l'accélérateur, il roule en arrière.

80. JEUDI 2 AVRIL 1964 — noté par M.G.

• J'ai rêvé. Il y avait une corvée de Pitalin. Et puis, on débroussait son champ. Il y avait beaucoup de monde. Il y avait Tyanelin qui demandait : « Comment, vous débroussez vos champs ? » J'ai dit oui. Et puis il y a Dernin (C) qui nous demandait : « Est-ce que c'est ma sœur, Fédaliké (fD) ? » Il m'a attrapé comme ça d'abord, là (au-dessus du poignet droit, comme fait le médecin). J'ai dit : « Non, ce n'est pas ta sœur. »

• Et puis j'ai vu autre chose. On était au-dessus de la mer, moi, Monsieur, et les Bassari, dans l'avion, il y avait les avions qui arrivaient tout le temps. On allait tout autour de la mer avec les avions. C'est tout.

87. JEUDI 9 AVRIL — noté par M.G.

• J'ai rêvé. Je ne sais pas où on était. Il y a Gédéindemi (FC) qui a épousé Aisatu (f), sœur de Kadyirin. Il se préparait à aller je ne sais où. Et puis, on jouait avec les arcs, on tirait des flèches, il y avait deux planches et on tirait sur les planches. Il y avait beaucoup de Bassari. Et puis j'ai vu que j'étais dans un champ et il y avait les gosses de Pitalin qui prenaient des cannes à sucre (voir ci-dessus, nuit 65). Je les ai grondés : ils n'ont qu'à cesser.

J'ai vu aussi des vaches et puis il y avait mon père et d'autres que je ne connais pas. Et puis ils disaient, la vache là elle est bien. Quelqu'un a attaché une vache, je suis venu à côté. La vache veut me blesser. J'ai reculé en arrière et puis la vache aussi. Elle était attachée, elle ne pouvait pas bien courir. Moi je ne pouvais pas bien courir... j'ai oublié.

93. MERCREDI 15 AVRIL — noté par M.G.

• J'ai rêvé chez nous. Au commencement, j'étais avec mes camarades sur une route, je ne sais pas à quoi on travaillait et puis on criait comme pendant l'initiation les jeunes gens à la danse *oyanget* (voir nuit 5). Je criais bien, mais, en réalité, je ne peux pas. Les gens disaient : « Comment, mais Tama crie bien ! » Mais j'ai dit : « C'est la première fois, mais ça ne va pas continuer comme ça. » Et puis on s'est amusés, amusés, amusés. J'ai essayé de crier, mais ça ne donnait pas bien.

Et puis j'ai vu mon père avec Yahélin (FD). Et puis mon père m'a montré le tas de mil de Yahélin (FD). Il m'a dit : « Regarde comme Yahélin (FD) a obtenu du mil, cette année. Il a obtenu beaucoup de mil... » Et puis, de l'autre côté, on avait mis des cailloux, le tas de mil était mélangé avec des cailloux. Et puis mon père m'a dit que Yahélin (FD) a acheté huit vaches. Et puis, j'ai vu les vaches qui étaient attachées. Et puis, les vaches on les a égorgées. Et puis, il y a une vache qui est restée vivante, elle était attachée, une vache qui s'appelait Akadyen, une vache de Yahélin (FD). Et puis, on disait : « Si on savait, on aurait dû commencer par égorger cette vache-là car, maintenant, elle est méchante. » Et puis, on a tiré la corde, la vache s'est détachée car la corde a passé par-dessus sa tête. Et puis la vache a couru vers mon père et Yahélin (FD), moi j'étais à côté, j'ai entendu un cri : la vache a donné un coup de corne à un type, et puis je me suis réveillé.

105. LUNDI 27 AVRIL — noté par Tama

• J'ai rêvé chez nous. On était à l'école. Tyangerin me demandait si j'aime les masques des *lukuta*. J'ai dit oui. Il a dit : « C'est bien. » Galasendémi (C) disait que Gahondémi (FC) a pris le maïs, on est partis voir le maïs. On a discuté beaucoup.

• Autre chose. Mon frère Ingali (F) me disait que le python a attrapé ma chèvre. Je suis parti pour voir, j'ai trouvé le python dans le trou. On le faisait sortir, le python faisait trembler la terre. Il est sorti, il avait une trompe. Tout le monde avait peur. On le frappait avec les bâtons. Il est monté vers la maison, il est rentré dans une maison. Moi et Yahélin (FD), on était à la porte avec des bâtons. Il sortait, on tapait sur lui. Il est parti. Mon père a demandé : « Où il est ? » J'ai dit : « Il est parti par là. » Mon père a dit : « Il faut le tuer. » Je suis parti encore le chercher, je l'ai vu retourner vers la maison, il ne pouvait pas rentrer, il y avait des grillages. On ne pouvait pas le tuer, et je me suis réveillé.

109. VENDREDI 1er MAI — noté par A.C.

• J'ai rêvé. J'étais avec le Dr Gessain et Armelle et puis je ne sais pas ce qu'on faisait ; le docteur Gessain était arrêté au milieu de la rue, je ne sais pas s'il faisait la police, et puis Armelle me frappait et elle courut.

• J'ai vu les gens de Epingé. Il y avait Dasélin et sa femme qui s'appelle Hételike (f) et la mère de Hételike (f).

On descendait une montagne, il y avait beaucoup d'autres gens. Je ne les connais pas et puis il y avait Mutenan (f) d'Epingé qui rentrait à pied de Tambacounda au pays bassari, avec mes frères. C'est tout, je ne peux pas me souvenir.

117. SAMEDI 9 MAI — noté par M.G.

• Aujourd'hui, j'ai rêvé que j'étais chez nous. On était dans une voiture, c'était la famille de Panyari. Panyari et ses femmes. Moi, j'étais sur le toit de la voiture. On descendait une montagne, ça reculait en arrière, il ne pouvait pas freiner. On est arrivés en bas, on s'est cognés. Il y a de l'eau qui coulait partout dans la voiture. Et puis, on a arrêté l'eau. Il y a Ingema qui disait : « Je pars », et elle disait que je n'avais qu'à aller avec elle pour qu'elle me montre des choses. Et puis, j'ai vu mes frères avec moi, Yahélin (FD), Gahondémi (FC). Gédéindemi (FC) et on causait dans une case, là, il y a Yahélin (FD) qui nous a dit : « Il faut mettre la paille dans le nez », et puis on cherchait les morceaux qu'il faut mettre et puis mes camarades (mes deux frères) ont eu ça déjà. Puis Yahélin (FD) a pris deux bouteilles de bière : « Nous allons boire. » Et puis moi, je continuais à chercher le morceau de paille et je ne l'ai pas eu. Et puis il y a Dyambeneké (fD) qui est venue, et elle me demandait : « Est-ce que je sais que des oiseaux ont rigolé de la femme Niari (fD) ? » J'ai dit non. Elle a dit : « Bon, les oiseaux ont rigolé d'elle. » Et puis, elle m'a donné les noms d'oiseaux qui n'existent pas. Elle m'a demandé : « Est-ce que tu sais ce qui va se passer ? » J'ai dit non. Elle m'a dit : « Elle va avoir un enfant. » Mes frères qui me disaient que je suis comme les oiseaux qui s'appellent *bandenden* (parce que ces oiseaux-là sont partout, comme moi : je sors, je rentre).

• Et puis là j'ai vu autre chose. Il y a Kali de Hunek qui était habillé en *lènèr*, et puis il est venu, il a crié une fois très longtemps, sans respirer (comme le cri du *lènèr* dans le film), très longtemps.

Et puis j'ai vu les gosses de ma sœur, mais je ne sais pas comment cela se passait.

• J'ai vu encore autre chose. On était dans le carré de Dinelebi. Il y avait Yaséliké (f) avec sa petite sœur Pena (fC), ma future femme, et puis d'autres que j'ai oubliées, et puis il y a un gosse qui jouait là. Il y a Tanélin (f) (mère de Yaséliké et Pena (fC), ma future femme) qui a insulté le gosse qui était là. Elle était dans une maison et tout le monde regardait là-dedans.

J'ai vu aussi mes vaches. Je disais : « Ah ! ma vache est enceinte » (peut-être je vais la trouver avec un veau).

131. SAMEDI 23 MAI — noté par M.G.

• J'ai rêvé que j'étais avec Naonin (C) (je ne sais pas pourquoi je rêve toujours de Naonin (C), peut-être il va rentrer à Etyolo).

On faisait la chasse et puis c'est Naonin (C) qui a vu le gibier le premier, il doit tirer le premier. Et puis il est là, je ne sais pas ce qu'il faisait, il visait mais il ne tirait pas. Il y avait deux antilopes, un mâle et une femelle, et l'antilope est partie, et on a continué, on les a trouvées. Naonin (C) a tiré, mais il n'a pas touché l'antilope. À ce moment-là j'étais seul, il y avait une brousse qui brûlait. J'ai vu une antilope qui courait dans cette brousse. Dès qu'elle m'a vu, elle s'est sauvée en courant. Je l'ai suivie. Je ne l'ai pas vue.

• J'ai vu autre chose, les filles d'Ignissara qui donnaient (je ne sais à qui, ni quoi). Elles ont dit : « Tu vas donner ça à Tama et puis tu lui diras que nous le saluons. »

Je ne sais pas ce que j'ai vu encore avec Gahondémi (FC). J'ai vu Yéra (F), Nema Lépeteké (EP), Yahélin (FD), Horéneké (S). J'ai oublié ce qu'on faisait.

134. MARDI 26 MAI — noté par Tama

• J'ai rêvé que j'étais chez nous. J'étais avec mon camarade, on était *ongateléhé*, on partait demander à manger. Nous sommes partis dans notre carré, je crois. Nous avons passé dans d'autres carrés, je crois. Nous sommes revenus chez nous. Nous avons trouvé les fruits d'un figuier dans la cour, plein un panier. Ils sont venus pour nous donner. On était tous ensemble, on s'amusait. On a entendu brusquement Dupélin (C) qui venait d'Etyogh (village de Guinée où il habitait, dans la réalité il habite vers Andema) et qui jouait de la cithare. Il est arrivé. C'est tout ce dont je me souviens.

141. MARDI 2 JUIN — noté par M.G.

• J'ai rêvé que j'étais avec mes frères Gédéindemi (FC), Gahondémi (FC). Gahondémi (FC) avec Gédéindemi (FC), ils sont partis chasser les cynocéphales, ils les ont chassés vers moi, et puis tout de suite, les cynocéphales qu'on chassait sont devenus deux vaches qu'ils ont poussées vers moi, et nous sommes partis. Et là, je ne sais pas où les vaches étaient parties, mais il y avait la viande. Gahondémi (FC) avait tué quelque chose, je ne sais pas quoi, il y avait beaucoup de viande, on portait la viande vers la maison et la viande que j'avais apportée moi, c'était une cuisse, une patte de derrière.

Dinelebi a pris la viande que j'avais apportée là et l'a coupée en deux morceaux. Il est parti. On était à côté de Kakalin, à l'ancien village et on partait vers Kakalin, on descendait par là. Il a posé la viande. Je l'ai prise. Nous sommes partis. On n'est pas arrivés à la maison. Je suis parti comme ça, je ne sais pas ce qu'on a fait avec la viande.

• J'ai vu autre chose. J'étais avec Antoine. On était montés sur un arbre et puis je ne sais pas ce qu'il faisait, Antoine. Il y a des avions qui passaient bas, et nous on était en haut, sur l'arbre, et là, je ne me souviens pas. J'ai vu Naonin (C), Tyingenin (C), Yahélin (FD), je crois que c'est tout ce que je me rappelle.

146. DIMANCHE 7 JUIN — noté par M.G.

• J'ai rêvé que Nyéwarin était malade. On le portait, je ne sais pas où. Je crois qu'il est mort en route. On l'a enterré. On rentrait vers les carrés et j'ai trouvé dans un carré (je ne sais pas quel carré) les femmes de mon père (les femmes de mon carré mais dans un autre carré). J'ai vu d'autres femmes : Ingema (fD) de Panyari et d'autres que je ne me rappelle pas. Les vaches étaient rentrées dans le mil de mon père. Mon père a dit : « Courez, voilà les vaches au mil. » On a couru vers les vaches, on les a fait sortir. J'ai vu des jeunes gens, mais je ne sais pas ce qu'ils faisaient, j'ai oublié un peu. C'était à Ignissara. Il y avait des *lènèr* qui dansaient, je ne les ai pas vus danser, mais dans une petite case là où ils s'habillaient.

147. DATE ? — noté par Tama

• J'ai rêvé. J'étais parti vers Nangar, j'ai trouvé Kérélin avec Chityiké sur la montagne de Nangar ; je me promenais avec eux, nous avons vu les cynocéphales. Chityiké et Kérélin discutaient, alors moi, je suis parti, j'ai trouvé d'autres cynocéphales, ils ne couraient pas, je suis venu jusque près d'eux, il y a les mâles qui venaient vers moi ; j'avais peur, je ne pouvais pas m'en aller.

148. DATE ? — noté par Tama

• J'ai rêvé. J'étais avec beaucoup de gens. Mon père avec Yahélin (FD) étaient de l'autre côté ; on nous lançait des cailloux, les cailloux passaient au-dessus de nos têtes ; nous aussi, on lançait, mais les cailloux n'arrivaient pas. J'ai vu une femme Peul avec d'autres gens. Je ne sais pas qu'est-ce qu'on faisait.

Janvier à juin 1967

1. MERCREDI 25 JANVIER

• J'ai rêvé qu'il y avait une danse, je ne sais pas où c'était. Alors, premièrement, on dansait, nous, les *falug* avec les *ndyar*. On dansait dans une maison : il y avait un toubab là. On chantait pour voir quel est le meilleur chanteur : *falug* ou *ndyar* avec les *eketok*, en deux lignes.

Il y avait un autre groupe, les gens d'Oubadj. Il y en avait d'autres qui étaient partis, un autre groupe... Moi, je suis parti. On dansait, on partait (chaque groupe dansait, puis partait en dansant). Brusquement, j'ai entendu ma sœur qui pleure. Dès qu'elle m'a vu, elle a dit : « Ah ! mon enfant est mort, mon enfant est mort, Ityar. » Je lui ai demandé où il avait mal. Elle a dit : « C'est un serpent, un serpent qui l'a mordu. »

• Plus tard, j'ai vu un accident. Il y a un type qui a ramassé les gens qui ont eu l'accident. Alors, à celui qui est présent là où a eu lieu l'accident, on lui donnait de l'argent (on paie les témoins pour avoir témoigné). Les morts, on les a emmenés pour les enterrer. On en a enterré un dans une tombe qui existait avant (avec quelqu'un dedans). Je ne sais plus...

5. MARDI 7 FÉVRIER

• J'ai rêvé chez nous. Il y avait des taureaux qui se battaient, moi et Ganindémi, on les regardait. Des fois, j'étais tout près, je ne pouvais pas courir. Il y avait les taureaux qui arrivaient tout à côté de moi. Alors je monte, je descends encore. Les taureaux viennent vers moi. Toujours je ne pouvais pas bien courir.

Aussi j'ai vu des gens qui construisaient des maisons. Il y avait des Bassari, il y avait d'autres races. Il y a un homme, je ne sais pas si c'est un Peul ou un Ouolof. On parlait de leur carême. Je lui dis : « On n'a qu'à recommencer avec toi, on n'a qu'à faire le carême. » On a rigolé. Il m'a dit : « Oh ! attends d'abord. »

Alors, Ningélin (FD) a dit : « Ici, on construit beaucoup de maisons, hein. » J'ai dit : « Même à Paris, on en construit. » Il m'a demandé : « Comment ils font là-bas, parce que les maisons sont serrées, pour mélanger le ciment avec le sable ? » J'ai dit qu'il y a des machines. C'est là qu'on fait le mélange. Les machines vont dans les camions qui se promènent dans les villes.

Yorélin (C)... Yahélin (FD)... j'ai tellement rêvé aujourd'hui, j'ai tout oublié.

14. JEUDI 16 FÉVRIER

• J'ai rêvé. Je ne sais pas où j'étais, avec beaucoup de gens, certains que je connaissais, d'autres que je ne connaissais pas. On jouait au ballon. Alors on a vu un serpent qui avait attrapé des poulets. Le serpent volait avec le poulet. Ils sont tombés de l'autre côté. On est partis les chercher. Nous avons vu que le serpent était tué. Alors, il y a plusieurs serpents qu'on avait tués. On les a accrochés, des gros serpents. Et là, j'ai vu qu'il y avait des filles que je connaissais. Je ne sais pas ce qui était venu, un train ? On a rangé des bagages.

• Après ça, qu'est-ce que j'ai vu ? Kétalin (C), je crois. Après, je ne sais pas. C'est tout.

20. MERCREDI 22 FÉVRIER

• J'étais avec Gahondémi (FC) dans son champ. Gahondémi (FC) a brûlé son champ (la préparation d'un champ comporte divers brûlis). Il me disait que moi, je vais cultiver mon fonio dans son champ. Alors, nous sommes partis, moi, je suis parti aux manguiers, il y avait là ma mère et la mère de ma femme et ma sœur. Je cueillais des mangues.

• Autre chose. Il y avait *mbignar*, nous sommes réunis tous au village, il y en avait certains qui revenaient. On frappait les *falug*. En route, on a frappé Dupélin (C), il était *falug*. Chandeké d'Etyolo est un peu fou. En 1966, au dernier *éyuk*, il était *éketok*, mais il a frappé les *falug* comme s'il était un *ndyar*. Chandeké est entré dans la bagarre à laquelle nous participions, il nous frappait. D'autres sont venus nous frapper, alors, nous sommes partis ; on partait vers la montagne.

21. JEUDI 23 FÉVRIER

• J'ai rêvé chez moi. Il y avait les parents de Gahondémi (FC) qui étaient venus, il y avait un nouvel initié qui était parent de Gahondémi (FC). Alors il est parti pour demander à manger dans les carrés, et puis il n'est pas revenu. On ne savait pas où il est. Or c'est Bengelèp (F) qui l'a emmené pour l'aider à couper le fonio. Le fonio était vers Akwol. Alors, je ne sais pas qui nous a dit que c'est Bengelèp (F) qui l'a emmené pour couper le fonio.

• Là, c'est autre chose, nous étions avec Gahondemi (FC) et Marie-Paule à Dakar. Gahondémi (FC) avait demandé qu'on lui amène des mangues. Les mangues étaient venues par l'avion. Alors, il a pris les mangues et puis il a donné quelques mangues à Marie-Paule.

• Autre chose, j'ai vu Yarélin (C), Gédéindemi (FC), Nin-gélin (FD), je ne sais pas ce qu'on faisait.

• Autre rêve du même jour, ou erreur de date ? J'ai rêvé chez moi. Nous étions, moi, mon père, et Tyanélin, et ma mère et Gahondémi (FC). Il y en avait d'autres. Tyanélin parlait de l'impôt : « Les gens doivent payer l'impôt. » Alors moi, j'ai dit à Tyanélin : « Est-ce que tu te rappelles mon argent que tu m'avais pris ? C'est toi qui paies pour moi. » Alors on parlait d'autre chose, des sacrifices qu'on avait mouillés (mouiller un sacrifice signifie mettre à germer [mouiller] le sorgho avec lequel on prépare la bière qui sera offerte à ce sacrifice). Il y en avait d'autres qui disaient qu'ils n'ont pas de sorgho, ma mère disait ils n'ont qu'à me demander à moi du sorgho. J'ai dit à maman : « Il ne faut jamais dire ça. Moi, je ne le donnerai pas. » Il y avait un feu qui brûlait, je suis parti pour l'éteindre, je ne pouvais pas, j'ai appelé mon frère Ingali (F), il est venu, nous avons vu une bête, on l'a suivie, on l'a tuée.

22. VENDREDI 24 FÉVRIER

• J'ai rêvé chez moi. Je faisais des marques à mes chèvres ainsi qu'aux chèvres de ma femme. J'ai castré un bouc de ma femme. Je lui ai demandé si elle connaissait ses chèvres.

Il y avait de la bière *atembanyon* (dans ce système, le paiement différé d'une journée de culture collective consiste en une certaine quantité de sorgho destiné à la fabrication de bière dont la consommation est toujours rituelle). Aussi, on a bu, il y avait une danse de *lukuta* et d'*endepeka*. Il y avait beaucoup de gens, il y avait quatre ou cinq *lukuta* : les *endepeka*, ce sont les femmes qui dansaient avec les *lukuta*.

23. SAMEDI 25 FÉVRIER

• J'ai rêvé chez moi. Il y avait des sacrifices, je crois que c'était vers l'autel sacrificiel de Kadyirin. Il y a ma mère qui avait fait une bière. Moi, je n'étais pas à la maison. Je disais :

« Moi je vais rentrer. Je vais faire fermenter ma bière de sacrifice. » On m'a dit : « Ta mère a déjà fait. » Alors, je suis resté. Et puis il y avait Kushanin (C) qui était venu nous trouver. Il nous dit : « Bon, pourquoi vous, vous êtes venus ? Tes camarades, on les a frappés pour devenir *odyar* et vous, vous êtes là. » J'étais avec Gédéindemi (FC) et puis ma mère. Alors, il nous a frappés. On est partis au village. On a trouvé les vieux là-bas. Ils disaient qu'il faut qu'on nous frappe. On nous a donné de la bière. Il y avait des hommes et des femmes, beaucoup. On a dit à Ilanin (C) : « Bon, tes deux camarades, là, on va les frapper. » Ilanin (C) a dit : « Bon, d'accord. » Et nous, nous avons dit : « Et le coup que Kushanin (C) nous a donné ? On va le rendre, donc ? » On a discuté. Il y a Kutanin (d'Ignissara) qui est venu me donner un coup (en ce moment ce n'était pas une brimade rituelle, c'était la bataille). Il y a mon frère Gédéindemi (FC) qui m'avait attrapé. J'ai dit : « Laisse-moi, je vais me venger, laisse-moi. » En ce moment Kutanin est parti (lorsque les émigrés, absents au moment de rituels de classe les concernant, échappent à des brimades, ils peuvent, à leur retour au pays, être soumis à cette brimade ou « rembourser » ce qu'ils doivent, parfois en offrant à leurs aînés de la bière. Mais brimade rituelle n'est pas bagarre...). Je ne sais plus.

26. MARDI 28 FÉVRIER

• J'ai rêvé chez moi. Il y avait une fête, une corvée je crois, il y avait beaucoup de monde, on cultivait un champ, je ne sais pas pour qui. Alors il y avait d'autres gens qui n'avaient pas de houes, moi je n'avais pas de houe. On est restés assis. Le repas est venu. Il y avait plusieurs groupes. Il y avait là des initiés. Et puis, il y avait un repas pour les initiés « du matin » (qualité de certains initiés, transmise de père à fils). On a mangé.

• Et puis autre chose. On a vu des avions qui venaient de la direction de Kédougou. Il y avait beaucoup d'avions. Tout de suite, on a vu la tour Eiffel debout. On voyait d'Etyolo jusqu'à Kédougou. Il y a Gahondémi (FC) qui nous a expliqué qu'ils font la télévision sur la tour Eiffel. Il y avait un petit avion qui tournait tout autour de la tour Eiffel. Gahondémi (FC) disait : « C'est ce petit avion-là qui fait la télévision. » Alors, on partait vers la maison. C'est fini, je me suis réveillé.

31. DIMANCHE 5 MARS — noté par **M. G.** à 1 heure
de l'après-midi, lorsque nous nous apercevons que
nous ne l'avons pas encore fait

• J'ai rêvé chez nous. Il y a papa qui m'a dit de partir à Kédougou avec lui, à pied. Moi, j'étais occupé. J'allais partir quelque part. Il est parti avec Gahondémi (FC). Ils sont revenus. Moi, je partais vers chez les Watélin, je ne sais pas où je partais. Il y avait papa qui m'a trouvé sur la route. Il me racontait que le jour qu'ils ont quitté Etyolo pour aller à Kédougou, ils ont passé la nuit à Bandafassi et le jour suivant, ils sont arrivés à Kédougou.

• Autre chose. J'ai rêvé de *mbignar*. Ce *mbignar*-là, c'était dans une maison, on buvait la bière là dans le haut de la maison (une maison à étage : l'église où nous avons été à la messe, ce matin). On faisait une espèce de sacrifice, et là, j'ai oublié comment se passait l'histoire.
(« Les rêves, dit Tama, ça montre les choses avant. »)

35. JEUDI 9 MARS

• J'ai rêvé chez moi. J'ai rêvé du film que j'ai vu hier. J'étais avec des gosses, on portait les bêtes que j'ai vu hier tuer dans le film *Desert people*. (Il s'agit de petits mammifères ressemblant à des lièvres, aux oreilles pointues comme celles des renards.) Il y en a un qui n'osait pas les attraper. On les a mises dans une voiture de poupées. On poussait et puis...

• Autre chose : il y avait les vaches qui me chassaient. Je ne pouvais pas courir beaucoup. Alors les vaches ne m'attrapaient pas. Alors il y a la mère de... la femme de Médrin, Féshéliké (f), qui était venue, elle avait un bébé, un tout petit bébé. Et puis, avant qu'elle arrive à la maison, j'ai dit : « Donne-moi ton bébé, si les vaches ont vu ça, ça va être chaud. » Alors, j'ai pris le bébé, j'ai couru vers l'ancienne école. Et puis il y a une vache qui m'a vu, elle a sauté sur moi. Moi, j'ai couru. Elle ne m'a pas attrapé. À l'ancienne école là, c'est là qu'il y avait les personnes qu'on a vues dans le film : une femme et un homme, et qui disaient d'acheter des vaches. Ils voulaient avoir des vaches. Il y avait des cases à l'école. Et puis là je crois qu'ils sont partis. Je crois que je prenais les bambous. Il y avait une maison où je n'étais jamais rentré. Je suis rentré, j'ai trouvé des bambous dedans. Après, je ne sais plus.

41. MERCREDI 15 MARS

• J'ai rêvé chez moi. J'étais avec Bésalin d'Edan. On était dans la brousse. C'était dans la nuit. Il y a une voiture qui passait. Nous, on s'est cachés. Alors la voiture s'est arrêtée juste à côté de nous. Alors elle nous éclairait avec ses phares. Nous on est couchés par terre. Moi, j'avais eu peur : peut-être ils vont tirer, peut-être ils vont croire que ce sont des bêtes.

• Autre chose. Il y avait deux taureaux qui se battaient. Un a été blessé. Et puis on a pensé, on a regardé si c'était grave, pour savoir si le taureau allait mourir, il ne faut pas qu'il maigrisse, s'il doit mourir, il faut qu'on le tue. Et puis le taureau était méchant. Il nous chassait. Alors, je ne l'ai pas vu tuer.

• Autre chose. Il y a un champ de riz de Tyanélin. Le terrain était contigu à un champ dés Peul. Et puis là c'est autre chose. Il y a Yahélin (FD) et Gafabendémi (C) qui se battaient. Il y a tout le monde qui est venu. On n'a pas trouvé Yahélin (FC), mais on a trouvé Gafabendémi (C) qui pleurait. Il a failli mourir. Il disait en pleurant que c'est Ityita qui a pris sa voix (Gafabendémi (C) ne pouvait pas parler : c'est Ityita qui l'avait rendu malade, alors, dit Tama, qu'il s'était battu avec Yahélin (FD)). Il y avait beaucoup de monde venu là. Après, je ne sais plus...

47. MARDI 21 MARS

• J'ai rêvé chez moi. Mon père était malade. On lui a donné des piqûres. Il a failli mourir, et moi et Gahondémi (FC) on pleurait. On nous a dit qu'il ne va pas mourir. Tout de suite, il est guéri. Moi et Gahondémi (FC), on partait je ne sais pas où. En partant, j'ai vu une igname, j'ai creusé un peu, j'ai laissé pour revenir avec un creusoir.

• Autre chose. On était avec Albenque et M. Gessain. On mangeait de la salade qui était dans un tiroir. La table avait des taches sales, on la nettoyait avec un chiffon.

48. MERCREDI 22 MARS

• J'ai rêvé. J'étais à Tambacounda avec des Peul. Amadou qui me vendait de la laine jaune (je lui avais demandé d'acheter de la laine rouge) et des perles noires petites. Mais moi, je lui avais dit d'acheter la laine rouge, alors je lui répondis que moi j'en ai, j'en ai acheté à Paris. Tout de suite on entendit crier : « Un voleur, un voleur. » Alors, les gens couraient pour attraper le voleur. Or, c'est le premier qui a crié, c'est lui qui a volé. C'était l'argent de Daselin et de son frère, il y avait cent mille francs, le voleur, c'était Yéra de Edan. J'ai demandé à Daselin qui a volé. Il m'a dit que c'est Yéra qui l'a volé. Et puis il a crié, il a couru.

• Autre chose. Il y avait Gyindyélin qui était venu à Tambacounda, là où son frère habitait. Dès qu'il est arrivé, il a commencé à pleurer. Les Ningélin (FD) ont aidé Gyindyélin à pleurer. Ils pleuraient, pleuraient. Moi je disais : « Taisez-vous. »

• Autre chose. J'étais à Dakar chez les Nikyitin (D) avec mon frère Gédéindemi (FC), je lui montrais les choses que j'ai apportées de Paris, je voulais lui donner des chaussures.

51. SAMEDI 25 MARS

• J'ai rêvé chez moi, on préparait de la bière et puis il y avait un étranger qui devait venir le lendemain. On faisait cuire de la viande pour moi. Ma mère Nyanyiké (f) me disait : « Il ne faut pas cuire toute la viande parce qu'il y a un étranger qui va venir. » Alors moi, j'avais appelé ma femme Niari (fD) pour lui dire de faire quelque chose. Nyanyiké (f) me disait d'appeler les deux femmes pour leur parler.

Aussi ma petite Ityir (f) avait sommeil, j'étais en colère. Je disais pourquoi les femmes ne font pas vite la cuisine, ma petite qui a sommeil.

52. DIMANCHE 26 MARS

• Je rêvais chez moi. Ma mère m'a dit : « On va lire la lettre que tu nous as envoyée. » J'ai demandé : « Vous n'aviez pas lu ? » Elle dit non.

J'ai dit à Gahondémi (FC) : « Comment, tu n'as pas montré les dents qu'on t'a remplacées ? » Il m'a montré, il m'a dit que ce n'était pas bien arrangé. Alors je suis parti chez les Korélin. Il y avait quatre tas de mil. J'ai demandé : « C'est pour qui tout ça ? — C'est pour Panyari, le gros, c'est pour Korélin, les autres, je ne sais pas. » Alors on partait trier chez moi. Le masque Dandyéné était sorti, on était nombreux. Moi et Gahondémi (FC), on marchait ensemble, nous avons vu des antilopes. Gahondémi a tiré, l'animal est parti, on l'a suivi. Il y avait la petite antilope et la première. Gahondémi (FC) a tiré le petit, la mère pleurait comme une personne.

53. LUNDI 27 MARS

• Je rêvais chez moi. Il y avait Tyanélin qui nous appelle d'aller chez lui. Sa femme est morte : Lengeteké (f). Nous sommes partis. Nous avons trouvé que c'était Tyanélin qui est mort. Alors on partait pour l'enterrer. Maman a dit d'amener le creusoir. On l'a pris, on l'a enterré. Alors on rentrait à la maison. Tyanélin est sorti du tombeau, il nous a suivis, il a pris les bois qu'on avait mis sur la tombe. Il nous lançait ces bois-là et il nous disait : « Vous allez voir. »

• Autre chose. Il y avait des avions qui venaient, tout bas, des petits avions, tout le monde avait peur. On courait partout, moi et Gédéindemi (FC), on a couru au même endroit. Nous avons vu de la bonne terre pour le jardin. Nous avons décidé de faire des jardins, mais n'en avons pas fait.

57. VENDREDI 31 MARS

• Je rêvais chez moi. Moi et Galasendémi (C) étions habillés en masques, on partait vers les Témerin. Nous avons trouvé Hétyénéké (f) sur la route. Galasendémi (C) était arrêté, ils parlaient, parlaient. Tisalin (D) était caché à côté. Tisalin (D) est venu attraper Hétyénéké (f). Il l'attrapait, il lui demandait : « De quoi parliez-vous ? » Alors Hétyénéké (f) pleurait et disait que c'est moi, Tama, qui lui ai dit (à Tisalin (D)). Moi, j'ai répondu : « Ce n'est pas moi, même je ne l'avais pas vue. »

• Autre chose, toujours moi et Yahélin (FD) et Ilanin (C), on dansait une danse, je ne sais quelle danse. J'ai vu maman, je ne sais pas qu'est-ce qu'on faisait.

• Autre chose. J'avais dit à mon frère qu'il n'a qu'à chercher un type pour aller chercher mes valises à Edan.

61. MARDI 4 AVRIL

• J'ai rêvé chez moi. Il y a Balingo qui était malade. Il avait mal quand il pissait (hier, Tama et moi avons parlé de blennorragie, etc.), et puis vraiment il était vraiment malade. Il pleurait, pleurait, il se roulait par terre. Et puis, il me disait de le frotter et le sang coulait... Je lui ai dit : « Ça ne sert à rien même si je te frotte. » Et puis vraiment, il est devenu fou. Il me chassait, il me lançait des cailloux. Je courais, je ne parvenais pas à bien courir, la nuit venait, avec les cailloux là. Alors, je me suis caché dans l'herbe. Il me cherchait. Il y avait Gyindyélin et Gahondémi (FC). Ils ont attrapé Balingo. Alors, on le frappait. Je suis venu les aider. Et puis là on l'a laissé, il était normal. Et puis, il m'appelait : « Tama, attends-moi, attends-moi. » Je lui ai dit : « Oh, mais non, parce que tu lances des cailloux sur moi. Alors je n'ose pas t'attendre. » Il m'a dit : « Oh non, je ne te fais pas ça, c'est fini. » Et puis il est venu ; là je ne sais pas ce qu'il m'a dit... c'est tout.

66. DIMANCHE 9 AVRIL — noté par M.-P. F.

• J'ai rêvé chez moi. Il y avait l'initiation. On partait, village par village. On est arrivés à Etyolo. Il y avait tous les petits garçons et filles qui étaient rentrés dans les cases. Après, on est partis aux champs, alors on enlevait l'herbe d'un nouveau champ. Il y avait moi et Gahondémi (FC), on se promenait. On se rencontrait avec Dangnarin, le fou, on lui a donné un plat (un repas. Le repas bassari se compose d'un plat unique). Nous avons continué.

Des gens étaient réunis, il y avait mes parents. Ma mère parlait aux gens de son frère Yingrin.

La famille est encore rassemblée, mon père doit partir à Kédougou ou il vient d'arriver (je ne sais pas).

71. VENDREDI 14 AVRIL — noté par M.-P. F.

• Je rêvais. J'étais avec Antoine et son ami Pascal et son cousin Gilles. On se promenait. Nous avons trouvé leurs camions garés dans un garage. Alors, nous nous regardions. On prenait des chiffons. Les chauffeurs sont venus nous demander pourquoi nous prenions les chiffons. Et il y avait de l'argent. On a discuté. Ils sont partis avec leurs camions. Alors, le camion de derrière voulait dépasser celui du milieu, il était coincé. Il n'a pas pu.

• Autre chose, j'étais chez moi, il y avait maman et mon père, et Lépeteké (EP), et Kema (EP), et Kumbel (f), et Tyingefo (f), et Nyanyiké (f), on causait.

• Autre chose, j'étais avec Gédéindemi (FC). Chityiké et d'autres. Je chantais des chansons avec Gédéindemi (FC). Chityiké a dit que Gédéindemi (FC) est malin et je ne sais pas pourquoi.

72. SAMEDI 15 AVRIL — noté par M.-P. F.

• Je rêvais chez moi. On était partis chercher des choses pour un type vers Ekès, des bagages ou du sorgho, je ne sais pas. Je crois que c'était la nourriture d'un type qui venait s'installer à Etyolo. On était beaucoup. Il y en avait qui étaient fatigués et on disait : « Si on était repartis deux fois, les gens qui étaient fatigués là n'arriveraient pas à repartir. »

• Et puis là c'est autre chose. Il y avait un travail de Kedarin. C'était pour travailler le sorgho, récolter le sorgho, je crois, et puis moi et Naonin (C), on partait pour travailler. Alors, avant qu'on arrive, on a entendu parler les gens : c'est Kedarin qui disait que les gens sont trop nombreux parce qu'il n'avait pas assez de bière pour tout le monde. Alors nous, on a attendu et on pensait : « Qu'est-ce qu'on doit faire, est-ce qu'on doit repartir ? » J'ai dit : « Arrivons, mais s'ils ne veulent pas qu'on reste, on repartira. » Et puis, on nous a vus venir. Ils ont dit : « C'est bien, parce que nous sommes seulement des vieux (les vieux ont dit ça) et les vieux ne travaillent pas beaucoup », et puis il y a Sidyiké (f) qui passait. On l'a saluée. Elle n'a pas répondu. Elle a répondu trop tard, un petit mot, je ne sais même pas ce qu'elle a répondu. Je crois que c'est tout.

75. MARDI 18 AVRIL — noté par M.-P. F.

• Chez moi, il y avait un aveugle qui était perdu, pendant cinq ou six jours, on ne le voyait pas. Yéra (F) se promenait.

Le repas était prêt, on a cherché Yéra (F), on l'a appelé. Mais il nous a appelés pour venir voir : il avait trouvé l'aveugle qui était mort. Nous sommes partis le voir (je ne sais pas ce qu'on a fait, je crois qu'on est retournés à la maison).

• Autre chose. Il y avait l'enfant de Ubéliké (f) qui démolissait la maison de ses parents qui étaient morts. Il a démoli tout. Alors là il y avait un initié (Ibelin (C), en fait *falug*) qu'on ramenait à la maison (dans le carré des Pukety). Le fils d'Ubéliké (f) disait : « Il est trop méchant cet initié-là. »

Ils sont passés, et il y avait un initié (Kangeta initié l'an dernier) qu'on ramenait dans le carré de Tyangerin (alors qu'il est de chez Dominin). Je ne sais plus.

• J'ai été à Dakar, j'étais dans la maison de Nyényo alors que lui était parti, sorti avec sa famille. Il n'avait pas fermé les volets. Un voleur est venu et il a cassé les vitres et il est rentré par la fenêtre et il s'est mis à voler les habits. Je l'ai attrapé, j'ai crié : « Police, police. » La police est venue. Alors, on mettait quelque chose devant sa bouche comme un micro et il parlait. Il y avait une ceinture pour l'attacher au cou et puis je ne sais plus.

• J'étais à Kédougou. Tyara de Ségéko venait me saluer avec Pena (fC), il me demandait : « Est-ce que tu as reçu mes lettres ? » Je lui dis : « Oui, est-ce que tu as reçu les miennes, je te saluais toujours ? » Mais il n'a pas reçu mes nouvelles.

79. SAMEDI 22 AVRIL

• J'ai rêvé chez moi. J'étais avec maman et mon frère Ingali (F). Il y avait un autre encore. On était dans mon champ. Il y a mon frère qui était allé s'asseoir à côté de la ruche (que j'avais mise moi), pour voir s'il y a des abeilles. Elles ont commencé à le piquer. Je lui disais : « Mais tu es bête, on savait bien qu'il y a des abeilles, on les voit d'ici. » Il y a les autres abeilles qui venaient nous piquer. Pauvre maman qui ne pouvait pas courir.

• C'est autre chose : j'étais dans la brousse, à côté de chez nous. Il y avait un lion qui se promenait. Il y avait les vaches à côté. Il sautait sur les vaches. J'ai crié, puis il n'avait rien attrapé. Les vaches sont venues à côté de moi, et il y avait une vache qui était blessée.

Le lion a continué vers *opeb*, et j'ai entendu les gens qui criaient : « Le lion, le lion », et puis là il y a autre chose, je ne sais plus.

• Nous étions partis vers Ignissara, on était nombreux. On avait porté quelque chose, des bambous ou quelque chose comme ça, et nous sommes arrivés à Ignissara. Il y avait une danse, alors là les filles s'habillaient, elles avaient pris les gros *ebalay* (cache-sexe décoré de perles) avec *bakolina* (ceinture d'anneaux de cuivre), il y avait Mutenan (f) de Kanarin, et Awurk (f) qui s'habillait (elle est morte), et puis Taki (f) de Hunek et puis les autres, je ne sais pas. Et puis il y avait son frère qui était habillé, ils étaient gros tous les deux, c'était une maladie, ils gonflaient... Alors je ne sais pas qui a demandé : « Alors pourquoi tu es comme ça ? », il demandait au frère qui a dit : « J'ai une bosse ici (sur le sommet de la tête comme le *koré*), c'est ça qui me fait grossir comme ça. »

Je ne sais pas qui a dit : « Ah ! moi, j'ai une bosse, ça commence. » Et moi, quand j'appuyais, j'ai trouvé une bosse (je me suis réveillé, je regardais la main sur la tête).

• Là, c'est autre chose, j'ai vu Gahondémi (FC) qui parlait assis avec ses femmes, il y avait Yaséliké (f) (hier, Tama a reçu une lettre disant que Yaséliké (f) était revenue chez son mari Gahondémi (FC) qu'elle avait quitté) qui parlait à Gahondémi (FC). Gahondémi (FC) n'avait pas l'air content. C'est tout.

82. MARDI 25 AVRIL

• J'ai rêvé chez moi. J'étais avec Hétyeneké (f), Yahélin (FD) et Gahondémi (FC), dans mon champ. Moi, je réparais les ruches pour les abeilles. Alors les abeilles étaient sorties, laissant le miel. Avec Gahondémi (FC), on mangeait du miel que j'avais pris dans les ruches que je réparais et dont les abeilles étaient sorties. On entendait les hiboux qui criaient. J'ai allumé une torche de paille pour chasser les hiboux (des magiciens peuvent prendre leur forme). Après cela, je chantais des chansons de masque et puis je dansais. J'avais une queue de cheval à la main, on parlait de l'initiation, on disait : « La fête de l'initiation, c'est celle où mes frères ont été initiés. »

• Je crois que c'est autre chose. J'étais avec Gédéindemi (FC) et avec d'autres garçons. Je ne sais pas ce qu'on faisait. Moi, j'ai vu un gros poisson dans l'eau, je l'ai coupé en deux parties avec le coupe-coupe (sa peau était toute partie sur un côté, je l'ai trouvé comme ça, je ne sais ce qui l'avait fait comme ça). On l'a bouilli, on l'a mangé. C'est tout.

89. MARDI 2 MAI

• J'ai rêvé chez moi. Il y avait une corvée de maman, des *falug*, maman avait un grand champ de fonio. Nous avons vu une bête, on la chassait. Nous l'avons tuée. Alors, on enfume un trou de baobab, un serpent est sorti du trou, tout le monde courait. Alors nous sommes rentrés vers la maison, on a trouvé Nato qui conduisait nos vaches, puis j'ai regardé mon bœuf que je viens de castrer, les vaches couraient, il y avait Gédéindemi (FC) qui disait à Nato : « Nato, tu vas voir, tu dis que c'est Tama le plus fort, tu vas voir comme je suis fort... » Là je ne sais plus... Je ne pouvais pas courir beaucoup.

• Autre chose, je ne sais pas dans quel carré nous étions avec les *falug*, on buvait de la bière. Après, Yandenin (C) voulait m'emmener chez lui, puis après aller à l'*ambofor*. Je lui ai dit : « Non, c'est moi qui t'emmène parce que moi j'habite tout près de l'*ambofor*. » Après, je ne sais pas, j'étais avec Gahondémi (FC) et Gédéindemi (FC), je ne sais pas. Il y avait Kalidomé (FC) qui jouait du tambour. Je lui disais : « Kalidomé (FC) tu pourrais bien être un griot. » Il dit : « Maintenant, j'ai oublié comment jouer du tambour, avant, je jouais bien » (dans la réalité, il ne joue pas bien).

109. LUNDI 22 MAI

• J'ai rêvé chez moi. Il y avait une fête, et il y avait beaucoup de monde. Et puis brusquement il y a des gens... on était dans le village, ils ont dit que Mwunyirin et deux autres hommes étaient morts, il y a Rafélik (f) qui pleurait, c'était son mari (ce qui est faux, c'est dans le rêve). Il y a beaucoup qui rentraient voir les morts. Et puis, il y avait aussi la mère de Gafabendémi qui était morte. Nous sommes partis pour l'enterrer. Et puis c'est Gafabendémi qui l'avait portée pour l'enterrer, alors il l'a prise, il a laissé une jambe qui se balançait par terre (la mère était portée par deux hommes, un tenait les deux bras. Gafabendémi une jambe, pas portée en l'air et pas sur une civière). On a dit : « Prends-la, prends-la complètement. » Il a dit : « Non, attendez. » Alors on est partis, j'ai pris moi aussi, alors il y a Gédéindemi qui l'a prise aussi. Gédéindemi (FC) est monté sur l'épaule d'une personne pour prendre la morte. Alors là, je ne sais plus.

• C'est autre chose. Il y avait Kalidomé (FC) et mon père qui étaient à Tamba. Alors il y a Alpha Ba, le garde-forêt qui était à Salimata, qui est parti se cacher devant. Il attendait les « Mon Père ». Les « Mon Père » sont arrivés, je ne sais pas où nous étions, dans un village. Alors Alpha Ba est arrivé après les Kalidomé (FC). Quand Alpha Ba est arrivé, Kalidomé (FC) a pris un cahier : il écrivait, je ne sais pas ce qu'il écrivait.

• Alors là c'est autre chose encore. Il y avait la femme de mon père qui est partie, Shindyéneké (EP), qui était venue chez Yahélin (FD). À ce moment, Shindyénéké (EP) voulait s'en aller, on l'emmenait dans une voiture. Mon père est venu à côté, il parlait (avec Yahélin (FD) je crois), et puis il avait du noir sur les yeux (comme les femmes ici : sur les paupières). Il est reparti. Après, je ne sais plus. J'ai oublié.

• (Autre morceau qui revient à la mémoire de Tama une demi-heure après.) Il y a mon frère Ingali (F) qui m'avait donné des médicaments, c'étaient des comprimés, c'étaient des médicaments pour l'initiation, je crois. Alors, il m'a expliqué comment il faut faire. On prenait ça plusieurs jours d'avance. Là, je ne sais plus...

• (Nouveau morceau remémoré à 11 heures, on parlait des abeilles, on disait : c'est le moment où les abeilles ont fait du miel.) Moi, je suis parti aux champs voir mes abeilles dans mes ruches. Alors je suis parti pour voir tout près dans le trou, puis je voyais qu'il n'y en avait pas beaucoup. Les abeilles commençaient à sauter sur moi, j'ai couru.

110. MARDI 23 MAI

• J'ai rêvé chez moi. Il y avait une fête, on regardait des danseurs. Alors le soir nous avons vu des groupes d'étoiles qui avaient la forme de peignes. On les a regardés, on a dit : « Regardez les étoiles » (hier soir nous avons parlé du conte bassari où l'on mange du pain d'étoiles). Il y avait des gens, des Européens, je ne sais pas s'ils avaient cueilli des étoiles, et les étoiles étaient devenues des serpents. Les serpents là, ils luttaient entre eux. Nous, on est partis se coucher à l'*ambofor*. On a couru pour avoir chacun sa place. On s'est couchés.

• Qu'est-ce que j'ai vu ? Je crois que c'est autre chose. Il y avait Tyangerin qui nous parlait, je ne sais pas de quoi il parlait... Alors moi je lui ai répondu : « Tyangerin, tu dis ça, au lieu de faire faire des maisons par les jeunes pour que les gens s'abritent de la pluie. » Alors là je ne sais plus...
(Suite de ce rêve dont Tama se souvient plus tard.) Il y

avait Kali Rayé qui voulait être circoncis. Alors, c'est moi qui devais le circoncire. J'ai regardé si le couteau est tranchant, j'ai essayé sur mon doigt. Alors mon doigt était coupé. À peine je lui ai dit que le couteau ne coupe pas bien, il est parti.

J'étais avec Kalidomé (FC), on devait partir à Kédougou. On a décidé : « Bon, on va partir demain. » Le lendemain, on a trouvé que le vélo de Kalidomé ne marchait pas. On le réparait.

Il y avait deux *lènèr* qui étaient partis en visite dans d'autres villages pour danser. C'étaient Yarné et Dafené. Ils sont revenus à Etyolo. Le premier avait coupé sa voix, il ne pouvait plus chanter. Mon père a dit : « Pourquoi est-ce lui qui est parti ? Sa voix se coupe toujours, ce n'est pas la peine qu'il aille danser dans les villages. »

Il y avait Dandala (fD) qui creusait des ignames, elle me disait : « Regarde ce que j'ai creusé, vraiment on dirait que c'est ma mère qui a creusé parce qu'elle creuse beaucoup ma mère. Je suis comme maman. »

116. LUNDI 29 MAI — noté par M. G.

• J'ai rêvé, je ne sais pas où nous étions : je crois que c'est au pays bassari. Il y avait un jeune Blanc qui n'était pas tout blanc (il était un peu jaune), il avait des cheveux longs comme une fille. Il y avait les Coniagui qui passaient, lui aussi il marchait. Quand les Coniagui l'ont vu, ils rigolaient. Quand les Coniagui rigolaient, il lançait sur eux des cailloux, les Coniagui tombaient, les Coniagui ne couraient pas beaucoup. Quand il continue son chemin, les Coniagui rigolent, il prend un caillou, un Coniagui tombe. Les Coniagui essayaient de sauter par-dessus une petite rivière, mais quand même le caillou pouvait les attraper de l'autre côté. Ensuite, il y avait des Bassari qui rigolaient. Il leur lance des cailloux. Je courais parce que j'avais peur (Tama n'avait pas lancé de cailloux), mais je ne pouvais pas courir beaucoup.

• Là, c'est autre chose. J'étais avec ma femme, on montait dans l'ascenseur. On est monté, l'ascenseur n'était pas tout droit, d'abord droit et puis en biais... Je ne sais plus, là... J'ai oublié beaucoup.

120. VENDREDI 2 JUIN — noté par M.-P.F.

• J'ai rêvé chez moi. Il y avait Lépeteké (EP) qui était malade et m'a demandé des comprimés. Je lui ai dit que je ne savais pas si j'en avais. Je suis parti voir, il y en avait et je lui ai donné un comprimé.

Ma femme aussi était malade, elle avait mal au pied. La mère de ma femme aussi était malade, elle avait mal aux yeux. Ma femme pleurait tellement elle avait mal.

Nous étions dans le village, il y avait Dinelebi, mon père, les *falug*, on chantait des chansons qu'on chante dans l'*ambofor*. Galasendémi (C) chantait des chants de *lènèr*, j'ai dit aux filles : « Ne répondez pas à cette chanson. Pourquoi chante-t-il ça ? On ne doit pas chanter ça. » Alors ils ont cessé de chanter.

123. LUNDI 5 JUIN — noté par M.G.

• J'ai rêvé chez moi. Il y avait des petits chiens. Alors chacun prenait le chien qu'il veut garder. Il y a Gahondémi (FC) qui avait pris un chien. Et puis Yéra (F) un chien, un chien Angema (S) (la petite de mon père). Il y a Kemala (S) (la petite sœur de Yahélin qui est morte) qui voulait prendre un chien. Alors j'ai dit : « Qu'est-ce que vous allez faire avec tout ça ? Il y a Yéra (F) qui a pris un chien, et Angema (S), et tu veux prendre... » Elle a abandonné.

• Autre chose, j'étais toujours avec Gahondémi (FC) et Wulineké, alors il y avait une corvée, je ne sais pas pour qui. On chantait des chansons. Et puis moi et Gahondémi (FC) et Wulineké, nous sommes partis pour nous baigner. Et puis il y avait une caverne avec de l'eau dedans, et nous sommes rentrés dedans. Alors on a trouvé un serpent dedans. Et puis on a couru. Moi, j'ai trouvé un autre serpent, à ce moment-là j'avais un sabre. Je l'ai coupé, j'ai continué, j'en ai trouvé un autre. Je l'ai coupé un peu plus bas que sa tête et la tête qui courait après moi, je courais, je courais, je courais et je me suis réveillé.

128. SAMEDI 10 JUIN — noté par M. G.

• J'ai rêvé chez moi. Il y avait les jeunes gens et les filles. Nous cultivions, moi avec Dungwanin (C). J'étais avec lui. Alors je ne sais pas où est-ce qu'on était partis, on est revenus à la culture avec lui. Après ça, on doit participer à un sacrifice que Dyeurin doit faire, je ne sais pas l'endroit même où on devait faire le sacrifice, mais c'était dangereux, parce que le coq était mort. Dyeurin ne voulait pas venir faire le sacrifice, il avait peur. Quand même on appelait, des gens qui disaient : « Où est Dyeurin ? » Après, il est venu. Je n'ai pas vu faire le sacrifice. C'est tout.

129. DIMANCHE 11 JUIN — noté par Tama

• J'ai rêvé, je ne sais pas où j'étais, j'avais un vélo, je pédalais dans la rue, il y avait beaucoup de gens, on les faisait rentrer dans une maison, c'étaient des voleurs. Les autres criaient : « Des voleurs, des voleurs ! » J'ai continué et j'ai trouvé Marie-Paule, nous sommes partis, il y avait un petit Malinké, il y avait une maison, il a ouvert, il y avait dans la maison un homme et une femme qui parlaient. Alors ils ont arrêté de parler, ils n'étaient pas contents, parce que le petit a ouvert. Alors moi, j'ai continué, j'ai trouvé mon petit frère qui demandait un peigne à la femme, je ne sais plus...

134. VENDREDI 16 JUIN (Tama part ce soir pour Marseille où il prendra le bateau pour rentrer chez lui au Sénégal) — noté par M. G.

• J'ai rêvé chez moi. Nous étions avec Antoine dans un champ, on jouait à plonger dans l'eau et l'eau était très, très, très sale. Il sautait sur moi, sur mon dos, je nageais. Après, on est partis. Moi j'ai trouvé une antilope, dès qu'elle m'a vu, elle voulait courir, et elle est tombée. Parce que je courais, je n'ai pas pu m'arrêter là où l'antilope est tombée, je n'ai pas pu freiner. Je suis retourné vers l'antilope, à ce moment-là l'antilope s'était relevée, elle est partie. Après, je ne sais pas ce qui s'est passé. C'était très long, c'est tout ce que je me rappelle.

L'onirothèque de Tama

Chapitre VIII

MÉTHODE D'ANALYSE
(Michel JOUVET et Monique GESSAIN)

Si de nombreux auteurs ont employé l'expression de contenu manifeste sans l'expliciter, Dorothy Eggan a publié, en 1952, le résumé des fréquences des cinquante-cinq éléments qu'elle a recherchés dans deux cent cinquante-quatre rêves d'un indien Hopi. Bien qu'elle ne donne pas la liste complète de ces éléments, « dérivés empiriquement d'une analyse préliminaire des documents », elle précise qu'ils comprennent « des symboles freudiens, des symboles cités par les Hopi dans leurs interprétations des rêves, des personnalités, des situations et des concepts particulièrement importants pour les Hopi[1]. L'auteur regroupe ainsi des éléments de la sécurité individuelle (force, sagesse, bravoure, « ange gardien », soutien par des Blancs...), d'autres concernant les conflits (entre Hopi, entre Hopi et Blancs, etc.), les périls physiques (accident, violence, etc.), la vie sexuelle, la religion et les cérémonies, etc.

D. Eggan note également si le thème du rêve répète celui d'un rêve précédent, la réaction du rêveur au rêve (est-ce un rêve « mauvais », « bon », etc.) et son émotion au réveil (effrayé, troublé, etc.). On trouvera en annexe, p. 265 la liste donnée par D. Eggan qui a toujours insisté sur l'intérêt qu'elle voyait à l'étude des rêves pour une meilleure compréhension des cultures et du comportement individuel[2].

179

Nous avons personnellement souhaité cerner, dans les rêves de Tama, non seulement les aspects matériels de la culture bassari (le genre de vie), ses aspects rituels et cérémoniels, mais aussi les lieux du rêve ainsi que les relations interpersonnelles du rêveur.

Il est difficile d'appréhender la globalité des rêves de Tama et d'en apprécier les différentes facettes à leur seule lecture. Le grand nombre de rêves décrits et la richesse thématique de chacun d'eux justifient que l'on fasse appel à l'informatique d'abord, à l'analyse statistique ensuite. Non pas que l'informatique et la statistique aient la capacité de poser *a priori* les bonnes questions, mais elles offrent au moins la possibilité de proposer des réponses objectives aux questions posées, bonnes ou mauvaises.

Chaque rêve a donc été enregistré avec sa date et son ordre d'apparition, lorsque plusieurs rêves sont décrits pour une même nuit. À chaque rêve est associée une suite d'attributs qui constitue le descriptif du rêve. Cette description est aussi exhaustive que possible. Elle repose sur des lectures et analyses successives des contenus de l'ensemble des rêves.

L'étendue des domaines évoqués dans les souvenirs de rêves de Tama nous a incités à coder un grand nombre d'items, groupés selon une classification mise au point par Michel Jouvet, à partir de ses propres rêves, et complétée de manière que toutes les situations évoquées par Tama puissent y trouver leur place. Présents avec des fréquences diverses, ces items sont des lieux, des personnes, des animaux, des plantes, des sensations, des sentiments et leurs expressions, des personnages surnaturels, des cérémonies et des institutions, ainsi qu'un certain nombre d'éléments « exotiques », dont la présence nous avait frappés.

Pour la constitution de ce descriptif, un compromis s'est fait entre le désir de définir le maximum d'attributs, pour ne pas perdre l'intégrité de l'information, et le risque de se retrouver avec une profusion d'attributs dont chacun ne serait représenté qu'une ou deux fois sur l'ensemble des rêves, annihilant ainsi toutes chances de généralisation.

Finalement, un total de deux cent vingt-deux attributs élémentaires a été défini (cf. annexe, p. 259). Dans la suite des analyses, certains de ces attributs sont regroupés pour former des catégories plus vastes. Cette base de données constitue un tableau de cinq cents lignes correspondant aux rêves et de deux cent vingt-deux colonnes correspondant aux attributs de ces rêves. Chaque colonne comporte un 1 ou un 0, selon que le rêve mentionne ou non l'attribut représenté par cette colonne. Un tel tableau se prête à toutes les analyses statistiques, depuis le simple $\chi 2$ jusqu'aux analyses multivariées les plus complexes.

Le raisonnement statistique se justifie ici par le fait que les cinq cents rêves de Tama peuvent être considérés comme un échantillon représentatif de l'ensemble de ses rêves. Il est donc possible de formuler des hypothèses et de les accepter ou de les rejeter avec un risque connu d'erreur. Plusieurs hypothèses ont ainsi été testées, dont les suivantes :

— Les rêves présentent-ils des associations thématiques particulières, avec quelle fréquence et quelle intensité ? Par exemple, les rêves comportant des thèmes d'angoisse sont-ils associés plus souvent à une référence au père ou à une référence à la mère ? Le thème de la boisson est-il lié à la chasse ou à l'alimentation ? etc.

— Le contenu des rêves est-il comparable à plusieurs années de distance, dans le cas précis, entre 1964 et 1967 ? Cette question se pose pour les références à des personnes (père, mère, un Bassari...), à des éléments particuliers de la culture africaine (comme la chasse ou les masques) ou française (comme les cigarettes, la tour Eiffel, les boîtes aux lettres), ou pour la fréquence des rêves d'angoisse ou des cauchemars.

Chapitre IX

L'ONIROTHÈQUE DE TAMA :
ANALYSE DIACHRONIQUE

(Michel JOUVET et Monique GESSAIN)

Lors de son premier voyage en France, en 1964, qui dura cent quarante-huit jours, Tama nous livra deux cent vingt et un rêves (soit une fréquence de 1,5 rêve par jour). Tama revint ensuite en France en 1967. Il y demeura cent trente-quatre jours pendant lesquels deux cent soixante-dix-huit souvenirs de rêves furent collectés (soit une fréquence de deux rêves par jour). Tama revint à Paris en 1993. Nous avions alors commencé à dépouiller ses rêves et désirions vérifier à nouveau le déroulement des souvenirs de rêves avant, pendant et surtout après un nouveau séjour à Paris (voir plus loin). Mais avant de tenter d'analyser le lien géographique des souvenirs de rêves de Tama, n'est-il pas nécessaire de tenter de situer Tama lui-même — entre France et Afrique ? À Paris, partageant la vie quotidienne et les loisirs d'une famille française, Tama découvre l'arbre de Noël, les célébrations d'anniversaires, les fêtes d'école, le cinéma, le théâtre, le cirque, le tir à la carabine à la foire... il coupe des arbres, piège des taupes et des lapins...

Au musée de l'Homme, où il collabore en 1964 au montage d'un film consacré à l'initiation bassari, il se montre égal d'humeur, efficace et rigoureux (« on ne peut pas mettre cette musique sur cette image : cet instrument n'existe pas dans ce village... »). En 1967, le pays bassari est obligatoirement présent dans ses pensées : il travaille chaque jour sur des documents qui y ont été recueillis — enquêtes ethnographiques ou linguistiques. Tama entretient d'ailleurs une correspondance suivie avec les siens.

Tama n'a donc rien de l'émigré africain qui cherche au loin, dans une ville européenne, souvent après un voyage coûteux et angoissant, le travail rémunéré qu'il n'a pas chez lui, en espérant une amélioration de sa vie et de celle de sa famille. Cet émigré se retrouve brusquement coupé de sa vie habituelle, ne sait pas quel travail il fera, où et avec qui il vivra, pour combien de temps il est parti... Reviendra-t-il ? Partir est pour lui une nécessité, seulement porteuse d'espoirs.

Pour Tama, partir a été un choix. Il a quitté son pays poussé par une indéniable curiosité (en rien comparable à celle de certains voyageurs occidentaux) et avec l'assurance d'un certain gain financier. Mais au départ, il sait où, avec qui et pour combien de temps il va vivre ailleurs. Il sait aussi qu'après un temps limité et connu, il retrouvera son village, sa maison, sa ou ses femmes... Dans une société où la migration temporaire est habituelle et où l'émigré part avec l'accord des siens, Tama est certes parti plus loin que les autres, mais sans grands risques.

La distance géographique et culturelle est maximale entre son village et Paris, mais au cours de ses séjours en France, dans un environnement profondément différent de tout ce qu'il a vécu jusque-là (Paris et l'Île-de-France des « résidences secondaires », le musée de l'Homme et une salle de montage cinématographique), le travail demandé à Tama l'oblige à penser tout le jour « Bassari ».

Si ce voyageur a visité Notre-Dame et la tour Eiffel, il n'est pas venu à Paris pour cela et chaque matin, c'est à « son ethnologue » que cet « informateur » raconte ses souvenirs de rêves.

Ni émigré ni voyageur au sens habituel du terme, Tama occupe pendant ses séjours à Paris une position ambiguë : ses grands voyages le feront d'ailleurs surnommer par ses femmes « le Parisien ».

Les données des rêves de Tama en 1964 et 1967 ont été examinées par nous deux et les résultats sont similaires.

L'un n'a analysé que le lieu géographique des souvenirs de rêves. Il est facile, en effet, de situer les rêves qui sont en rapport avec l'Afrique (soit au pays bassari, soit dans une autre région du Sénégal) ou avec la France. Au cours du séjour de 1964, 87 % des souvenirs de rêves recueillis à Paris sont situés en Afrique. Il existe donc (le voyage Dakar-Paris ayant duré à peu près quatre ou cinq jours) une période comprise entre − 5 jours et − 148 jours (soit cinq mois) qui constituent 87 % du matériel onirique africain chez ce sujet. Dans seulement 6 % des cas, il existe une référence soit évidente (tour Eiffel, ascenseur) soit moins évidente, à la France. On peut donc admettre que la latence entre les événements vécus en France et leur incorporation dans les rêves est comprise entre zéro et cent quarante-trois jours. L'étude des souvenirs de rêves recueillis en 1967 donne des résultats similaires, 88,6 % des souvenirs des rêves manifestes sont en rapport avec l'Afrique et seulement 7 % de rêves sont en rapport avec la France.

L'autre étude fut plus précise, puisque chaque rêve a été codé selon de nombreux items et l'ensemble fut traité par ordinateur (voir p. 180). Sur quatre cent quatre-vingt-dix-neuf souvenirs de rêves, dix-sept sont trop courts pour qu'on ait pu les analyser du point de vue du lieu, quelques-uns se déroulent en deux endroits (trois à Etyolo et ailleurs en Afrique, deux à Etyolo et en France...), trois se déroulent ailleurs qu'en Afrique ou en France et trente dans un lieu imprécis. Sur les scènes oniriques retenues (nous avons laissé de côté les souvenirs trop courts), 78,5 % ont lieu en Afrique (soit dans le village d'origine, à Étyolo, soit même dans le carré d'origine). Il n'existe que 4,6 % ou 3,5 % de rêves dont le contenu manifeste est en rapport avec la France et surtout avec Paris et 17 % de rêves que l'on ne peut pas situer dans l'espace.

Sur quatre cent soixante-douze lieux précis, Etyolo est

cité 345 fois (soit 73 %), « ailleurs en pays bassari » 79 fois (16,7 %), c'est-à-dire que le lieu est le pays bassari dans près de 90 %, « ailleurs en Afrique » 26 fois (5,5 %) et la France 22 fois (4,6 %). Parmi les trois cent quarante-cinq souvenirs de rêves se déroulant à Etyolo, quarante-deux, soit 12,1 % se déroulent plus précisément dans le carré de Tama.

L'étude des commensaux de Tama au cours de ses rêves permet de dénombrer plus de trois cents individus : parmi les cent quatre-vingts commensaux masculins (qui sont cités 816 fois), la proportion de Français est de 7,7 % (14/180) et ils ne sont cités que dans 6,7 % des cas (55/816). La population féminine qui hante les rêves de Tama est plus réduite (122). Les Françaises rêvées sont au nombre de huit (soit 6,5 %), mais elles sont citées plus souvent que les hommes (27 fois sur 258, soit 10,4 %). Si l'on additionne les femmes et les hommes, il est curieux de constater que Tama, qui ne rencontra que des Français (es) pendant plusieurs mois, rêva dans plus de 93 % des cas de ses compatriotes sénégalais ou bassari et seulement dans 7 % des cas des Français (es) avec qui il vivait chaque jour. En fait, cette proportion doit être diminuée puisqu'une analyse plus fine des corrélations entre les sujets français et la topographie des rêves révèle que dans 3 % des cas, les souvenirs de rêves sont en rapport avec le souvenir des ethnologues, lorsqu'ils étaient à Etyolo (ce qui les élimine du domaine des résidus diurnes ou des mois vécus en France) (voir figure ci-jointe). On peut donc admettre que Tama ne présente qu'une proportion infime (5 %) de résidus diurnes (et/ou de souvenirs incluant le *Traumtag* et les deux ou trois mois qui le précèdent). En fait, Tama n'est conscient lui-même que dans 2,8 % des cas d'avoir rêvé à un événement de la journée. D'autre part, contrairement à ce que l'on observe dans les résultats d'incorporation au cours des voyages (voir plus haut, p. 49), il n'existe pas d'augmentation progressive des souvenirs de rêves en rapport avec Paris ou la France au cours des trois ou quatre mois passés en France, puisque la proportion des souvenirs de rêves situés en France demeure stable au cours de périodes de dix jours successives entre le début et la fin de son séjour (5 à 6 %). Si l'on compare ces données avec celles que nous avons retrouvées dans la littérature, on peut constater que les proportions de rêves en rapport avec le passé récent ou lointain sont exactement à l'inverse : en effet, normalement les souvenirs de rêves en rapport avec des événements qui se sont passés plus de deux mois auparavant sont inférieurs à 6 %, alors qu'ils sont ici de 85 %. Inversement, les souvenirs incluant le *Traumtag* à moins quatre mois constituent environ 6 % des souvenirs de rêves de Tama, alors qu'ils sont de l'ordre de 80 % dans les conditions de vie habituelles. L'interprétation de ces données demeure évidemment hasardeuse.

— A-t-on le droit de comparer les expériences faites par Roffwarg et ses collaborateurs avec les verres roses, portés pendant quinze jours (voir plus haut, p. 46), et l'expérience de ce sujet bassari, qui, sans transition, passa de l'âge préindustriel à la civilisation industrielle en 1964 ? Bien évidemment, non. D'une part, parce que les souvenirs obtenus par Roffwarg l'ont été en laboratoire, en réveillant les sujets au cours du sommeil paradoxal, d'autre part, parce que la situation est complètement différente dans les deux cas.

— On peut alors se demander si certains des souvenirs d'Afrique qui constituent près de 80 % des souvenirs de rêves de Tama ne pourraient pas être en rapport avec quelques pensées ou conversations diurnes, puisque Tama a occupé son temps avec des ethnologues à établir un dictionnaire bassari et à les entretenir de sa vie en Afrique. Il est donc évident qu'il a pu lui arriver de raconter des scènes de cueillette de miel, de chasse, qui se sont ensuite incorporées dans ses rêves.

Est-ce parce que Tama est toute la journée obligé de « penser bassari » (il est à Paris pour cela) que la nuit il « rêve bassari » ?

Cette hypothèse ne peut pas être totalement réfutée. Nous avons eu l'occasion, à titre de contrôle, de recueillir les rêves d'un sujet boïn, Aguibou, originaire de la même région que Tama, également venu en France en 1993.

Les Boïn descendent de Bassari convertis à l'islam au

siècle dernier ; leur genre de vie se rapproche de plus en plus de celui des Peul voisins musulmans et pasteurs. Sans doute Aguibou parlait-il de son pays lorsqu'il rencontrait Tama une à deux fois par semaine. Dans les rêves d'Aguibou, qui diffèrent sensiblement par leurs thèmes de ceux de Tama, nous avons également calculé une proportion de 80 % de souvenirs de rêves en rapport avec l'Afrique pendant le mois qu'il a passé en France. En effet, au cours de ce premier voyage de trente jours à Paris, Aguibou a pu nous livrer seize souvenirs de rêves (soit une fréquence de 0,5 rêve/jour). Treize de ces rêves étaient en rapport explicite avec la région d'Etyolo ou le Sénégal et trois seulement avec la vie française. Son premier jour à Paris fut suivi d'un *Traumtag* : « Une jeune inconnue lui demande de monter dans sa voiture. » Le 12e jour, il raconta un rêve qui lui parut prophétique, et qui peut à la fois appartenir au domaine africain et français : « Il avait reçu, le matin, une lettre de son fils. En rentrant ensuite dans une autre maison parisienne qui l'hébergeait, il y trouva cette lettre qui arrivait du Sénégal. » Enfin, le 18e jour, il rêva à nouveau de cinq jeunes filles françaises avec qui il avait été invité.

Rentré au Sénégal, Aguibou continua à nous livrer ses rêves pendant soixante-six jours. Il fut ainsi possible de noter vingt-trois rêves (soit une fréquence de 0,42 rêve/jour). Seulement quatre de ces rêves (soit 14 %) furent en rapport avec le séjour parisien. Ils survinrent avec des délais respectifs de trois, seize, vingt-deux et soixante-cinq jours après la rentrée au Sénégal. Ces rêves étaient habités par des Françaises. Voici les deux rêves recueillis le 65e jour : leurs contenus latents pourraient, pour un psychanalyste freudien, traduire le même désir sexuel (serpent-tour Eiffel), mais leur contenu manifeste se déroule dans deux continents différents.

Premier rêve : « J'ai rêvé que je partais dans la brousse. J'ai rencontré beaucoup de vaches d'un côté de la rivière et j'ai vu un trou par terre. J'ai pris un bâton, je l'ai mis dans le trou. Un grand serpent est sorti du trou et j'ai couru. »

Deuxième rêve : « J'ai rêvé de moi, Aguibou et Mme Gessain, Marie-Thérèse [chez laquelle il habite à Paris]. Nous sommes montés sur la tour Eiffel à Paris... »

— Comme les cosmonautes qui ne rêvent que de la Terre pendant les mois qu'ils passent en orbite, comme l'otage qui ne rêve que du village de son enfance, Tama ne rêve que de son village natal, de ses amis, et de son activité d'éleveur et d'agriculteur, alors qu'il arpente chaque jour les rues de Paris. Chaque nuit, son inconscient lui ouvre une valise dans laquelle il retrouve son père, sa mère, ses femmes et ses frères.

Rentrés sur la Terre, les cosmonautes ne rêvent pas de leur séjour en orbite. Il en est de même de Tama chez qui, à titre de contrôle, nous pûmes recueillir à nouveau des rêves en 1993, soit pendant les deux mois précédant son séjour en France, pendant celui-ci (d'une durée de un mois) et enfin, pendant un mois après son retour à Etyolo.

Ces nouveaux résultats peuvent être résumés ainsi :

Lorsqu'il est chez lui, Tama rêve peu (« ici, j'oublie tous mes rêves, mais quand je suis ailleurs, surtout en France, je me les rappelle presque tous », déclare-t-il à son interlocuteur français qui recueillit ses rêves avant qu'il ne reparte en France). La moisson de rêves (entre le 22 décembre 1992 et le 22 février 1993) est composée de vingt-quatre rêves (soit une fréquence de 0,4 rêve/jour). Les paysages oniriques sont situés soit en pays bassari, soit à Dakar (avec un délai de huit à dix jours pour l'incorporation de Dakar dans une scène onirique bassari) :

« J'ai rêvé que j'étais à Dakar avec des masques, au bord de la mer. Moi et les masques, on était derrière le masque qui était avec moi. Il voulait plonger dans la mer mais il n'a pas plongé. Alors je me suis réveillé... »

Pendant son séjour en France, Tama (qui a maintenant cinquante ans et est devenu père d'une nombreuse famille) nous livra trente-quatre rêves en trente jours (soit une fréquence de 1,1 rêve/jour, discrètement inférieure à celles des années 1964 de 1,5 rêve/jour et surtout de 1967, 2 rêves/jour). Vingt-neuf souvenirs manifestes sur trente-quatre étaient situés dans son pays d'origine (soit 85 %). C'est-à-dire une proportion identique à celle des années 1964-1967, deux souvenirs de rêves (6 %) furent explicitement en rapport avec la France, par exemple :

Le 18e jour : « On était ici (en Champagne), il y avait une jeune fille comme Christine, des chiens aboyaient et les gens n'osaient pas passer... »

Deux autres souvenirs (soit 6 %) mêlaient paysages de France et personnages africains (ou inversement).

Le 19e jour, à V... : « J'étais chez moi (à Etyolo) avec Tisalin et c'était la nuit. [Dans le ciel de V..., des chasseurs de Dijon passent deux par deux.] On ne voyait que les lumières. Alors Tisalin me dit : "Regarde, regarde les lumières", et j'ai dit : "Oui, regarde, et derrière il y en a deux aussi." Alors j'ai dit : "Ils font une guerre." »

Ainsi, dans ce *Traumtag*, le vol des avions dans le ciel de Bourgogne a lieu dans le ciel d'Etyolo.

Enfin, le 21e jour, les deux premiers rêves sont situés à Etyolo. Le troisième est situé à Paris : « J'ai vu quelque chose que je ne comprenais pas très bien. On dirait que je suis rentré dans un monument où on regardait beaucoup de choses. On regardait, on regardait (c'est pas souvent que je rêve d'ici [d'être ici] », remarque Tama, et il poursuit : « Il y a un moment où *on était toute notre classe d'âge...* Je ne sais pas ce qu'on faisait... Je me souviens de Galasendémi [un de ses amis d'Etyolo]. »

Tama quitta ensuite la France le 22 mars 1993 et il fut possible d'étudier alors, pour la première fois, le contenu français de sa valise de rêves qu'il ouvrit pendant un mois au Sénégal. Cette valise contenait seize rêves (soit une fréquence de 0,53 rêve/jour, c'est-à-dire la moitié de la fréquence parisienne). Le contenu manifeste de treize rêves sur seize (81 %) était très explicitement bassari (décors et personnages). Une série de deux ou trois rêves apparut les 15 et 17e jours :

Quinzième jour : « J'étais à Paris avec Mme Gessain et d'autres toubabs. On partait voir des meubles dans de grandes maisons. »

Dix-septième jour : « J'étais à Paris avec un ami que je ne

connais pas. On a été chez lui. Il a fait la cuisine et il a mis des graines de gombo. J'étais étonné et je lui ai demandé : « Comment ! Vous mangez les graines de gombo ? » Il a dit oui. »

Enfin un rêve le 19e jour mélange Etyolo et Paris : « Il y avait une corvée avec Gahondémi. On allait aux champs. J'ai perdu mon sac. On a cherché mais on a pas trouvé et après j'étais à Paris avec Mme Gessain sur une montagne. »

Il est intéressant de constater que, comme les cosmonautes qui ne rêvent pas de leur voyage dans l'espace lorsqu'ils sont revenus sur la Terre, les deux sujets (Aguibou et Tama), que nous avons pu étudier pendant et après leur voyage à Paris, possèdent les mêmes bagages oniriques. Lorsqu'ils sont en France, le contenu manifeste de leurs rêves est de 85 % de souvenirs africains et à peine 15 % de souvenirs français et lorsqu'ils reviennent de France (après un séjour de un mois), le contenu de leurs rêves ne compte qu'à peine 15 % de souvenirs de France.

Pourquoi les cosmonautes ne rêvent-ils pas de l'espace pendant et après leur voyage en microgravité ? Est-ce parce que notre cerveau est programmé depuis des millions d'années pour vivre avec la gravitation et que la sensation d'apesanteur ou de microgravité (qui aurait pu induire des rêves de vol) ne peut pas entrer dans notre inconscient ? Pourquoi les sujets bassari, qui vivent comme nos ancêtres d'il y a deux mille ans, ne refuseraient-ils pas d'emmagasiner dans leur inconscient notre civilisation industrielle qui fut inaugurée par Edison en 1879 ?

Chapitre X

DE QUI ET DE QUOI RÊVE TAMA ?
(Monique GESSAIN)

Nous devons d'abord, à partir des souvenirs de rêves de Tama, nous interroger sur leur forme en tant que récits, forme évidemment déterminée par l'appartenance culturelle de l'informateur. Cette forme n'est pas sans rappeler celle d'un autre type de récit bassari, les contes qui se disent aux veillées de saison sèche. Ainsi la phrase « j'ai rêvé », qui précède presque chaque jour le récit du premier souvenir de rêve de Tama, rappelle les formules stéréotypées prononcées au début et à la fin de la récitation du conte, récit de la nuit. Mais le « j'ai rêvé » du matin est limpide, il annonce que c'est le sujet qui va s'exprimer, alors que le « il était une fois » du soir reste peu compréhensible pour ceux mêmes qui le profèrent, délimitant un temps du conte hors du temps et marquant aussi peut-être que le conte n'est pas le bien personnel de celui qui le dit, venu de l'extérieur, bien culturel collectif, reçu et partagé. Les effets de la récitation du conte, comme les effets du rêve, peuvent être importants, mais contrairement au conte et bien que la culture modèle sa forme et son contenu, le rêve apparaît aux Bassari comme le récit d'une expérience personnelle, subjective, dont le sens est individuel, comme pour le psychanalyste...

Tama exprime une seule fois clairement qu'il a fait un rêve prémonitoire : « C'était une maison, on buvait la bière

**Figure 6. — Les hommes cités dans les souvenirs
de rêves de Tama : relation à Tama et lieu d'habitation.**

Au total 180 hommes sont cités 816 fois.

Bassari :	même carré	même village	autres villages	
père de T	1 : 53 fois			
fils de T	1 : 13 fois			
frères C	3 : 173 fois			
frères D	2 : 69 fois			
autres frères	4 : 43 fois			
apparentés père C	1 : 3 fois			
apparentés père D	1 : 8 fois	1 : 1 fois		
autres apparentés père	2 : 2 fois	5 : 32 fois	4 : 10 fois	
apparentés Tama D		3 : 11 fois		
autres apparentés Tama		6 : 12 fois	7 : 9 fois	
autres C		25 : 170 fois	7 : 21 fois	
autres D		2 : 5 fois		
autres hommes		49 : 78 fois	27 : 32 fois	
Autres populations africaines				15 : 16 fois
« Français »				14 : 55 fois
Total	15 : 364	91 : 309	45 : 72	29 : 71

dans le haut de la maison (une maison à étage : l'église où nous avons été à la messe ce matin). On fait une espèce de sacrifice... » (nuit 31-1967, 2e rêve). « Les rêves, ajoute-t-il, ça montre les choses avant. » Il lui arrive de se poser la question... Rêvant que sa vache est enceinte, il remarque : « Peut-être que je vais la trouver avec un veau » (nuit 117-1964,

Figure 7. — Les femmes citées dans les souvenirs de rêves de Tama : relation à Tama et lieu d'habitation.

Au total 122 femmes sont citées 258 fois.

Bassari :	même carré	même village	autres lieux	
mère de T	1 : 27 fois			
fille de T	1 : 3 fois			
2ᵉ femme de T, C		5 fois		
1ʳᵉ femme de T, D	11 fois	3 fois		
sœurs de T	3 : 5	1 : 12	3 : 7	
femmes des frères de T : D	3 : 11			
autres femmes des frères de T	3 : 6			
femmes du père de T	4 : 14			
apparentées au père de T		1 : 1	1 : 1	
femme d'un apparenté au père de T	1 : 7			
apparentée à T, D		1 : 3		
apparentée à T, autres	1 : 1	13 : 20	6 : 10	
autres C		4 : 5		
autres D		7 : 13		
autres femmes		40 : 45	16 : 19	
Autres populations africaines				2 : 2 fois
« Françaises »				8 : 27 fois
Total	18 : 88	68 : 104	26 : 37	10 : 29

2ᵉ rêve) Il arrive aussi à Tama de rêver d'un événement passé qu'il ne connaît pas encore : « On était dans l'*ambofor* et le mur n'était pas très solide. K. a touché quelques pierres seulement, il y avait le toit qui tombait, les pierres qui tombaient » (nuit 16-1964, 1er rêve). Le soir, en regardant le journal, Tama voit qu'une maison de treize étages s'est effondrée hier. Il dit : « Voilà ce que j'ai rêvé. »

Tama apparaît dans quatre cent quarante-deux de ses souvenirs de rêves, c'est-à-dire dans 88 % des cas. Sur les souvenirs pris en compte, 90 % se réfèrent à au moins un individu nommé (en dehors de T.), deux cent soixante-deux (54 %) à au moins un homme, cent cinquante-deux (31 %) à au moins un homme et une femme, vingt et un (4 %) à au moins une femme. Les femmes apparaissent beaucoup moins fréquemment que les hommes.

Dans deux cent quinze souvenirs de rêves (42 %), des paroles, des bruits ou des cris sont rapportés, impliquant le plus souvent une conversation.

Fréquents sont les souvenirs de rêves où apparaissent des personnages nombreux : inconnus dans soixante-cinq cas (13 %), jeunes gens (75 fois, soit 15 %) et jeunes filles (31 fois, soit 6 %).

Dans cent dix (soit 22 %) apparaissent des personnages inconnus. Mais dans la plupart, les personnages sont identifiés (frères, dans deux cent onze, soit 42 %, camarades de classe dans cent dix, soit 22 %, parents, Bassari, Européens...). Trois cent deux personnages sont nommément cités : cent quatre-vingts hommes et cent vingt-deux femmes, les uns cités une seule fois, d'autres très souvent. On trouvera aux figures 6 et 7 (p. 194-195) le rapport à Tama de ces sujets nommés (habitants du même « carré », parents, camarades de classe d'âge, habitants d'Etyolo ou des villages voisins, etc.) ainsi que le nombre de fois où ils sont cités. Le rôle de l'habitat y apparaît immédiatement : Tama rêve surtout de ceux qui habitent le même carré que lui, c'est-à-dire le groupe de maisons que partagent son père, ses femmes et leurs enfants, y compris ses fils mariés.

Parmi les cent quatre-vingts hommes (59 % des « rêvés ») cités 816 fois (soit en moyenne plus de 4 fois chacun), les

De qui rêve Tama ?

De qui rêve Tama ?			
Fréquence d'apparition de *151 hommes* bassari cités *745 fois* dans les souvenirs de rêves de Tama		Fréquence d'apparition de *112 femmes* bassari citées *229 fois* dans les souvenirs de rêves de Tama	
Selon l'habitat			
même carré 15 : 364 fois même village 91 : 309 fois autres villages 45 : 72 fois		même carré 18 : 88 fois même village 68 : 104 fois autres villages 26 : 37 fois	
Selon la parenté et l'alliance			
père 1 : 53 fois fils 1 : 13 fois **frères 9 : 285 fois** apparentés à Tama 16 : 32 fois apparentés au père de Tama 14 : 56 fois	41 : 439 fois	**mère 1 : 27 fois** fille 1 : 3 fois femmes 2 : 19 fois sœurs 7 : 24 fois femmes de frères 6 : 17 fois femmes du père ou d'un apparenté au père 5 : 21 fois apparentés à Tama 21 : 34 fois apparentés au père de Tama 2 : 2 fois	45 : 147 fois
autres 110 : 306 fois		autres 67 : 82 fois	
Selon la classe d'âge			
même classe 36 : 367 fois classe précédente 9 : 94 fois	45 : 461 fois	même classe 5 : 10 fois **classe précédente 12 : 41 fois**	17 : 51 fois
autres 106 : 284 fois		autres 95 : 178 fois	

Figure 8. Fréquence d'apparition d'hommes et de femmes bassari dans les souvenirs de rêves de Tama, selon l'habitat, la parenté et l'alliance et la classe d'âge.

quinze habitant le carré de T. le sont particulièrement fréquemment : son père (cité 53 fois), son fils (cité 13 fois), quatre de ses frères (cités 43 fois, soit en moyenne 10 fois chacun), trois autres de ses frères qui sont aussi ses camarades de classe d'âge, cités 173 fois (soit en moyenne 57 fois chacun), et enfin deux autres de ses frères, qui appartiennent à la classe qui le précède, dont il rêve 69 fois, soit plus de 30 fois chacun. Au total, ses neuf frères (figure 6) sont donc cités 285 fois (en moyenne 31 fois chacun), c'est dire qu'un de ses frères est cité plus d'une fois par nuit et dans plus d'un souvenir de rêve sur deux, si l'on désigne ainsi, à la manière bassari, son frère biologique (de même père et de même mère : Ingali), cinq demi-frères (de même père : Gahondémi, Gédéindemi, Kalidomé, Yahélin et Yéra), enfin trois fils de femmes de son père, venus avec elles chez ce dernier. Les quatre autres habitants du carré sont apparentés au père. Au total, les quinze habitants masculins du carré sont cités 364 fois, soit 21 fois chacun.

Tama rêve d'un certain nombre de parents ou d'alliés habitant hors de son carré : neuf dans le village (il en rêve 23 fois), sept ailleurs (il en rêve 9 fois), au total seize dont il rêve 32 fois, soit en moyenne 2 fois de chacun. Mais Tama rêve de presque autant d'hommes apparentés ou alliés à son père : quatre dans le carré (il en rêve 13 fois), six dans le village (il en rêve 33 fois) et quatre ailleurs (il en rêve 10 fois) — au total quatorze dont il rêve 56 fois, soit en moyenne 4 fois de chaque, deux fois plus fréquemment qu'il ne rêve de ses propres parents, ce qui peut surprendre. Tama rêve d'autres camarades de classe que de ceux de son carré. Trente-deux sont cités : vingt-cinq de son village (170 fois, soit presque 7 fois chaque) et sept d'autres villages (21 fois, soit 3 fois chaque). Au total, et en moyenne, chacun de tous ces camarades de classe est cité 11 fois, l'un ou l'autre apparaît plus d'une fois par nuit et dans plus de deux tiers des rêves.

Parmi ces camarades de classe, certains sont cités plus que d'autres, sans qu'il soit toujours facile de comprendre aujourd'hui pourquoi : l'un était bien l'ami intime de Tama, l'autre le « fils » d'un parent de son père, mais il semble assez artificiel de chercher des explications (on peut toujours en trouver), alors même que quelques camarades de classe, initiés à Etyolo et parfois la même année que Tama, n'apparaissent pas même une fois dans ses rêves.

Dans l'autobiographie de Tama, les épreuves et brimades de la part de la classe plus âgée sont ressenties comme très présentes et pénibles. Dans les souvenirs de rêves de Tama, il y a quelques traces de ces rapports de classe, ainsi dans le premier (nuit 1-1964, 2e rêve), où un des frères et camarades de classe (un *falug*) de Tama trouve ensemble un *lug* et une fille des *falug* (classe plus âgée) : il s'agit là d'un cas flagrant de rivalité amoureuse entre classes se suivant, telle qu'elle se rencontre dans la réalité.

Mais l'impression générale qui se dégage des très nombreux rêves mettant en jeu le système des classes, c'est la force de la camaraderie de classe d'âge ou de promotion d'initiation. À l'*ambofor*, à la garde des champs, aux corvées agricoles, à la danse, aux sorties de masques ou de *khoré*, à la chasse en brousse ou en ville, Tama paraît toujours accompagné de frères ou et de camarades de classe ; ainsi, dans le premier rêve de la nuit 12-1964, où Tama récolte du miel avec trois de ses camarades de classe, puis dans le second où il se trouve en compagnie de son père, de trois de ses frères et d'un de ses parents habitant son village ; à ce groupe se joint ensuite une femme de son père. Ces groupes, ces actions collectives rappellent évidemment ce qui s'observe dans la vie quotidienne des Bassari.

Nous nous sommes également interrogés sur la fréquence, parmi les hommes dont rêve Tama, de membres de la classe immédiatement plus âgée que la sienne : ils sont neuf dont Tama rêve 94 fois — dont deux frères déjà cités (il en rêve 69 fois), un parent de son père (il en rêve 8 fois), trois parents (il en rêve 11 fois) et deux autres hommes de son village (il en rêve 5 fois). Chacun des « pères » de classe de Tama cités le sont donc en moyenne 10 fois (voir figure 8, p. 197).

En dehors des habitants du carré de Tama, de ses camarades ou de ses « pères » de classe, de ses parents (et alliés) et de ceux de son père, on trouve encore cités dans les rêves de Tama d'autres hommes — quarante-neuf — de son village (cités 78 fois : moins de 2 fois chacun) et vingt-sept d'autres villages (cités 32 fois, guère plus d'une fois chacun).

Les quarante-cinq hommes de villages autres qu'Etyolo cités viennent de douze villages différents (huit d'Egnissara, cinq d'Egatch, Edan ou d'Ekès, quatre d'Epingé, un ou deux d'autres villages). Ils ne sont cités au total que 72 fois. Les « Français » (les groupes « Français » et « Françaises » comprennent quelques exceptions : un Européen, une Espagnole...) sont quatorze cités 55 fois (en moyenne 4 fois chaque) : la fréquentation d'ethnologues en pays bassari et le fait que Tama rêve en France, seul Bassari parmi des « Français », l'expliquent sans doute.

Les femmes (voir figure 7, p. 195) apparaissent dans les souvenirs de rêves de Tama bien moins fréquemment que les hommes : cent vingt-deux femmes sont citées 258 fois. Tama ne rêve donc que de deux femmes pour trois hommes et de celles-là, 2 fois moins souvent qu'il ne rêve de ceux-ci. L'appartenance de ces femmes à la famille, au carré, aux villages ou à la classe d'âge n'est pas non plus comparable à celle des hommes. Plus que l'homme, la femme bassari change de résidence au cours de sa vie. L'attribution des femmes à tel ou tel lieu de résidence n'est pas toujours évidente. Nous avons noté comme vivant dans le carré de Tama, sa mère (qui n'a jamais divorcé), sa fille, les femmes de son père et de ses frères (malgré le fait qu'elles n'ont parfois passé que quelque temps dans ce carré), ainsi que trois seulement des sœurs de Tama citées. Toutes ses sœurs ont habité de longues années le carré de Tama, mais à l'époque des rêves (1964 et 1967) seules y vivent une jeune divorcée qui y est revenue et deux filles très jeunes et non mariées. Des quatre autres, trois sont mariées (une dans leur village, deux en ville) et la dernière est à Dakar. La seule de ses sœurs dont il rêve fréquemment (12 fois) est sa « vraie sœur », plus âgée que lui et mariée au village. Tama épouse sa première femme en rentrant de France en 1964, elle apparaît donc en 1964 dans son village et en 1967 dans son carré. Sa seconde femme n'apparaît que dans son village, car Tama ne l'épousera qu'à son retour de France en 1967.

Nous avons compté avec « même village » ou « autres lieux » quelques femmes âgées qui ont occasionnellement habité le carré de Tama — parmi lesquelles deux sœurs de femmes de son père et la mère d'une femme d'un de ses frères. Il s'agit de veuves ou de divorcées qui, selon l'habitude, vont habiter chez leur sœur ou leur fille, comme elles peuvent le faire chez leur fils ou leur frère.

Tama rêve 27 fois de sa mère, soit deux fois moins souvent qu'il ne rêve de son père. Le carré garde une grande importance, mais la fréquence d'apparition des sœurs et des camarades de classes d'âge féminines de Tama est sans commune mesure avec celle de ses frères et camarades de classe masculins.

Mais la comparaison du nombre de membres de la même classe et du nombre de membres de la classe immédiatement plus âgée est très révélatrice (voir figure 8, p. 197) : alors que Tama rêve 4 fois plus d'hommes de sa classe que de membres de celle de ses « pères » (36 contre 9), il rêve de 2 fois moins de jeunes filles de sa classe que de leurs aînées (5 contre 12). Les filles de sa classe ont en moyenne six à huit ans de moins que lui, ses camarades de classe sont donc de petites filles, alors qu'il est déjà un homme. Ainsi les rêves de Tama confirment-ils l'importance dans la vie du jeune homme bassari des jeunes filles de la classe qui précède la sienne — ses « mères » (voir ci-dessus, p. 73).

Si l'on groupe, d'une part, les parentes et alliées de Tama (mère, épouses, sœurs, femmes apparentées), d'autre part, les parents et alliées de son père (épouses, femmes apparentées), on voit que, contrairement à ce que nous avons vu pour les hommes, Tama rêve bien plus fréquemment des premières (vingt-huit dont il rêve 97 fois) que des secondes (six dont il rêve 16 fois). Le rôle de la parenté paraît plus grand en ce qui concerne les femmes qu'en ce qui concerne les hommes.

Le nombre de femmes d'autres villages et d'autres populations est très faible : seules les huit Françaises citées 27 fois rappellent les Français, ce qui ne doit pas être un hasard. Pour un Bassari, appartenant à une société qui assigne aux hommes et aux femmes des statuts et des rôles très différents, hommes et femmes paraissent sans doute moins « éloignés » chez les Européens. Mais, à l'exception de ces femmes « françaises », la moindre fréquence des femmes dans les rêves de Tama semble confirmer ce que l'on remarque dans les conversations ou les récits bassari : le monde des hommes et celui des femmes sont distincts et les hommes vivent dans un univers où tout est rapporté aux hommes. On peut d'ailleurs se demander si, comme Tama rêve 3 fois plus souvent d'hommes que de femmes, les femmes bassari rêvent plus souvent de femmes que d'hommes... Ceci serait en accord avec les observations de Lee sur les rêves des Zulu, différents chez les hommes et les femmes : « Le contenu des rêves de chaque sexe dérive presque exclusivement des zones d'expérience sociale permises par la culture[1] »... Les femmes rêvent de bébés et d'enfants, les hommes de troupeaux.

Tama rêve presque toujours de personnages vivants, mais il lui arrive quelquefois de rêver de sujets décédés.

La sociabilité, la convivialité mise en évidence par le nombre d'individus dont rêve Tama apparaît aussi dans la fréquence des rêves où lui-même ou un autre rient (7 et 9 fois) et s'amusent (44 et 54 fois) — il s'agit là de causerie joyeuse, c'est-à-dire de cet art qui représente pour les Bassari, à côté des conseils reçus et donnés, l'idéal de la vie sociale.

Animaux et plantes

De nombreux animaux sont cités dans les souvenirs de rêves de Tama. Ce bestiaire comprend, parmi les trente-cinq où apparaissent des animaux domestiques, les vaches (citées 19 fois), les chèvres (6 fois), les chiens (3 fois) et aussi les moutons, pintades, coqs, poulets et poussins (1 ou 2 fois).

Parmi les trente-neuf où apparaissent des mammifères sauvages, se rencontrent des antilopes (citées 18 fois), des singes (9 fois, le plus souvent des cynocéphales) et aussi le lion, la panthère, l'hyène, l'hippopotame, la girafe, l'écureuil, le porc-épic, le lièvre, un rat, une souris et des animaux ressemblant à ces deux derniers, enfin un ours blanc (Tama vit chez un spécialiste de l'Arctique...). Parmi les vingt-trois où figurent des poissons, reptiles ou amphibiens, des poissons sont cités 10 fois, des serpents 11 fois, et aussi des crapauds, un crocodile, un varan, un lézard, une tortue. Des oiseaux ne figurent que dans sept rêves (une fois un hibou) et un insecte autre que l'abeille (une fourmi) dans un seul.

Mais la fréquence de ces apparitions ainsi que celle de nombreuses plantes (18 fois des arbres sauvages, 11 fois des fruits ou arbres fruitiers cultivés, 4 fois des tubercules, 14 fois des céréales, 5 fois des légumineuses, et 2 fois d'autres végétaux) doit être comprise en relation avec les activités des Bassari — chasse, cueillette, élevage, agriculture — ainsi qu'avec leur alimentation, voire avec les agressions auxquelles Tama apparaît confronté dans ses rêves (voir ci-dessous).

Le temps, le climat, les éléments

L'eau apparaît dans quarante-quatre souvenirs de rêves (8,8 %) : il s'agit la plupart du temps de rivière, de puits, de mare ou de trou d'eau, mais aussi de la mer, 3 fois de la pluie, 4 fois d'eau pour éteindre le feu, 1 fois... de pistolet à eau, 1 fois d'eau dans un œuf de pintade. Cette eau ne paraît pas en rapport avec l'agriculture. Ni l'hivernage ni la saison sèche n'apparaissent dans les rêves où le soleil apparaît 3 fois, la nuit ou la lune 12 fois, le vent 2 fois, le froid 1 fois, la chaleur 1 fois mais le feu 13 fois.

Sensations

Nous n'avons noté dans les souvenirs de rêves de Tama que trois références à la couleur : il s'agit, dans un cas, de dents « un peu noir[es] » (nuit 46-1964), dans un autre de noir sur les paupières (nuit 109-1967), enfin d'une boîte à lettres noire (nuit 152-1964). Cependant, interrogé en 1993, Tama remarque qu'il voit des couleurs dans ses rêves : il voit une chèvre blanche, noire ou rouge, même s'il ne l'a pas spécifié en les racontant. Un autre homme du même village rêve quelquefois en couleurs et parfois, dans le même rêve, en noir et en couleurs.

Des bruits ou des paroles sont rapportés dans de très nombreux cas (deux cent sept, soit 41 %). Des cris sont notés dans huit cas.

Dans un seul rêve, il est question d'olfaction : un serpent sent une trace et la suit. L'action de manger apparaît 85 fois (17 %) : Tama mange dans quarante (8 %), un autre dans trente-huit (7,6 %), on parle de manger dans sept — qu'il s'agisse de manger un repas (13 fois, 2,6 %), *epon* (cf. rêve 8, p. 136), des arachides (14 fois, 2,8 %), de la cola, de la viande ou du miel (3 fois) ou autre chose (6 fois).

L'action de boire est beaucoup moins fréquente, elle est présente dans vingt-six rêves. Tama boit dans onze, un autre dans treize et on parle de boire dans deux, qu'il s'agisse d'eau (1 fois) ou de boisson alcoolique (16 fois, 3,2 % : il s'agit 12 fois de bière de sorgho et 3 fois de vin de palme dont la consommation était, dans les années 1960, bien moins fréquente qu'aujourd'hui).

Boire, manger ou en parler se rencontrent donc dans cent onze souvenirs de rêves de Tama, auxquels s'ajoutent ceux où l'on prépare de la nourriture ou de la boisson (vingt et un), abat ou partage de la viande (onze) soit au total cent quarante-trois des cinq cents souvenirs de rêves (28,6 %) : dans une économie de subsistance, l'étude de cette consommation ne peut être séparée de celle de l'acquisition de cette nourriture (par la cueillette, l'agriculture, le jardinage, l'élevage, la pêche, la chasse), qui reste au cœur de la vie de tous les jours (voir ci-dessous).

Tama a la sensation de voler dans trois souvenirs de rêves. Le domaine de la douleur est rarement abordé (douleur de Tama dans cinq, d'un autre dans quatre), mais celui de la maladie l'est plus fréquemment : maladie de Tama dans quatre, mais maladie d'un autre dans vingt et un et soigner dans douze, soit au total 37 fois (7,4 %). La maladie est la préoccupation de tous et soigner n'est pas, chez les Bassari, l'apanage de quelques spécialistes. Il est par ailleurs rarement question de sang (celui de Tama 1 fois, celui d'un autre 5 fois), de vomir 1 fois, de dent 6 fois (1,2 %) dont 4 en 1964, ce qui s'explique par les soins dentaires auxquels était alors soumis Tama (nuit 28-1964, 2e rêve).

Genre de vie et activités diverses

Dans les souvenirs de rêves de Tama sont évoqués le genre de vie des Bassari et de nombreux aspects de leur vie de tous les jours.

Les allusions à la brousse (22 fois), à la cueillette (6 fois), aux végétaux sauvages (18 fois), à la pêche (10 fois) et aux poissons (10 fois), à la chasse (33 fois), aux abeilles et à la quête du miel qui, pour les Bassari, fait partie de la chasse (18 fois) nous rappellent que si la pêche est peu importante pour les Bassari, ceux-ci furent, jusque vers les années 1940, largement « chasseurs-cueilleurs » et leur connaissance des ressources « sauvages » reste remarquable. Parmi les arbres sauvages cités, onze sont des arbres dont une partie est comestible, les autres des bambous et du chanvre dont les fibres sont utilisées pour faire des cordes ou des ornements. La cueillette aujourd'hui pratiquée surtout par les enfants et les femmes (à l'exception des « vins » de palme), mais dont les produits sont utilisés par tous, consommés tels ou après préparation (fruits divers, vin de palme, beurre de karité), reste donc bien présente dans les rêves de Tama. Chasse, abeilles et miel sont présents dans cinquante et un souvenirs de rêves (soit 10 % du total). Si l'on y ajoute ceux où il est question d'antilopes (dix-huit) et une partie de ceux où il est question du lion, de la panthère, de l'hyène, de l'hippopotame, etc., on voit se confirmer le fait que, si la chasse n'est plus l'occupation principale des hommes bassari, elle reste très présente dans leurs pensées, bien que les cérémonies de chasseurs (deux) et la consommation d'hydromel (un seul) soient quasi absentes des souvenirs de rêves, où n'apparaissent pas non plus les croyances concernant les abeilles ni les interdits sur la consommation d'hydromel qui constituent des aspects importants de la vie bassari. Il faut aussi noter que les 18 fois où l'on attaque ou tue un animal ne concernent pas tous la chasse proprement dite : « Il y avait une caverne avec de l'eau dedans, et nous sommes rentrés dedans. On a trouvé un serpent dedans. Et puis on a couru. Moi j'ai trouvé un autre serpent, à ce moment-là j'avais un sabre. Je l'ai coupé » (nuit 123-1967, 2ᵉ rêve). Mais brousse, plantes, animaux sauvages, cueillette, chasse et récolte du miel sauvage occupent une place importante dans les rêves de Tama.

Aujourd'hui, les Bassari sont essentiellement agriculteurs. Le travail aux champs apparaît dans trente-trois souvenirs de rêves de Tama, le jardinage dans un seul, la garde des champs contre les prédateurs 5 fois, la moitié des fruits cultivés cités se réfèrent aux bananes, mangues ou papayes produites sur place (les autres — cinq sur onze — étant des noix de cola achetées aux commerçants), des céréales sont citées 14 fois, des légumineuses 5 fois, des tubercules 4 fois. Pour mesurer l'importance de l'agriculture dans la vie bassari (plus de soixante rêves), il faut noter que les trente-huit sorties de masques et la plupart des treize sorties de *khoré* se produisent à l'occasion de travaux agricoles.

L'élevage apparaît dans onze souvenirs de rêves, mais la garde des champs (contre les oiseaux, les singes ou les vaches) dans cinq, la garde des vaches bassari dans seize, l'achat de vaches ou de moutons dans deux, le fait de chasser les vaches peul dans quatre (tandis que dans un, les Peul poussent leurs vaches vers les champs bassari) et dans deux, les vaches mangent des champs de maïs. Au total il est donc question d'élevage dans près de quarante rêves, ce qui signerait, dès les années 1960, l'importance de l'élevage chez les Bassari — le leur ou celui pratiqué par leurs voisins peul. Il est vrai qu'à cette époque, les troupeaux bassari étaient plus importants qu'aujourd'hui (de nombreux animaux ayant été volés aux Bassari) et les troupeaux peul représentaient une nuisance égale à ce qu'elle est aujourd'hui.

Neuf souvenirs de rêves se réfèrent à la construction de maisons et deux à des toits ou des murs qui s'effondrent, trente à des activités commerciales, deux au marché et six à un travail rémunéré.

Cinq se réfèrent à des voleurs — qu'il s'agisse de chapardage : « J'étais dans un champ et il y avait les gosses de Pitalin qui prenaient des cannes à sucre » (nuit 87-1964), ou de vols plus importants : « Un voleur prend cent mille francs à D. et à son frère » (nuit 48-1967, 1er rêve), ou : « J'ai vu un voleur qui prenait un moteur, un motocycliste » (nuit 25-1964, 1er rêve), qui paraissent plusieurs fois liés à un environnement urbain : « À Dakar, un voleur a volé des habits » (nuit 75-1967, 3e rêve), « Dans la rue, il y avait beaucoup de gens, on les faisait rentrer dans une maison, c'était des voleurs » (nuit 129-1967).

Marcher, courir se rencontrent dans trente-neuf souvenirs de rêves, se laver dans quatre, uriner dans quatre (Tama 2 fois, un autre 2 fois).

Les allusions à la sexualité sont très rares (2 % des souvenirs) — qu'il s'agisse de sexe patent (3 fois) ou déguisé (3 fois), et qu'elles concernent Tama (3 fois) ou un autre (3 fois). Mais interrogé, Tama dit rêver faire l'amour, aussi peut-on penser qu'il censure ses souvenirs lorsqu'il (nous) les raconte. Le matin, aux *ambofor*, on se raconte ses rêves amoureux.

Il est question de dormir dans dix-sept souvenirs de rêves (Tama 8 fois, un autre 9 fois), de se réveiller dans cinq. La mort et l'enterrement sont évoqués dans seize et huit.

Vie émotionnelle, compétitivité, agressivité

Tama ou un autre rient dans sept et neuf souvenirs de rêves, pleurent dans sept et dix-neuf autres.

Des situations conflictuelles apparaissent fréquemment dans les rêves et ont été étudiées par de nombreux chercheurs. W.H.R. Rivers a consacré, en 1923, un ouvrage au conflit dans quelques rêves [2] — les siens et ceux de combattants de la Première Guerre mondiale — et D. Eggan [3], en 1952, a trouvé chez les Hopi de nombreuses références à des conflits entre personnes (169 fois dans deux cent cinquante-quatre rêves) et à des agressions et des violences (136 fois).

Nous avons noté, dans les souvenirs de rêves de Tama, des bagarres (23 fois), des insultes (19 fois) et dans trente-sept (7 %) des agressions subies 16 fois par Tama, 7 fois par un autre et 14 fois par Tama et un autre. Ces agressions sont dues à un être humain (10 fois), à des abeilles (8 fois — abeilles, miel et hydromel jouent un rôle important dans la vie et les croyances bassari), à différents animaux — poisson, reptiles, singes (10 fois), enfin à des vaches (9 fois), ce qui n'étonne pas qui connaît les vaches bassari, peu domestiquées et surtout liées, dans l'esprit bassari, aux envahisseurs peul dont les vaches saccagent leurs champs.

Ces souvenirs de rêves — classiques — rappellent, par exemple, une des constellations de rêves cités par Mubuy Mubay [4] : « Attaque d'une personne par un animal dangereux, mais chez les Yansi, ce motif annonce, dans la parenté proche du rêveur, un malheur dû à l'action maléfique d'un sorcier. » Ce type d'interprétation rigide, évidente et valable pour tous, est bien loin du système bassari (cf. ci-dessus, p. 92).

Tama ou un autre ont peur 16 fois et cela jusqu'à se réveiller 3 fois : « J'ai trouvé un serpent, j'avais un sabre... je l'ai coupé un peu plus bas que sa tête, la tête qui courait après moi... je courais et je me suis réveillé » (nuit 123-1967, 2e rêve). Sans précision de peur, ils ont pu fuir une attaque dans douze cas (« les abeilles commençaient à sauter sur moi, j'ai couru », nuit 109-1967, 5e rêve) et n'ont pas pu 8 fois

Récit et dessin de rêve par Jean-Marie Dyle, Bassari de Nangar. « Dans mon rêve, je me trouvais tout petit comme un garçon. Je me promenais au bas de la montagne de Nangar. Je faisais la chasse aux oiseaux avec mon arc et mes flèches. Deux vaches surgirent derrière les buissons. Elles filaient droit vers moi. Ne sachant que faire, je me jette dans un trou profond. »

(« attaqués par les abeilles, pauvre maman qui ne pouvait pas courir », nuit 79-1967).

On trouve (11 fois) dans dix souvenirs de rêves (soit 2 %) de Tama, un sujet qui a peur et se trouve paralysé, incapable de fuir ce qui lui fait peur. Certains de ces cauchemars se ressemblent, comme dans ces deux rêves de 1964 :

• J'ai rêvé chez nous. J'étais à la chasse avec Gayakendémi, j'ai vu un varan, on l'a chassé, il est rentré dans l'eau et puis on a vu un grand trou et il y avait une grande bête làdedans. On croyait que c'est un python. On avait peur. Et puis à ce moment-là, j'étais avec Kalito (F) ou avec je ne sais qui. Et puis on a vu un singe, on l'a chassé, le singe s'est retourné vers moi, il voulait me mordre et moi, je me suis rendu compte que je ne pouvais pas courir. Et puis j'avais un coupe-coupe. Le singe est arrivé jusqu'à moi, je voulais le couper, je suis tombé, le singe est arrivé jusqu'à moi, mais il ne m'a pas mordu (nuit 55).

• J'ai rêvé. J'étais parti vers Nangar, j'ai trouvé Kérélin avec Chityiké sur la montagne de Nangar ; je me promenais avec eux, nous avons vu les cynocéphales. Chityiké et Kérélin discutaient, alors moi je suis parti, j'ai trouvé d'autres cynocéphales, ils ne couraient pas, je suis venu jusque près d'eux, il y a les mâles qui venaient vers moi ; j'avais peur, je ne pouvais pas m'en aller (nuit 147).

Dans ces deux rêves, Tama est agressé par des singes, a peur et ne peut fuir. Dans le premier, la scène se passe à la chasse. Tama et un de ses amis ont d'abord peur d'un python, puis il est accompagné d'un de ses frères. Dans le second, deux hommes (nommés) discutent.

D'autres cauchemars sont assez différents, comme dans ces deux rêves de 1967 :

• J'ai rêvé chez moi. Il y a Balingo qui était malade. Il avait mal quand il pissait (hier, Tama et moi avons parlé de blennorragie, etc.), et puis vraiment il était vraiment malade.

Il pleurait, pleurait, il se roulait par terre. Et puis il me disait de le frotter et le sang coulait... Je lui ai dit : « Ça ne sert à rien même si je te frotte. » Et puis vraiment il est devenu fou. Il me chassait, il me lançait des cailloux. Je courais, je ne parvenais pas à bien courir, la nuit venait, avec les cailloux là. Alors je me suis caché dans l'herbe. Il me cherchait. Il y avait Gyindyélin et Gahondémi (FC). Ils ont attrapé Balingo. Alors on le frappait. Je suis venu les aider. Et puis là on l'a laissé, il était normal. Et puis il m'appelait : « Tama, attends-moi, attends-moi. » Je lui ai dit : « Oh, mais non, parce que tu lances des cailloux sur moi. Alors je n'ose pas t'attendre. » Il m'a dit : « Oh non, je ne te fais pas ça, c'est fini. » Et puis il est venu ; là je ne sais pas ce qu'il m'a dit... c'est tout (nuit 61).

• J'ai rêvé, je ne sais pas où nous étions : je crois que c'est au pays bassari. Il y avait un jeune Blanc qui n'était pas tout blanc (il était un peu jaune), il avait des cheveux longs comme une fille. Il y avait les Coniagui qui passaient, lui aussi il marchait. Quand les Coniagui l'ont vu, ils rigolaient. Quand les Coniagui rigolaient, il lançait sur eux des cailloux, les Coniagui tombaient, les Coniagui ne couraient pas beaucoup. Quand il continue son chemin, les Coniagui rigolent, il prend un caillou, un Coniagui tombe. Les Coniagui essayaient de sauter par-dessus une petite rivière, mais quand même le caillou pouvait les attraper de l'autre côté. Ensuite, il y avait des Bassari qui rigolaient. Il leur lance des cailloux. Je courais parce que j'avais peur (Tama n'avait pas lancé de cailloux), mais je ne pouvais pas courir beaucoup (nuit 116).

Dans ces deux derniers rêves, Tama a peur (même s'il ne le dit pas expressément dans le premier) et ne peut pas bien courir. Dans le premier, l'agressé est Tama ; un de ses amis, malade et pleurant, lui jette des cailloux. Tama, un homme nommé et un de ses frères et camarades de classe frappent l'agresseur. Dans le second, Tama assiste à une agression par un jeune Européen, en réponse à une insulte par des Coniagui (ils « rigolaient » de lui), l'agresseur lance des cailloux, les agressés ne couraient pas beaucoup.

Mais dans aucun des quatre rêves cités ci-dessus l'atmosphère n'est très angoissante. Dans le premier, « le singe arrivé jusqu'à moi ne m'a pas mordu », dans le troisième, l'agresseur redevient normal, dans le dernier, Tama n'est pas directement concerné.

Peut-être pourrait-on ranger dans une catégorie proche du cauchemar certains rêves qui se terminent par le réveil de Tama, tel que celui-ci : « Il y avait une caverne avec de l'eau dedans et nous sommes rentrés dedans. Alors on a trouvé un serpent dedans. Et puis on a couru. Moi, j'ai trouvé un autre serpent. À ce moment-là j'avais un sabre. Je l'ai coupé, j'ai continué, j'en ai trouvé un autre. Je l'ai coupé un peu plus bas que sa tête, et la tête qui courait après moi, je courais, je courais, je courais et je me suis réveillé » (nuit 123-1967, 2ᵉ rêve). Tous les rêves angoissants ne sont pas aussi clairs : « Un serpent est sorti du trou, tout le monde courait... je ne pouvais pas courir beaucoup » (nuit 89-1967, 1ᵉʳ rêve). « Je courais parce que j'avais peur, mais je ne pouvais pas courir beaucoup » (nuit 116-1967, 1ᵉʳ rêve).

Certains souvenirs de rêves, combinant agression et paralysie, finissent bien : « On a vu un singe, on l'a chassé, le singe s'est retourné vers moi, il voulait me mordre... je ne pouvais pas courir... j'avais un coupe-coupe, le singe est arrivé jusqu'à moi, je voulais le couper, je suis tombé... mais il ne m'a pas mordu » (nuit 55-1964, 1ᵉʳ rêve), ou encore : « Je suis rentré dans l'eau. Il y avait un crocodile là-dedans qui venait vers moi et moi, je ne pouvais pas nager. Il m'a attrapé mais il ne m'a pas mordu » (nuit 51-1964, 1ᵉʳ rêve). Ces rêves d'angoisse vaincue sont-ils au contraire des rêves de toute-puissance ? La rencontre d'animaux inconnus, ou qui font peur, d'esprits, d'animaux ou de végétaux aux pouvoirs surnaturels ne se produit que 14 fois (soit 2, 8 %) : il s'agit, semble-t-il, de rêves angoissants, mais qui n'engendrent pas de véritables cauchemars.

Au total, on trouve au moins un signe d'angoisse ou d'agressivité (orale dans le cas d'insultes) dans cent cinquante-quatre rêves (soit 30 %), fréquence qui ne paraît pas négligeable, mais peut-être garde-t-on au réveil plus facilement mémoire de tels rêves ?

Certains items sont plus souvent que d'autres associés à ces rêves d'angoisse : Etyolo, un camarade de classe, plusieurs Bassari connus, mammifères sauvages, poissons ou reptiles, chasse, pleurer un autre, pleurer Tama. Plusieurs de ces items sont évidemment associés entre eux : les camarades de classe de Tama sont des Bassari connus, on chasse les mammifères sauvages, la même occasion peut faire pleurer Tama et un autre... L'angoisse, dans les rêves de Tama, semblerait liée à Etyolo, à la chasse en compagnie de camarades connus, et à certains animaux... à des larmes... Cette association est très proche de celle décrite dans les deux rêves de 1964, cités plus haut p. 210. Dans le premier, Tama chasse avec un de ses amis (bassari), rencontre un varan, un python et un singe. Dans le second, Tama et deux hommes bassari sont agressés par des singes. Nous verrons ci-dessous (de 1964 à 1967, p. 225) que la date de ces rêves n'est pas fortuite.

À côté des rêves d'agressivité, certains traduisent un sentiment d'impuissance ou d'échec. Ne pas pouvoir marcher, courir, se promener ou fuir se rencontrent 18 fois, parfois sans qu'il y ait agression préalable. Cette impuissance peut s'appliquer à d'autres domaines : « On s'est perdus » (nuit 8-1964, 1er rêve) ; « il y avait une danse *olug*, je chante, les gars ne peuvent me répondre » (nuit 18-1964) ; « ma mère a tellement de haricots, elle ne pourra pas enlever tout ça » (nuit 6-1964) ; « il y avait beaucoup de petits singes, je ne pouvais pas les attraper » (nuit 14-1964, 2e rêve) ; « je ne pouvais pas conduire » (nuit 37-1964) ; « la voiture ne pouvait pas monter » (nuit 61-1964, 1er rêve) ; « il ne pouvait pas conduire » (nuit 77-1964) ; « une antilope voulait courir, elle est tombée, parce que je courais, je n'ai pas pu m'arrêter là où l'antilope est tombée, je n'ai pas pu freiner, elle est partie » (nuit 134-1967) ; « on est partis vers NepNep, moi, mon frère Ingali et Gafabendémi, j'ai vu trois bêtes à côté du jardin. Je ne sais pas quelles bêtes, c'est la première fois que je vois des bêtes comme cela.

J'avais un petit arc et puis je frappais avec l'arc pour tuer les bêtes (que je ne connais pas bien). Mais nous non plus, nous ne pouvions pas les tuer » (nuit 22-1964).

Les souvenirs de rêves où sont présents au moins un item évoquant agression (de la part de vaches, d'abeilles, de poissons, serpents, singes... ou d'êtres humains), bagarre, coups, insultes, discussions, guerre, attaque ou mise à mort d'un animal, douleur, maladie ou malformation, sang ou blessure, mort, enterrement ou tombe, peur, impuissance ou angoisse (courir ou fuir, ne pas pouvoir marcher, fuir ou avoir peur et se réveiller, ne pas pouvoir fuir et se réveiller, voir un animal inconnu qui fait peur ou se transforme en un autre animal ou un humain, voir un arbre sorcier), subis par Tama ou un autre, sont donc fréquents. Mais selon que l'on choisit une définition stricte ou plus large de l'agressivité et de l'angoisse, on en trouve des signes dans un nombre de rêves qui varie du simple au double ou plus.

On voit aussi, dans les rêves de Tama, des cas d'inversion de comportement normal. Ainsi Tama rêve-t-il (nuit 74-1964, 2e rêve) qu'il reçoit une « dot » pour une fille épousée, alors que, dans le mariage bassari, le fiancé donne une « dot » (ce terme impropre désigne une compensation matrimoniale fournie par le fiancé à la famille de celle qu'il épouse). En 1967 (nuit 54), Tama rêve d'un Peul qui invite son frère Ingali et lui-même « pour tuer une vache lui appartenant », alors que, dans la réalité, c'est le Bassari qui veut tuer une de ses vaches qui invite le Peul à l'abattre afin que les musulmans puissent en consommer la viande...

Enfin, la même année (nuit 80), Tama raconte : « Nous étions en train de préparer le costume des masques, de s'habiller. Alors on avait fait le contraire, au lieu de s'habiller, on s'est tout déshabillés, on était nus... »

Pourrait-on imaginer que, comme D. Eggan le pensait des rêves hopi[5], les souvenirs de rêves de Tama, avec cette agressivité, cette angoisse et ces comportements inverses, constituent une sorte de « soupape de sécurité », qui contribue à son équilibre ?

En 1962, un colloque de l'Institut d'étude des relations humaines avait été consacré à l'étude « relationnelle » de l'adaptation et de l'agressivité, c'est-à-dire à l'étude de la seconde en fonction de la première : « Sans agression il n'y aurait pas d'adaptation[6]. » Dans l'ouvrage collectif qui en résulta, G. Dieterlen[7] traite de l'agressivité dans la cosmologie dogon et Raveau[8] cite des rêves d'étudiants africains à Paris.

Personnages surnaturels, vie cérémonielle et religieuse

Nous avons déjà souligné la fréquence des camarades de classe parmi les personnages cités dans les rêves de Tama. L'importance dans ces souvenirs de rêves des différentes activités de classes d'âge est également très grande. Elle se traduit par les nombreux rêves où figurent beaucoup de jeunes gens (77 fois de jeunes hommes, 31 fois de jeunes filles), les vingt et un rêves où se rencontrent les cases communes des classes jeunes (les *ambofor*), les seize souvenirs où il est question de brimades de passage de classes, les vingt-huit souvenirs de rêves qui font allusion aux corvées (travaux collectifs obligatoires de telle ou telle classe) et quelques-uns des dix-huit rêves où sont évoquées des fêtes et des quatre où les membres d'une classe transportent de la bière, des bagages ou des bambous. Au total, ces activités apparaissent près de 200 fois dans les souvenirs de rêves de Tama, soit 40 % du total...

À ces activités communautaires sont liées les sorties de masques, également très nombreuses dans les rêves de Tama, où se manifeste une grande familiarité entre les hommes et les masques : ce sont les souvenirs de rêves d'un initié auquel l'identité des masques a été révélée, cette révélation constituant un point important de l'ensemble recouvert par le terme « initiation ».

Dans l'organisation du monde bassari, masques et *khoré* ne sont pas des hommes, mais des personnages surnaturels, les premiers étant « fils de la Gambie » où ils retournent entre leurs apparitions — saisonnières — devant les humains. Un rêveur bassari peut, certes, rêver être un esprit ou voir, en rêve, un homme nommé endosser les attributs d'un masque, esprit lui aussi nommé. Mais il ne peut, au réveil, raconter devant un non-initié : « J'ai vu tel homme se masquer », alors que ce « souvenir de rêve » est destiné à être publié et pourra donc être lu par un non-initié... en particulier un écolier ou une femme scolarisée. Racontant ses souvenirs de rêves, le rêveur use donc de périphrases : « X s'est habillé comme un masque », ou : « Ceux qui imitaient les masques étaient X et Y. »

Les allusions aux masques, nommés ou non (comme dans la vie réelle, les *lènèr* et les *lukuta* sont le plus souvent rencontrés : 30 et 25 fois), à leur musique (danse et chants), à la préparation des costumes (une partie de treize rêves) sont très fréquentes (dans plus de cent cinquante, soit 30 %), bien plus que celles aux *khoré* (vingt rêves, soit 4 %), à côté desquelles il faut noter les trente-huit rêves se référant à l'initiation ainsi que les quatorze évoquant les ruptures d'interdits dont neuf concernent les masques et *khoré* et cinq l'initiation.

Plutôt que surévocation de certains aspects de la culture bassari vécue, l'importance dans les rêves de Tama des classes d'âge, de l'initiation, des *khoré* et des masques, signe peut-être seulement l'appartenance de Tama à la classe des *falug*, celle qui a le plus de travaux agricoles collectifs à accomplir, celle dont les rituels de passage sont le plus exigeants, et aussi celle dont les membres sont le plus sollicités aux cérémonies d'initiation, comme aux sorties de *khoré* ou de masques. Rappelons que dans un gros village bassari il y a près d'une centaine de sorties de masques par an et que les *lènèr* en particulier y sortent presque chaque jour en hivernage. La musique — danses et/ou chants — est présente dans toutes ces cérémonies de classes, de masques ou d'initiation ; cela est précisé dans soixante-dix-neuf souvenirs de rêves.

De nombreux souvenirs de rêves de Tama attestent cette « banalité » de l'apparition, dans la vie bassari de tous les jours, de ces personnages surnaturels. Ainsi en est-il d'un rêve, où l'on voit, autour du rêveur « habillé comme un masque *gwangwuran* », d'autres masques (*lènèr*, et *pena bishyara*), des camarades de classe des deux sexes (Kwéyefo (fc) et Gyindyinin), un moment des cérémonies d'initiation (*bendenyaon*) des *khoré* et tous les *falug* : « C'était une fête, il y avait le *lènèr* Watené. Il y avait aussi un *gwangwuran*. Il y avait le *bishyara*, on aurait dit que c'était Kwéyefo (fc) avec son bébé (le masque *bishyara* représente une femme sans bébé, son costume comporte de faux seins et un cache-sexe en forme de tablier, à l'image de celui des femmes). À ce moment-là, c'était moi qui étais habillé comme le *gwangwuran*. Je suis parti devant, j'ai laissé les gars dans l'*ambofor*, je suis parti danser. J'ai dansé, puis je me suis déshabillé parce qu'il y avait *bendenyaon*. Les gens étaient venus pour *bendenyaon*, je ne sais pas d'où ils venaient, d'Ebarak ou d'Egnissara, je sais pas. Gyindinin disait : "Allons-y, il y a les *khoré* qui sont venus, ils vont nous frapper." Tous les *falug* sont rentrés. Je suis resté, je ne sais pas de quoi on parlait. C'est tout » (nuit 72-1967, 2ᵉ rêve). Parmi les souvenirs de rêves de Tama, celui-ci ressemble à beaucoup d'autres...

Dans les rêves de Tama, circoncision ou excision et mariage ne sont cités que 3 et 12 fois, offrandes ou autels sacrificiels et ruptures d'interdits 8 et 14 fois, mais l'initiation et divers moments de cette cérémonie y figurent 34 fois (7 % des rêves).

« *Éléments exotiques* »

Nous avons été frappés par la fréquence, dans les souvenirs de rêves de Tama, d'éléments qu'on peut qualifier d'exotiques, en tout cas de modernes par rapport à l'histoire bassari. Ces éléments sont présents dans cent trente-six rêves, soit un tiers, avec des fréquences qui vont de un (l'ours blanc) à quarante-quatre (la voiture, etc.). Ces fréquences souvent très faibles ne nous ont pas permis de mettre ces éléments en corrélation avec le lieu (pays bassari, Afrique, France) ou les personnages (Bassari, autres Africains, Français). Il est difficile de mesurer le « degré d'exotisme » de ces éléments par rapport à notre rêveur bassari. Certains, les plus nombreux, sont totalement intégrés à la vie bassari (le pétrole) ou en font tellement partie que nous ne pouvons les considérer comme des références au monde européen : ainsi en est-il des voitures (44 fois) et des accidents (5 fois), des avions (16 fois), des clefs (4 fois), des appareils de photo, radio, téléphone, magnétophone (13 fois), de l'école, du livre et de l'écriture (7 fois), des lettres (8 fois). Ils apparaissent dans quatre-vingt-dix-sept rêves, soit près de 20 %. Certains éléments se « bassarisent » à grande allure, comme le fait de jouer au ballon (6 fois — ce jeu se rencontrait déjà à la sortie de l'école dans les années 1960, aujourd'hui le football est une préoccupation importante pour la jeunesse bassari) ou de fumer la cigarette. C'est à partir des années 1960 que la cigarette, encore rare, est devenue banale ; aujourd'hui fumer aux *ambofor* est habituel et on parle de jeunes gens qui volent leur mère pour s'acheter des cigarettes : jouer aux cartes ou au ballon et fumer des cigarettes ne sont plus « exotiques » à Etyolo.

Figure 9.

La fréquence des « éléments exotiques » dans les souvenirs de rêves de Tama en 1964 et 1967			
	1964	1967	Σ
africains[1]	4	1	5
africains ou français [2]	51	52	103
français [3]	13	25	38
Σ	68/222	78/278	146/500
	soit 30 %	soit 28 %	soit 29 %

1. Pétrole, pirogue.

2. Cigarettes, voiture, chauffeur, camion, route, bicyclette, accident, clefs, chaussures, imperméable, valise, chapeau, recensement, photo, radio, téléphone, magnétophone, montre, école, livre, écrire, dessiner, lettre, jouer au ballon, avion, aéroport, hélicoptère.

3. Maison, église, tiroir, salade, jambon, grillage, restaurant, tirer au pistolet ou à la carabine, tour Eiffel, télévision, ascenseur, jouer aux cartes, voiture de poupée, ours blanc, boîte à lettres, journaux, bateau de guerre, soldats, garage, rue, goudron, moto, solex, train, métro.

Les éléments qui peuvent être mis directement en rapport avec l'expérience de Tama en France sont donc très peu nombreux et n'apparaissent que dans très peu de souvenirs de rêves. Tirer au pistolet (3 fois), la tour Eiffel, l'ours blanc (1 fois), la boîte aux lettres et les journaux (2 fois), le bateau de guerre (3 fois), le garage, la rue, la moto et le train (4 fois) n'apparaissent au total que 17 fois, soit 3 %.

Le nombre d'allusions à l'ensemble de ces « éléments exotiques » reste stable de 1964 (ils sont présents dans 30 % des souvenirs de rêves) à 1967 (28 %) et le regroupement de ces éléments si disparates en « africains », « africains ou français » et « français » n'a pas permis de montrer d'évolution de 1964 à 1967, en dépit de l'accélération de l'acculturation en pays bassari et des expériences françaises de Tama.

Associations thématiques

Ayant recherché la fréquence des différents items présents dans les souvenirs de rêves de Tama, nous avons recherché si ces items étaient parfois associés.

Pour préciser ces associations, une partie des données initiales a été transformée en vingt-cinq variables, chacune d'elles pouvant regrouper plusieurs des deux cent vingt-deux items de la base de données (voir Annexes). Ainsi le thème manger regroupe-t-il les items manger par Tama ou par un autre, parler de manger, préparer, amener ou servir un repas, abattage, partage et don de viande.

De même, les quatre items faisant référence à la chasse ont-ils été regroupés en une seule variable, chasse. Une telle variable est présente quand au moins l'un des items qui la constitue est également présent.

Ces vingt-cinq variables recouvrent des items qui définissent des lieux (Etyolo, l'Afrique, la France, ailleurs ou inconnu), des personnes (le père, la mère, des hommes ou des femmes bassari, africains ou français), des objets (exclusivement européens, africains ou à la fois présents en Europe et

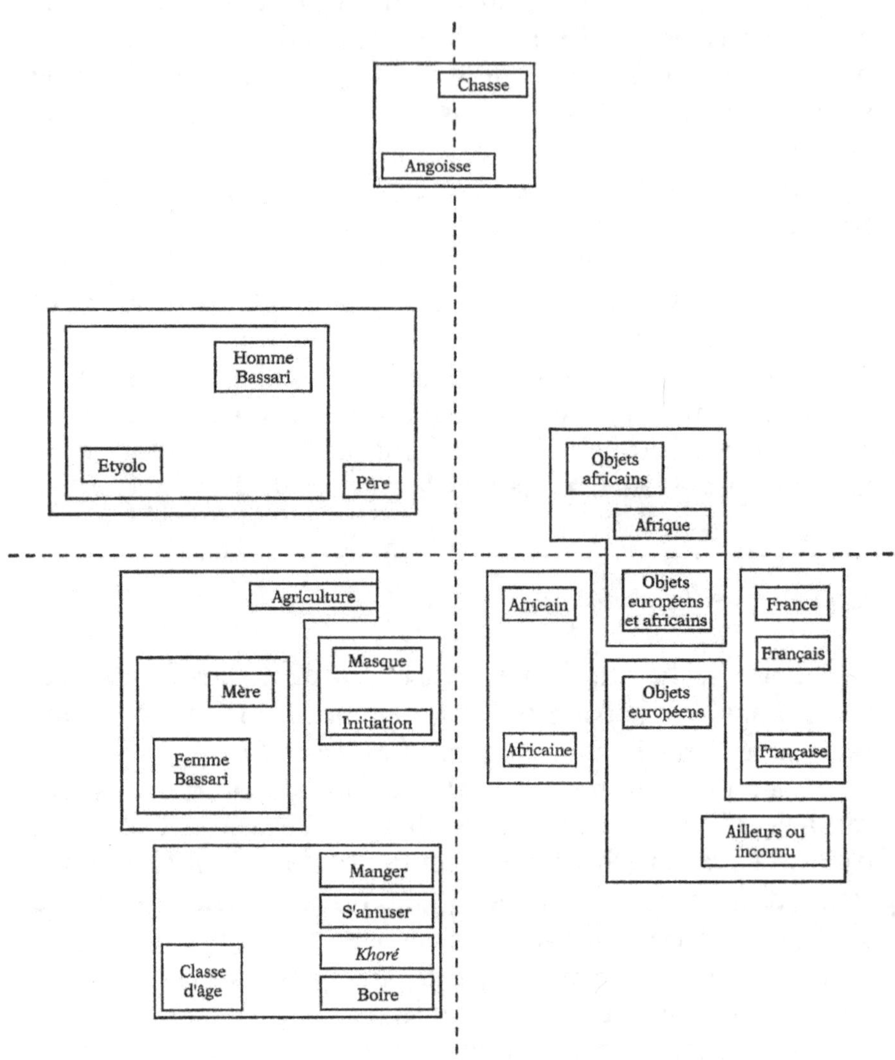

Figure 10. Analyse des relations entre les thèmes des rêves
- Schéma réalisé par P. Darlu.

en Afrique), des éléments de la vie quotidienne (boire, manger, s'amuser) ou des éléments plus spécifiques de la culture (masque, initiation, classe d'âge, *khoré*, chasse).

Les associations entre ces vingt-cinq variables ont ensuite été calculées sur l'ensemble des souvenirs de rêves. Le thème manger se retrouve plus souvent avec l'item Etyolo et les items s'amuser (parler, s'amuser, jouer, « causer » pour Tama ou un autre). De même la variable chasse se trouve-t-elle être associée à la variable angoisse, qui regroupe trente-six des deux cent vingt-deux items originaux. Le coefficient de corrélation qui mesure cette association est $r = 0.227$. De la même façon, les rêves faisant référence à la France sont plus souvent associés aux rêves faisant référence à une Française $(r = 0.403)$ qu'à un Français $(r = 0.213)$...

La figure 10, p. 220 propose une représentation globale de toutes ces associations. Il s'agit du résultat d'une analyse en composante principale dont l'objectif est de situer les différentes variables dans un système de coordonnées à deux dimensions en fonction de l'intensité de leurs associations respectives.

Cette méthode ne rend compte, cependant, que d'une partie de l'information totale (18 %) et nous sommes pleinement conscients des reproches qui peuvent être faits aux définitions mêmes de nos items.

Pour compléter cette représentation, une autre approche a été utilisée (classification hiérarchique). Elle consiste à regrouper dans un même ensemble les variables les plus associées, puis à agglomérer à ces dernières, dans un ensemble plus vaste, d'autres variables qui le sont moins. Ce processus d'agglomération est poursuivi de proche en proche jusqu'à englober dans un même ensemble toutes les variables. À la figure 10, cette approche se traduit par des rectangles emboîtés dans lesquels s'inscrivent les variables, de manière concentrique, en fonction de leur degré d'association. L'épaisseur du trait du rectangle reflète l'intensité de l'association.

Cette figure constitue une aide efficace à l'interprétation des relations entre les thèmes. Deux échelles d'analyse au moins peuvent être privilégiées. La première, sur l'axe horizontal, est une échelle où se répartissent les lieux, les personnes, les activités et les objets depuis un cercle étroit autour de Tama (Etyolo, les Bassari, son père, sa mère), jusqu'à une thématique *a priori* plus étrangère (France, les Français et les objets européens), en passant par un cercle vaste mais moins exotique (l'Afrique, les Africains et les objets africains).

L'axe vertical superpose deux oppositions. L'une est simplement de nature sexuelle, avec le père, les hommes bassari, les Français d'un côté et la mère, les femmes bassari et les Françaises de l'autre. L'autre est davantage une opposition entre, d'une part, les dangers de l'existence, représentés par les thèmes de la chasse et de l'angoisse et, de l'autre, les agréments de l'existence avec des thèmes comme boire, s'amuser, manger, camaraderie de classe d'âge. La superposition de ces deux oppositions permettrait-elle de rapprocher les difficultés de l'existence d'une dominante masculine, et certaines facilités d'une dominante féminine ?

Enfin, cette figure souligne certaines des associations privilégiées déjà rencontrées comme la chasse et l'angoisse (r = 227), ou nouvelles comme celle entre la mère, la femme bassari et l'agriculture, ainsi que celle entre le thème des masques et l'initiation (r = 232).

Si les rêves de Tama s'organisent bien autour de thématiques cohérentes, il faut cependant insister sur le fait que cette organisation est fondée sur des associations relativement faibles. L'analyse de la diversité des rêves est loin d'être épuisée par ces interprétations, que viennent cependant confirmer certains textes bassari.

Dans l'autobiographie de Tama (cf. ci-dessus, p. 120), le récit de son apprentissage de la chasse collective illustre l'association entre chasse-angoisse-homme bassari :

« Avant d'être initié, pour apprendre la chasse, je suis parti chasser avec mon parent Tyara dans [ce qui est actuellement] le parc de Niokholo Koba, derrière la Gambie, à la clairière. On a vu des traces de buffles qui venaient de passer. Tyara m'a dit de l'attendre, il est parti suivre les traces. Un gros phacochère est venu, je l'ai blessé au ventre. Ayant entendu le coup de fusil, Tyara est revenu : "Qu'as-tu tiré ?" Nous avons suivi les traces de sang, nous n'avons pas retrouvé le phacochère.

« Nous sommes retournés au campement de Nyangos, près de l'eau. Tyara est reparti à la tombée du soleil. J'ai eu peur seul, armé, à côté du feu. J'entendais crier les nandinies [ce petit carnivore grimpe aux arbres et crie comme un humain] qui s'approchaient. Je les ai vus passer. J'avais peur. Tyara est revenu dans la nuit. On a passé la nuit là. Le matin, on a continué à chasser. On est partis voir des cavernes, là où habitent les porcs-épics. Là, chacun rentrait dans un trou [les trous communiquent], glissant dans le trou avec une torche de paille et un fusil : pour devenir un homme, je dois le faire, sinon ils vont me "saboter" [les Bassari emploient ce terme pour « se moquer de quelqu'un, le perdre de réputation »]. J'ai continué jusqu'à ne plus pouvoir rentrer [le couloir était] trop étroit, je suis ressorti et j'ai retrouvé Tyara qui lui aussi était sorti. On a récolté du miel. Nous sommes rentrés au bout de quatre jours. Après cela on chassait, on tuait beaucoup de gibier, nous étions de grands chasseurs. »

Ce récit, largement postérieur aux souvenirs de rêves de Tama, montre comment celui-ci, jeune garçon de quinze ou seize ans, grâce à un de ses parents, a su dépasser son angoisse (chasse, animaux sauvages, nuit, cavernes aux étroits boyaux habitées par des animaux hérissés de piquants) et rejoindre le groupe prestigieux des hommes bassari « grands chasseurs ». Nous avons recueilli de nombreux autres récits d'apprentissage de la chasse. Comme dans le cas de Tama, le garçon est souvent laissé seul, la nuit, en brousse, et ses réactions observées par l'adulte qui l'accompagne. Ainsi s'acquiert la maîtrise de la peur. On trouve, dans les chants des jeunes Bassari (*lemeta* ou jeunes initiés *lug* ou *falug*) de fréquentes allusions à la chasse, autrefois occupation essentielle des hommes bassari jeunes qui, jusque vers 1930, ne pratiquaient guère l'agriculture. Lorsque le père de Tama mimait ses chasses à l'éléphant, il pointait son fusil vers le ciel... Robert

Gessain s'en étonne : « Pour tuer l'éléphant, je m'approchais de lui courbé, si près que je devais tirer en l'air. »

La génération de Tama n'a qu'entendu raconter les hauts faits cynégétiques du temps des fusils de traite et d'avant la création des parcs et des garde-chasse. Mais pour tous les Bassari, la chasse reste prestigieuse. Les rêves de Tama — grand voyageur, agriculteur renommé, homme tranquille — ne seraient-ils pas restés, avec son inconscient et ses angoisses, ceux d'un chasseur, et la chasse pourrait-elle être considérée comme une sorte de « passage à l'acte » d'une nécessaire agressivité ?

Ceci n'est pas sans rappeler l'hypothèse de Gérard Mendel sur le rôle de moteur joué dans le processus d'humanisation par la « chasse collective structurale », hypothèse que n'infirment pas les récentes découvertes sur les activités de chasse en groupe des grands singes actuels.

Selon Mendel, cette structure inclut à la fois des chasseurs aux rôles différents et coordonnés (comme toute chasse collective) et leur gibier. Cette hypothèse éclairerait singulièrement ce qui s'observe chez les Bassari — par exemple au temps de l'apprentissage des techniques de la chasse collective (les armes traditionnelles n'en permettaient pas d'autres) par les garçons souvent avant leur initiation, c'est-à-dire leur accession à l'état d'homme. Cet apprentissage leur permettait sans doute à la fois de maîtriser leur angoisse et de détourner leur agressivité vers le gibier, « gibier à la fois immortel et source de nourriture[9] ».

Si les Bassari ne rejettent pas à la brousse, comme les Eskimo à la mer, une partie de leur gibier pour en assurer la pérennité, ils attribuent à certains grands animaux une nature proche de l'humaine : buffles et grandes antilopes se rendent aux grands sacrifices.

Rappelons que l'arme défensive du garçon contre le masque, au cours de la lutte qui constitue un des principaux éléments du rituel de l'initiation, est un arc orné de peau de buffle, le premier parmi ces « animaux d'honneur » dont la mise à mort entraîne un rituel proche de celui de l'enterrement humain : l'animal est interrogé pour savoir pourquoi lui, si puissant, s'est laissé tuer par le chasseur. De même pourrait-on voir la confrérie des chasseurs ayant tué un « animal d'honneur » comme une tentative pour rendre durable la « chasse structurale ». Chez les Coniagui, parents et voisins des Bassari, chaque année, un membre âgé de cette confrérie demande au génie maître du gibier d'accorder aux chasseurs de nombreux animaux tout en les protégeant des dangers de la chasse. Sans doute de nouvelles enquêtes sur la chasse traditionnelle chez les Coniagui et les Bassari, avant que celle-ci ne disparaisse jusque des mémoires, nous éclaireraient sur ce rapport de la chasse à l'angoisse, qu'un premier dépouillement informatique des souvenirs de rêves de Tama nous a obligés à entrevoir.

De 1964 à 1967

Le traitement informatique auquel ont été soumis les souvenirs de rêves de Tama nous a permis de comparer les résultats concernant les années 1964 et 1967. De nombreux résultats, assez semblables, nous fournissent une image homogène de la société bassari à ces dates, mais, alors que cela ne nous était pas apparu à leur seule lecture, les rêves de 1964 et de 1967 diffèrent à bien des égards. Ainsi en est-il des lieux où ils se déroulent : les rêves se situant chez Tama, dans son carré ou son champ, sont bien plus fréquents en 1967 (11 %) qu'en 1964 (5 %), ce qui confirme les premiers mots de chaque souvenir de rêve : si dans deux cent soixante-cinq d'entre eux, soit plus de la moitié, Tama commence son récit par « j'ai rêvé de chez nous » ou « chez moi » (exprimé dans la première ou seconde phrase du texte), en 1964 il emploie 53 fois l'expression « chez nous » (et jamais « chez moi »), alors qu'en 1967, il emploie 16 fois « chez nous », 1 fois « chez nous » et « chez moi » mais 95 fois « chez moi ». Les souvenirs de rêves se situant dans un lieu inconnu ou ailleurs en Afrique qu'en pays bassari sont également plus fréquents en 1964 (9 %) qu'en 1967 (2 %).

Ainsi en est-il de certaines personnes, de certains animaux et de certaines activités. Les rêves où apparaît le père de Tama sont plus fréquents en 1964 (13 %) qu'en 1967 (8 %), alors que ceux où apparaît sa mère sont bien plus fréquents en 1967 (7 %) qu'en 1964 (2 %).

Le thème manger n'est pas plus fréquent une année que l'autre. Mais s'il est toujours associé à Etyolo ($r = 0.190$ et 0.117) et à s'amuser (s'amuser Tama $r = 0.130$ et 0.101 ; s'amuser un autre : $r = 0.078$ et $r = 0.133$), il n'est associé à « ma mère » qu'en 1964 ($r = 0.192$) et à crier qu'en 1967 ($r = 0.170$).

Chasser ou attaquer un animal est plus fréquent en 1964 (58 fois) qu'en 1967 (32 fois), contrairement à la quête du miel, associée par les Bassari à la chasse. Les activités agricoles apparaissent plus fréquemment en 1964 (23) qu'en 1967 (14), parallèlement aux activités de classes d'âge (62 en 1964 et 54 en 1967) et aux sorties de masques (40 en 1964 et 29 en 1967) qui sont souvent en rapport avec les travaux agricoles.

Le rêve ci-dessous (nuit 12-1964) où apparaissent des enfants s'amusant comme des masques *lènèr*, le père de Tama, un parent de son père (Dinelebi), une femme de son père (Lépeteké), plusieurs camarades de classe d'âge (Ibélin, Mashinin, Galungwandémi), ses frères Kalidomé et Gahondémi, un serpent, une antilope, des allusions à la chasse, au miel et au mariage et qui n'est pas situé chez Tama lui-même paraît donc caractéristique des rêves de Tama en 1964 : « J'ai rêvé. Il y avait une bière *okosh* (en 1992, Tama dit : « Peut-être s'agit-il de la fête qui, en Guinée, s'appelle *ohosh* ? »). Je ne sais pas pour qui. Il y avait beaucoup de monde, et puis je suis parti. J'ai trouvé des gosses qui préparaient des feuilles pour s'amuser comme les *lènèr*. Je suis passé.

« J'ai rencontré un chasseur. Il m'a dit : "Tu n'as pas vu ici une grande antilope qui a passé ?" J'ai dit : "Ah ! je vois les traces comme elle a passé." Et puis, il y a Ibélin qui est venu, il a dit : "Voici les abeilles ici, je vais récolter le miel ce soir." J'ai dit : "C'est à moi, c'est nous qui avions récolté ici. Il y a

Mashinin qui est venu avec Galungwandémi. Nous avons récolté le miel. Et puis on l'a posé comme ça sur un caillou." Et puis on discutait : "Partage, toi, partage, toi. — Ah moi, je ne partage pas." Nous tous, on a dit : "On va laisser ici et on va partir." Et puis nous sommes partis à quelques mètres. Je suis retourné là où était le miel. J'en ai pris. Il y a d'autres qui sont retournés, on a pris ça sans partager. On a mangé, on a vu beaucoup d'abeilles, mais on n'a pas récolté de miel.

« Et puis on était chez nous encore avec mon père, Kalidomé, Yéra, moi et Dinelebi, Gahondémi, et puis on était vers la route de Pitalin, sous le palmier-ban là. Et puis Kalidomé a crié : "Donnez-moi un fusil, il y a un gros serpent, ici." Il a pris le fusil, il a tiré le serpent qui est rentré dans le trou, il a pris les flèches, il tirait dans le trou. Et puis je suis rentré comme ça. J'ai trouvé Yéra par terre, il ne pouvait pas marcher.

« J'ai dit : "Comment, Yéra ? Qu'est-ce qu'il y a ?" Il dit : "Ah ! je ne peux pas marcher." J'ai dit : "Comment, pourquoi ?" Il dit : "C'est le serpent qui m'a mordu." J'ai voulu le soulever, mais je ne pouvais pas. Ah ! à ce moment j'ai pleuré, j'ai trouvé Nema Lépeteké au puits, j'ai dit : "Il y a Yéra là, mais il y a un serpent qui l'a mordu, il ne peut pas marcher." Et puis Lépeteké est partie, et Yéra est guéri. Il y a Dinelebi qui m'a demandé : "Comment ? Pourquoi t'a-t-on envoyé à Salémata ? Qu'est-ce qu'on t'a dit [à Salémata] de me dire ?" J'ai dit : "Moi j'ai oublié, j'avais beaucoup de choses à penser. C'est à cause de la dot, parce qu'on m'avait dit de payer et puis je pensais trop." Et puis c'est tout. »

Au contraire, quelques extraits de rêves de 1967 montrent la fréquence des allusions à la mère de Tama, à son carré ou à son champ.

« J'étais avec Gahondémi dans son champ. Gahondémi a brûlé son champ [la préparation d'un champ comporte divers brûlis]. Il me disait que moi je vais cultiver mon fonio dans son champ. Alors nous sommes partis, moi je suis parti aux manguiers, il y avait là ma mère et la mère de ma femme et ma sœur. Je cueillais des mangues » (nuit 20-1967, 1er rêve).

Tama et son frère Gahondémi se sont associés pour la culture : on peut donc considérer que ce rêve se passe dans le champ de Tama.

« J'ai rêvé chez moi. Il y avait des sacrifices, je crois que c'était vers l'autel sacrificiel de Kadyirin. Il y a ma mère qui avait fait une bière. Moi, je n'étais pas à la maison. Je disais : "Moi je vais rentrer. Je vais faire fermenter ma bière de sacrifice." On m'a dit : "Ta mère a déjà fait." Alors je suis resté. Et puis il y avait Kushanin qui était venu nous trouver. Il nous dit : "Bon, pourquoi vous, vous êtes venus ? Tes camarades, on les a frappés pour devenir *ndyar* et vous, vous êtes là." J'étais avec Gédéindemi et puis ma mère » (nuit 23-1967, 1er rêve). Kadyirin est un parent de Tama et son autel sacrificiel celui de leur lignée (utérine).

« J'ai rêvé chez moi, on préparait de la bière et puis il y avait un étranger qui devait venir le lendemain. On faisait cuire de la viande pour moi. Ma mère Nyanyiké me disait : "Il ne faut pas cuire toute la viande parce qu'il y a un étranger qui va venir." Alors moi, j'avais appelé Tyaminé pour lui dire de faire quelque chose. Nyanyiké me disait d'appeler les deux femmes pour leur parler.

« Aussi ma petite Ityir avait sommeil, j'étais en colère. Je disais pourquoi les femmes ne font pas vite la cuisine, voilà ma petite qui a sommeil » (nuit 51-1967). Ce rêve se passe dans le propre carré de Tama, Nyanyiké étant une parente de sa mère qu'il appelle « ma mère ».

« Je rêvais chez moi. Ma mère m'a dit : "On va lire la lettre que tu nous as envoyée." J'ai demandé : "Vous n'aviez pas lu ?" Elle dit non » (nuit 52-1967, 1er rêve).

« Je rêvais chez moi. Il y avait Tyanélin qui nous appelle d'aller chez lui. Sa femme est morte : Lengeteké. Nous sommes partis. Nous avons trouvé que c'était Tyanélin qui est mort. Alors on partait pour l'enterrer. Maman a dit d'amener le creusoir. On l'a pris, on l'a enterré. Alors on rentrait à la maison. Tyanélin est sorti du tombeau. Il nous a suivis, il a pris les bois qu'on avait mis sur la tombe. Il nous lançait ces bois-là et il nous disait : "Vous allez voir" » (nuit 53-1967, 1er rêve).

Un dernier domaine dans lequel les souvenirs de rêves de 1964 et 1967 diffèrent est celui des rêves d'angoisse (définis par la présence d'au moins un des items suivants : 63-74, 90, 110, 138-159, cf. p. 259) plus fréquents en 1964 (36 %) qu'en 1967 (26 %).

La présence de ces rêves d'angoisse en 1964 et 1967 ne se répartit pas de manière égale selon les deux cent vingt deux items. Quand les items Etyolo, chasse, un homme ou une femme bassari connus, moi (Tama), mon père, mon frère, sont présents, la fréquence des rêves d'angoisse est plus grande en 1964 qu'en 1967.

Si nous regroupons les deux cent vingt-deux items en vingt-cinq items qui en constituent la synthèse (voir annexe, p. 262). les rêves d'angoisse ne sont significativement associés qu'à quatre d'entre eux : Etyolo et homme bassari en 1964 seulement, chasse en 1964 et 1967 ; la dernière association avec la France en 1964 est négative : la France en 1964 ne fait pas partie des thèmes d'angoisse de Tama. Ainsi, plus fréquents en 1964, les rêves d'angoisse de Tama sont alors fortement associés à des événements de chasse auxquels ne participent que des hommes bassari, à Etyolo.

En résumé, si nous comparons les rêves de Tama en 1964 et ceux de 1967, les premiers sont marqués par une plus grande présence de son père, d'activités liées à la consommation de nourriture, à l'agriculture (avec les classes d'âge et les masques) à la chasse et à l'angoisse. Les seconds se situent à la fois plus souvent chez Tama (dans son carré ou son champ) et, paradoxalement, plus souvent dans un lieu inconnu ou en Afrique ailleurs qu'en pays bassari et sa mère y est plus souvent présente.

En 1967, Tama en est à son second séjour en France. Le monde d'Etyolo (lieu, genre de vie et habitants) s'est-il éloigné de Tama avec l'angoisse ? Celle-ci serait-elle d'Etyolo ?

D'une manière plus générale, si nous comparons les rêves de Tama en 1964 et en 1967, nous voyons que les premiers sont plus proches des préoccupations quotidiennes d'un jeune adulte bassari en 1964. Son initiation n'est pas encore très éloignée, initiation qui rapproche le garçon de son père, les activités de subsistance remplissent sa vie (manger, cultiver, chasser) avec celles de sa classe d'âge en rapport avec les masques. Le second groupe de rêves de Tama se situe plus souvent soit au cœur de sa famille, dans son carré ou son champ, près de sa mère, soit dans un lieu d'Afrique autre que le pays bassari, voire un lieu inconnu. Entre-temps, Tama a vieilli, s'est marié, ses devoirs de classe diminuent mais il a maintenant charge de famille. Tama est conscient de l'importance du rôle de sa mère à cette époque : alors qu'il était pris entre ses devoirs envers sa classe et ceux envers sa jeune épouse et leur enfant, sa mère le conseillait... Par ailleurs, son séjour en France lui a sans doute permis de prendre une certaine distance vis-à-vis de la société bassari, d'avoir un jugement nouveau sur ses institutions et de relativiser leur poids.

De ces années datent ses premiers doutes sur la véracité de certaines explications traditionnelles concernant la maladie et la mort, doutes qui l'ont sans doute aidé à se libérer de certaines angoisses.

Au cours des deux séjours de Tama en France, deux cent vingt et un souvenirs de rêves furent recueillis en cent quarante-huit jours en 1965 et deux cent soixante dix-huit en cent trente-quatre jours en 1967.

L'étendue des domaines évoqués dans ces rêves nous a semblé justifier le recours à l'informatique et à l'analyse statistique. Nous avons codé deux cent vingt-deux attributs élémentaires, couvrant les aspects matériels et rituels de la culture bassari ainsi que les lieux du rêve et les relations interpersonnelles du rêveur.

À partir des souvenirs de rêves de Tama, on pourrait sans doute dresser une image de la société bassari, proche de celle qu'a connue Tama jusqu'aux années 1960. Mais cette image est-elle superposable à celle que nous avons brossée au chapitre III ?

Parmi les traits de la vie bassari qui nous semblent confirmés par le contenu des rêves de Tama, le plus apparent est sans doute l'importance de la vie relationnelle que signent les trois cent deux personnages nommés dont il rêve 1074 fois au cours de ses quatre cent quatre-vingt-dix-neuf souvenirs. Ce foisonnement connote la densité du réseau au milieu duquel vivent les Bassari — entre parents et alliés, camarades de classe, membres des classes plus ou moins âgées, voisins, amis, *endyam*, *nyapera*, etc. Les primitifs, disait Roheim[10], peuvent nous donner une leçon de bonheur, ils ont peut-être trouvé les moyens de dépasser ou d'ignorer l'angoisse... pour s'être intéressés fondamentalement aux modalités des relations humaines...

Tama rêve de cent quatre-vingts hommes dont il rêve 816 fois et de cent vingt-deux femmes dont il rêve 258 fois : il rêve donc de deux femmes pour trois hommes et deux fois moins souvent de chaque femme que de chaque homme — au total il rêve 3 fois plus souvent d'hommes que de femmes. Parmi les premiers, Tama rêve surtout de son père, de ses frères et de ses camarades de classe et, parmi les secondes, de sa mère (2 fois moins souvent que de son père), plus souvent de ses propres parentes que de celles de son père et des jeunes filles de la classe immédiatement plus âgée que de celles de sa classe.

La faune et la flore du pays, celles de la savane arborée, apparaissent assez souvent dans les souvenirs de rêves de Tama, les plantes cultivées deux fois plus souvent que les sauvages : l'agriculture est omniprésente. Au contraire, les animaux sauvages apparaissent deux fois plus fréquemment que les animaux domestiques : la brousse en pays bassari est aux portes des maisons et ses hôtes (singe, lion, panthère, hyène, hippopotame, porc-épic ou antilope) font partie des héros des contes et du gibier dont, hier, la mise à mort honorait le chasseur ou valorisait la sauce. Il est souvent question de boire et de manger. Tout confirme, dans les rêves de Tama, l'importance dans sa vie de la chasse, de la cueillette, de l'agriculture et de l'élevage, et d'une économie de subsistance.

Les allusions aux masques, aux *khoré*, à l'initiation et à la vie de classes d'âge sont constantes.

En dépit du fait que Tama ait été jusqu'à Dakar et Paris et que son village, de tous les villages bassari, soit sans doute l'un des plus ouverts sur l'extérieur, recevant à longueur d'année des étrangers, qu'ils soient commerçants, fonctionnaires, touristes, missionnaires ou ethnologues... les rêves de Tama nous décrivent la société bassari comme relativement fermée sur elle-même. Ils se passent dans son carré, son village ou les villages voisins, et mettent en jeu des Bassari le plus souvent parents, alliés ou camarades de classe d'âge.

Cependant, dans cet environnement, les références à ce que nous avons appelé éléments « exotiques » (cf. p. 218) sont fréquentes (cent trente-six, soit plus d'un quart du total) et nous donnent une certaine mesure de l'acculturation en pays bassari, pays réputé traditionnel... qui a, en réalité, rapidement digéré un grand nombre d'éléments venus d'ailleurs. La route et la voiture, l'école et les lettres datent respectivement à Etyolo des années 1940 et 1950 et ceux des éléments cités ci-dessus qui sont venus de l'extérieur le sont depuis la naissance de Tama. Ils semblent aujourd'hui faire partie de la vie bassari.

Les rêves de Tama sont bien ceux d'un cultivateur appartenant à une société à mariage polygame, famille étendue et parenté classificatoire, caractérisée par un système de classes d'âge omniprésent, mais marquée par de nombreux contacts avec la vie « moderne ».

Cependant, certaines distorsions entre souvenirs de rêves et observations ethnologiques se rencontrent. Ainsi la société bassari est traditionnellement matrilinéaire (la transmission du nom se fait de mère à enfants, celle de la chefferie et des biens de l'oncle maternel au neveu), le statut des femmes y est élevé, hommes et femmes partageant nombre d'activités avec une liberté de ton qui frappe les observateurs, autant que la chaleur des relations avec la mère et sa parenté. Sans doute nous attendions-nous donc à trouver (l'espérions-nous ?), dans les rêves de Tama, des preuves de cette qualité de relations à l'intérieur de la matrilignée chez les Bassari des années 1960... Mais Tama rêve 53 fois de son père, et seulement 27 fois de sa mère, soit deux fois moins fréquemment, moins souvent de son « vrai » frère que d'autres, et s'il rêve plus souvent de ses parentes que de celles de son père, ses rêves semblent surtout montrer l'importance des relations de « proximité » avec les habitants de son carré ou de son village, par rapport aux relations de parenté.

Les saisons, si marquées en milieu tropical, n'apparaissent pas dans les souvenirs de rêves de Tama, alors que dans la vie réelle bassari la proximité par rapport à la nature se manifeste par une grande saisonnalité tant au niveau des cérémonies que de ceux des occupations, des rythmes journaliers et de la nourriture. Ce que traduit la courbe de poids des cultivateurs, qui maigrissent en hivernage (saison des durs travaux agricoles, de la faim et de l'inquiétude) et grossissent en saison sèche (saison de moindres efforts physiques, d'abondance et de festivités). Nous avons été surpris de ne trouver, dans les souvenirs de rêves de Tama, aucune allusion aux aléas du climat et de l'agriculture, aux soudures difficiles et aux famines que tous ont connues.

Mais à partir de ce que nous connaissions de la culture bassari et de la personnalité de Tama, la présence d'un signe d'angoisse ou d'agressivité dans 30 % de ses souvenirs de rêves ainsi que celle d'un sentiment d'impuissance et d'échec sont peut-être ce qui nous a paru le plus révélateur.

Les rapports interpersonnels, dans un village bassari, peuvent être très tendus, rendant difficile la vie au quotidien. Ainsi des jeunes gens peuvent-ils fuir (c'est-à-dire émigrer) « à cause de mauvaises paroles dites sur eux ». Ceci n'apparaît d'ailleurs pas dans le récit des souvenirs de rêves de Tama, non plus que ces romances entre jeunes gens contrariées par leurs aînés, ces éclats entre coépouses, ces plaintes et ces retours de femmes courroucées chez leur père, suivies de démarches réitérées des maris pour les récupérer — monnaie courante dans la vie réelle... Mais l'observation de la vie quotidienne dans une famille, dans un village bassari, livre peu de manifestations d'agressivité, voir de rivalité, hormis quelques manifestations rituelles (combat du masque et du garçon lors du jour spectaculaire de l'initiation), ou tout au moins codifiées et publiques (luttes entre jeunes gens à la récolte du sorgho, concours entre chanteurs de classes ou de villages différents, brutalité des rapports entre classes d'âge). Les enfants sont rarement frappés, les hommes interrogés disent ne jamais avoir vu deux hommes ou deux femmes se battre, mais frapper leurs femmes... à l'occasion. Au contraire, de nombreuses techniques sont utilisées pour abaisser les tensions qui ne manquent pas, peut-être parce qu'elles risqueraient de faire éclater la nécessaire cohésion de petits villages. L'éducation des enfants tend d'ailleurs à favoriser la coopération plutôt que l'émergence d'individus différents des autres (inégaux entre eux ?).

Étudiant comment la société bassari socialise « les enfants pour qu'ils deviennent suffisamment compétents dans leur travail, leur vie sociale, leurs jeux, pour apporter leur contribution à (leur) société », J. et W. Fowler[11] ont observé que la charge du soin des enfants, comme dans bien d'autres sociétés africaines, est répartie entre de nombreux enfants et adultes — mère, père, frères, sœurs, cousins, oncles, tantes, grands-parents — d'âge et de compétences variés. L'enfant grandit à proximité de toute la gamme des travaux et activités sociales de la communauté. Selon Fowler, le processus de socialisation de sa compétence est simplifié par le caractère limité de l'éventail des techniques que l'enfant bassari voit quotidiennement exercées autour de lui et dont la difficulté et la complexité permettent presque à chacun de les maîtriser à un niveau uniforme et moyen, comparé au large éventail d'activités nécessaires dans les communautés de type industriel « occidental ». Dans la société bassari, la répétition des tâches concrètes, faciles à observer, rend immanquable la réussite de l'apprentissage des compétences requises : tous les hommes savent construire les cases, toutes les femmes préparer les repas. Le fait pour l'enfant d'être élevé au milieu d'enfants plus âgés et d'adultes travaillant ensemble coopérativement à des tâches communautaires variées lui fournit des modèles multiples à imiter. Vivant au milieu d'un groupe, « contexte interactif coopératif », observant et imitant, l'enfant joue ou « joue à travailler » à des activités ou des tâches qui font partie des travaux quotidiens de la communauté (danser, jouer de la flûte, piler, porter sur la tête, sarcler...). Il y a peu de différences individuelles dans les taux de progression des compétences — dont la plupart sont acquises vers sept-huit ans.

À propos des rapports entre socialisation et éducation dans la société bassari, on peut remarquer, comme Devereux l'a fait à propos des Mohave[12], qu'on discute trop souvent d'éducation en rapport avec l'acquisition de techniques standardisées et de comportements dans une optique typiquement occidentale « qui tend à minimiser les relations interpersonnelles et à insister sur l'importance des relations entre l'homme et les objets inanimés ou animés ». « Le bébé, précise J. Fowler, est nourri et relativement peu stimulé [...] le petit enfant est [...] socialisé dans un moule d'intimité physique et sociale. » Le mode de socialisation bassari « constitue une base solide pour un mode de vie coopératif valorisant davantage la satisfaction personnelle et le respect mutuel que l'accomplissement des tâches. [...] Tous sont [...] sans exception, bien préparés à explorer l'environnement, imiter et coopérer à un ensemble de travaux délimités, de compétences sociales et de rôles partiellement différenciés selon le sexe. La solitude et l'incompétence semblent être inconnus dans la communauté bassari. Aucun garçon ou fille, homme ou femme n'atteint un niveau élevé de réussite, une compétence spécialisée ou beaucoup de vie personnelle, mais chacun a sa place, nul n'est incompétent ou même solitaire* ». Ainsi, le mode d'ac-

---

* Pour apprécier ce jugement sur la socialisation des enfants bassari, il faut garder à l'esprit que W. Fowler est un spécialiste des techniques du « development of high ability », en particulier par l'accélération de l'acquisition du langage. Il a publié un tableau regroupant les princi-

quisition des compétences basé « sur l'observation répétée et participante et l'interaction avec des membres expérimentés de la communauté » toujours dans le cadre de formes prescrites, préfigure-t-il les relations sociales et le travail de l'âge adulte à l'intérieur du système de classes d'âge auquel les Bassari sont soumis leur vie durant — système qui illustre les mêmes thèmes : coopération, rapports étroits avec la nature et prépondérance d'activités de survie.

Exemple de distorsion entre la réalité et le rêve, D. Eggan[13] avait mis en évidence « une dysharmonie entre les relations [interpersonnelles] réelles et les relations rêvées du rêveur » ; il n'est donc peut-être pas étonnant de trouver dans les rêves de Tama, considéré par ses compatriotes comme exemplairement « tranquille », selon l'expression employée chez lui, des manifestations relativement fréquentes d'agressivité. Cette situation, qui contraste avec la rareté des manifestations spontanées et individuelles de violence dans la société bassari, rappellerait-elle celle du pays douala, à propos duquel E. de Rosny écrit en 1981[14] : « Dans cette société où la censure contre la violence est si bien organisée, les rêves [...] sont pour tous le meilleur moyen de défoulement d'une agressivité contrariée » ? Mais rêves et songes jouent, chez les Douala, un rôle essentiel dans la défense contre la sorcellerie et font partie d'un système bien plus élaboré que chez les Bassari. Il semble pourtant que ce soit à propos d'agressivité que les souvenirs de rêves de Tama nous donnent de lui et de la société bassari l'image la plus éloignée de celle que nous avons cru observer, où les tensions, les inimitiés et les ressentiments s'abritent toujours derrière une volonté de bonne entente et de coopération.

Ainsi, qui a de l'argent ou une bonne récolte ne refuse-t-il pas de prêter argent ou nourriture à son parent ou son ami

---

pales différences entre les familles et communautés bassari et « occidentales » qui lui semblent devoir affecter l'acquisition des compétences par les enfants appartenant à ces deux mondes contrastés (tableau 1, p. 187 et 188, in *Actes du Deuxième Colloque de Kédougou*).

moins favorisé, en sachant bien que recouvrer sa dette est souvent long et ardu, parfois impossible, mais prêteur et débiteur conserveront des rapports apparemment inchangés. Même ton ennemi (celui dont tu penses qu'il te veut du mal) te salue en traversant ton carré, et si le repas est prêt, tu l'invites à le partager... L'un de nous fréquente les Bassari depuis 1946, mais n'a vu qu'une fois un enfant refuser de manger un plat préparé par une coépouse de sa mère. Les mésententes les plus difficiles à occulter sont celles qui opposent à l'intérieur d'un couple un mari et une femme ou deux coépouses : elles peuvent engendrer pour les deux familles des problèmes graves et lassants, même si les vieillards consultés conseillent invariablement à l'offensé de « patienter » — la patience est une vertu largement pratiquée par les Bassari.

Ce ne sont pourtant pas des offenses de ce type qui apparaissent dans les souvenirs de rêves de Tama. Ce sont des agressions plus directes, plus matérielles, où l'attaquant, près de trois fois plus souvent qu'un être humain, est une vache, un singe, un serpent ou un essaim d'abeilles. Ce déplacement des hommes vers des animaux qui peuvent être dangereux (Mendel parle de détournement, chez les chasseurs, de l'agressivité vers le gibier) masque-t-il, dans les souvenirs de rêves de Tama, une inquiétude qu'il a réussi à camoufler dans la vie diurne ?

L'association thématique, mise en évidence dans les souvenirs de rêves de Tama, entre la chasse et l'angoisse nous a permis de déceler une même association, consciente, chez d'autres hommes bassari.

Si l'ensemble des souvenirs de rêves de Tama présente une grande unité, les fréquences de certains thèmes diffèrent de 1964 à 1967. Ainsi Tama rêve-t-il plus souvent au cours de son premier séjour en France de son père et de son terroir en général (« chez nous »), plus souvent de sa mère, de sa maison et de sa famille restreinte (« chez moi », « mon carré », « mon champ ») au cours de son second séjour. Ses souvenirs de rêves concernant l'agriculture, la consommation de nourriture, les masques, les classes d'âge (c'est-à-dire l'essentiel de la vie sociale) ainsi que ceux contenant des références à la chasse et à l'angoisse sont également plus fréquents en 1964.

Un système efficace... pour Tama

Pour qui connaît la vie des Bassari, mais aussi leur univers artistique, symbolique et métaphysique ainsi que leurs croyances, plusieurs lectures en sont possibles qui rappellent les remarques de Parin à propos des Dogons [15] (cf. ci-dessus, p. 61).

Selon l'une, l'existence d'individus aux pouvoirs surnaturels fait régner dans la communauté une angoisse permanente. Selon l'autre, les Bassari compensent les aléas d'une vie difficile (pluviosité irrégulière génératrice de récoltes incertaines, forte mortalité infantile, courte espérance de vie, etc.) grâce à une organisation communautaire qui permet à chacun de parer à de nombreux problèmes individuels (entraide sociale et économique à l'intérieur du quartier, de la famille et de la classe d'âge, prestations des classes les plus jeunes envers les plus âgées...) et assure la cohésion du groupe. Nous avons le souvenir de discussions passionnées entre ethnologues partagés (selon leur personnalité propre ?) entre ces deux lectures. Dans les souvenirs de rêves de Tama, rien ne permet de défendre la première, mais les fréquentes allusions aux fêtes, aux danses, aux masques, aux travaux en commun mettent en évidence le grand impact économique, symbolique et artistique de ces manifestations de vie collective. Elles nous paraissent permettre à chacun de sortir de lui-même et de sa monotone vie journalière. Elles perpétuent aujourd'hui encore une civilisation longtemps caractérisée par une redistribution des ressources en nourriture et en boisson, une harmonie entre les hommes, la pluie, les animaux, les plantes et le monde surnaturel, une recherche esthétique dans le costume, la musique et la danse. D'une manière générale, cette civilisation communautaire, ce sentiment d'appartenance de l'individu à un univers, confirmés par le contenu manifeste de ses souvenirs de rêves n'ont-ils pas été, pour Tama, la garantie de sa tranquillité d'esprit, de sa non-angoisse ?

Mais Tama, tous ceux qui connaissent les Bassari sont d'accord sur ce point, est un personnage hors du commun. Les Bassari sont peu nombreux (quelques-uns par village ?) à savoir, comme lui, rester sans crainte devant l'envie ou la jalousie, sans inquiétude devant le mal qu'on dit d'eux, qu'on leur fait ou qu'on leur souhaite. Écrivant sous la dictée de Tama ses souvenirs de rêves contenant des marques d'angoisse ou d'agressivité, nous avons été frappés de ce que Tama les racontait avec beaucoup de calme, sans en paraître impressionné. C'est sans doute ainsi qu'il règle ses problèmes interpersonnels, et qui n'en a pas dans ces petites communautés où toutes les histoires individuelles se recoupent et où chacun connaît les histoires de tous les autres ?

L'hypothèse ci-dessus proposée à propos de Tama, pourrait-elle s'appliquer, au même degré, aux autres Bassari de son village ? aux Bassari dans leur ensemble ? Nous ne devons pas sous-évaluer la grande variabilité des individus[16] ni les variations de la « culture » bassari d'un village à l'autre et d'une génération à l'autre (le système de classe d'âge est plus ou moins présent, l'éclat des fêtes diminue tandis que s'accroissent certaines contraintes de la vie de tous les jours). Nous ne devons pas non plus surévaluer l'impact de « la culture » sur la personnalité. Aux descriptions de la culture bassari s'appliquent à l'évidence les remarques de Leighton selon lequel l'information fournie par la description anthropologique de telle ou telle culture, « résulte d'un effort calculé pour regrouper et utiliser systématiquement des observations et des expériences fortement hétérogènes. Les anthropologistes s'efforcent de considérer une culture donnée comme un tout — ce qui signifie qu'ils ont construit une unité abstraite — d'où l'essentiel de la variabilité réelle a été "raboté" ». « Les théories concernant l'impact de la culture sur la personnalité sont généralement basées sur cette abstraction "rabotée[17]", alors que "chaque personne vit dans une culture qui diffère en bien des points de celle de tout autre individu [18]". » Aussi nous paraît-il difficile de séparer ce qui dans les souvenirs de rêves de Tama serait imputable à « la culture » bassari et ce qui ne relèverait que de lui-même.

Ainsi l'analyse des récits de souvenirs de rêves de Tama nous pose-t-elle de nombreuses questions. Quelle évolution a subie Tama entre 1964 et 1967 ? Comment expliquer à la fois la fidélité du rêve à la réalité et ces distorsions notées par tous les auteurs et variant selon les rêveurs et les thèmes du rêve ? Comme le remarque modestement Andrade : « Les rêves ne donnent pas une représentation fidèle du secteur de culture expérimenté et manipulé par l'individu dans sa vie éveillée, mais une image sélective de son mode culturel... il semble que la relation entre la culture et le contenu manifeste des rêves ne soit pas simple [19]. »

Cependant, D. Eggan [20] considère que les rêves de Hopi « fournissent souvent le seul fil qui puisse démêler le cocon culturel dans lequel le processus de socialisation enserre tous les hommes, mettant en évidence le résidu non socialisé de la personnalité aussi bien que ces zones », où l'impact de la culture s'est montré le plus effectif. Elle considère, dans son étude de 1952 [21], que la fréquence dans les rêves d'un Hopi des différents items qu'elle a définis permet de préciser aussi bien les éléments contraignants que les éléments sécurisants fournis par la culture à l'individu. Mais depuis cette date, aucune méthode d'étude de ces souvenirs de rêves qui devraient faire partie de toute enquête ethnologique n'a émergé et aucune des questions qui ont été posées, en particulier celle de la distorsion entre vie réelle et vie rêvée, ne semble avoir été clairement résolue.

(Michel Jouvet et Monique Gessain)

Une étude interdisciplinaire ethnologique et hypno-onirologique effectuée chez des sujets bassari a livré les résultats suivants : ces agriculteurs, hier encore chasseurs, cueilleurs, cultivateurs de tubercules, vivent dans des villages de quelques centaines d'habitants accrochés au pied du mont Futa Djalon, à la frontière sénégalo-guinéenne. Ils constituent un isolat génétique. Leur nombre, réduit par l'effet des guerres au début du siècle, s'accroît depuis et ils résistent à l'assimilation par les Peul musulmans.

Polygames, matrilinéaires, animistes, les Bassari sont divisés en lignées exogames et soumis à un système de classes d'âges, groupant l'ensemble des hommes et des femmes à partir de l'adolescence. Parmi les hommes et les femmes, apparaissent périodiquement des esprits incarnés, les « masques » intermédiaires entre les humains et les puissances surnaturelles ainsi que des hommes possédés par un esprit initiatique.

Il est évident que l'ethnologue qui consacre sa vie à essayer de comprendre les moindres gestes des Bassari ne peut se désintéresser du tiers caché de leur vie, c'est-à-dire de leur sommeil et de leurs rêves.

En fait, les rapports dialectiques de l'anthropologie avec

les rêves sont déjà anciens et particulièrement féconds. Ce sont en effet les ethnologues qui ont les premiers proposé que l'imagerie fantastique et illogique des rêves soit à l'origine du concept d'Âme et d'Esprit.

Ainsi, l'explication du rêve dans la grande majorité des sociétés dites « primitives » est identique : pendant le sommeil, l'âme ou l'esprit quitte l'enveloppe du corps et le rêve est le reflet de ce que l'âme voit au cours de ses pérégrinations. Il en est ainsi des Bassari, pour qui tout être vivant comprend, en plus de son corps visible, plusieurs principes spirituels dont *endyuw*, le cœur (au sens du cœur d'un arbre). Pendant le sommeil, *endyuw* quitte le corps et se promène : le rêve, c'est ce que voit *endyuw* au cours de ses voyages.

L'onirologie a donc acquis une dette de reconnaissance envers l'anthropologie qui lui a offert une fonction pour le rêve : l'invention du merveilleux et du sacré.

L'anthropologie psychanalytique, de son côté, a essayé de pénétrer à l'intérieur de l'« Hadès de l'inconscient » des sociétés primitives, en étudiant le contenu latent des rêves, à la recherche d'une confirmation des théories de Freud dans un monisme sexuel assez rigide. Ainsi, pour Géza Roheim, « l'image onirique est essentiellement phallique, alors que l'espace onirique est l'élément féminin ».

Le travail qui fait l'objet de ce livre a délibérément laissé de côté le contenu latent des rêves pour ne s'intéresser qu'à leur contenu manifeste. En outre, nous n'avons pas séparé le rêve du sommeil qui a fait également l'objet d'une étude épidémiologique et polygraphique.

Étude du sommeil chez les Bassari

Un questionnaire de sommeil (heure du lever, du coucher, sieste, somnolence, insomnie, etc.) nous a permis d'obtenir des données « normatives » sur une population vivant avant l'ère « édisonienne » de la vie industrielle. Peu de Bassari, en effet, possèdent une montre, et ils ne se servent que peu de lumière artificielle (lampe à pile ou à pétrole). Ils vivent donc comme nos arrière-grands-parents soumis à l'alternance régulière du lever et du coucher du soleil (qui a lieu à 7 et 19 heures en saison sèche comme en hivernage).

Certaines données de cette enquête étaient prévisibles : la durée du sommeil est dépendante de la saison et du sexe. Les hommes se lèvent au troisième chant du coq et se couchent deux heures après la tombée de la nuit, les femmes qui doivent piler le mil et s'occuper des enfants dorment en moyenne une à deux heures de moins que les hommes. Le besoin de dormir est grand. Il se traduit par la brièveté de la latence entre le coucher et l'endormissement, et la sieste toutes les fois que cela est possible. Enfin, l'insomnie est rare et n'est pas considérée comme pathologique. Cependant, cette enquête nous a aussi livré des résultats inattendus. Il apparaît que toute une tranche d'âge (de seize à vingt-cinq ans), c'est-à-dire les *lug* et les *falug* et leurs camarades filles, présente un déficit (et donc une dette) de sommeil considérable.

Après le repas du soir, pris dans leur famille respective, les adolescents rejoignent en effet des maisons communes, les *ambofor*, situées à une demi-heure ou une heure de marche. Avant de dormir, les garçons et les filles se réunissent en dehors de ces maisons-dortoirs et leurs causeries, ponctuées de cris, de chants et de danses, peuvent durer jusqu'à 2 heures du matin. On peut donc estimer la durée de leur sommeil nocturne à cinq ou six heures seulement. La durée « normale » de sommeil pour un adolescent français est estimée à huit heures. Une enquête effectuée chez plusieurs milliers d'adolescents d'âge scolaire (collège, lycée) a révélé qu'il existait une dette d'environ une heure par nuit. Cette dette est récupérée en France par l'augmentation de la durée du sommeil le samedi et le dimanche. Il apparaît que la dette de sommeil des *lug* et *falug* n'est compensée qu'en partie dans la journée. C'est pourquoi les adolescents tombent littéralement de sommeil au cours de la journée et que les plus jeunes sont obligés de dormir avant le repas du soir, qui précède le retour aux fêtes nocturnes dans l'*ambofor*.

Ainsi, si le genre de vie « pré-édisonien » permet d'éviter le fléau majeur de notre vie industrielle, c'est-à-dire l'insomnie, il faut bien remarquer que les adolescents des deux sexes et les femmes bassari adultes semblent vivre en état de dette perpétuelle de sommeil.

À côté de cette enquête épidémiologique, une dizaine d'enregistrements polygraphiques de sommeil ont été réalisés sur cinq sujets adultes bassari (dont Tama, qui nous a fourni cinq cents rêves). Ces enregistrements effectués, à la fois sur le terrain et plus tard, en France, nous ont révélé que l'organisation globale du sommeil de ces sujets était en tout point comparable à celle de sujets européens masculins du même âge. En plus de l'organisation globale du sommeil, notre étude a porté sur la fréquence ou la densité des mouvements oculaires au cours du sommeil paradoxal.

Cet index, qui est soumis à un déterminisme génétique chez l'animal (la souris), pouvait en effet s'avérer pertinent dans la mesure où les Bassari appartiennent à un isolat génétique. Cette étude a révélé, aussi bien au cours des enregistrements effectués au Sénégal qu'en France, qu'il existait une diminution significative de la densité des mouvements oculaires au cours du sommeil paradoxal (c'est-à-dire au cours des périodes de rêve) par rapport à une population européenne du même âge. À notre connaissance, il n'y a eu que deux autres études comparables réalisées à la même époque par le Dr Petre Quadens chez des Temiars de Malaisie et des Ibans de Sarawaks [1].

La densité des mouvements oculaires était similaire aux contrôles européens chez les premiers, mais inférieure chez les seconds. Depuis ces recherches, alors difficiles à réaliser pour des raisons techniques, il n'y a eu aucune nouvelle tentative pour confirmer ou infirmer ces résultats.

L'oniroethnologie ouvre pourtant un champ d'investigation très vaste. Les techniques ont évolué et il est devenu beaucoup plus facile d'enregistrer aussi bien l'activité électrique du cerveau (EEG) que les mouvements oculaires avec des systèmes miniaturisés doués d'une longue autonomie. Malgré ces avantages, il semble exister soit un blocage psychologique soit une véritable absence de curiosité pour ce type de recherche. Peut-être parce que, dans certains milieux scientifiques, ce type d'approche n'apparaît pas « politiquement correct ». Et pourtant, il serait du plus grand intérêt de recueillir et de conserver l'enregistrement des *patterns* des mouvements oculaires au cours du sommeil paradoxal dans des populations différentes. Même si nous ne savons pas encore déchiffrer les informations qui sont cachées dans ces *patterns* (non stochastiques), il est probable qu'un jour, les progrès de l'informatique nous permettent de le faire. Mais à ce moment-là, il est possible que ces populations aient disparu !

Étude du contenu manifeste des rêves de Tama

Jusqu'à son premier séjour en France en 1964, Tama, né vers 1940, a toujours partagé la vie des jeunes hommes bassari de sa génération dans son village et c'est à partir des années 1960 que le changement s'est fait plus rapide et plus profond. L'autobiographie de Tama relate son enfance, son bref passage à l'école, sa circoncision, sa vie aux *ambofor*, sa connivence avec ses camarades de classe, les brimades de la part de leurs aînés, son apprentissage de la chasse. Elle montre l'importance dans la culture bassari de l'initiation, raconte son premier voyage à la ville où il découvre vers douze ans l'électricité, enfin ses deux premiers mariages, le premier avec l'amie qu'il s'est choisie, le second avec sa fiancée choisie depuis l'enfance par sa sœur aînée. Au cours de deux séjours en France, Tama nous a livré deux cent vingt et un souvenirs de rêves en 1964 (pendant un séjour de cent quarante-huit jours) et deux cent soixante-dix-huit en 1967 (séjour de cent trente-quatre jours). À ces cinq cents rêves, nous ajoutons enfin quelques dizaines de souvenirs de rêves recueillis en 1994, avant, pendant et après un nouveau voyage à Paris.

Nous avons étudié le matériel considérable de l'onirothèque de Tama selon deux perspectives :

— une étude des latences entre le contenu manifeste d'un rêve et l'événement récent ou lointain auquel il se rapporte. Ce type d'approche, que nous appelons onirologie diachronique, nous a révélé un phénomène surprenant. Tama puise ses souvenirs de rêves dans un grenier ou une valise de rêves africains et élimine quasi totalement la vie parisienne de ses rêves ;

— une étude objective, informatique, statistique essayant de repérer les commensaux oniriques des rêves de Tama, leur association avec des événements soit évocateurs de la culture bassari, soit en rapport avec sa personnalité.

Les données de l'onirologie diachronique

Une revue complète, mais sans doute non exhaustive de la littérature concernant plusieurs milliers de souvenirs de rêves nous a permis d'obtenir les données de base suivantes : à partir de l'expérience de quatre-vingt-cinq rêves, Freud conclut que « tout rêve est lié aux événements du jour qui vient de s'écouler ». Ce sont les *Tage restes* ou *Traumtag*, encore appelé résidu diurne. Il y aurait donc, selon Freud, 100 % de *Traumtag* dans le contenu manifeste d'un rêve. Pour tous les autres auteurs consultés, et à partir d'une somme de plusieurs milliers de souvenirs de rêves, cette proportion est moins importante : en effet, dans les conditions de vie ordinaire où l'environnement social ou géographique ne varie pas, il est difficile, sinon impossible, dans environ 50 à 60 % des cas, de dater avec précision un souvenir de rêve. C'est pourquoi on peut admettre que les souvenirs de rêves que l'on peut dater avec certitude (du *Traumtag* à plusieurs années) ne constituent que 30 à 40 % des souvenirs de rêves.

— Parmi les souvenirs de rêves datés, le pourcentage des résidus diurnes est d'environ 40 %, tandis que les souvenirs de rêves en rapport avec le jour *(Traumtag)* et un passé de quatre à cinq mois (durée de séjour de Tama à Paris) représentent 90 % des souvenirs de rêves datés avec précision.

— Dans certaines circonstances (voyage dans un pays étranger dont l'environnement est très différent du paysage habituel), il devient beaucoup plus facile de dater avec précision les souvenirs de rêves. Dans ces conditions, on s'aperçoit que le pourcentage des souvenirs de rêves qui incorporent le nouvel environnement augmente peu à peu pour atteindre 40 % à la fin de la deuxième semaine.

— Le dépouillement de l'onirothèque de Tama (c'est-à-dire des rêves recueillis lors de ses voyages à Paris) fut relativement facile puisque le classement des rêves était quasi binaire : soit le contenu manifeste se déroulait à Paris (avec des marqueurs topographiques faciles à identifier : métro, tour Eiffel, ascenseur), soit le rêve se déroulait en Afrique (au Sénégal ou en pays bassari), exceptionnellement, le décor du rêve n'était plus reconnaissable. Les résultats que nous avons obtenus sont surprenants :

À Paris, dans un environnement géographique et culturel profondément différent de celui qui lui est habituel, les rêves de Tama se situent en Afrique dans 80 % des cas, 5 % seulement paraissent être des restes diurnes : Tama lui-même ne note que 14 fois (sur quatre cent quatre-vingt-dix-neuf souvenirs de rêves) que son rêve se rapporte à ce qu'il a vécu la veille, cet événement pouvant d'ailleurs se référer aussi bien à la France qu'à l'Afrique (lettre reçue, etc.). De plus, au cours de ces deux longs séjours hors de chez lui, il n'a pas été constaté, dans les rêves de Tama, d'augmentation progressive du nombre de rêves se situant en France. Il n'y a pas non plus de corrélation entre les lieux et l'origine des personnages évoqués : que Tama rêve de Français, de Bassari ou d'autres Africains, il les voit sept fois sur huit à Etyolo et rêve trois fois plus souvent de Français à Etyolo que de Français en France. Il ne semble d'ailleurs pas que le lieu des rêves de Tama (ni d'un autre Sénégalais) varie avant et après un voyage en France. Selon les données de la littérature (qui portent sur plus de cinq mille rêves), Tama aurait dû présenter au moins 30 % de résidu diurne, et au fur et à mesure de son séjour parisien, ses rêves auraient dû inclure une image de Paris ou de France dans 90 % des cas la dernière semaine. Or, la proportion de rêves parisiens (ou français) n'a jamais dépassé 5 % par semaine.

Ainsi, Tama, chaque nuit, ouvrait une valise de souvenirs africains dont se nourrissaient ses rêves.

L'absence d'incorporation de résidu diurne, si elle est rare, n'est cependant pas exceptionnelle. Elle est décrite chez les cosmonautes (qui ne rêvent jamais de l'espace pendant et après leur vol autour de la Terre).

Les résultats du dépouillement diachronique de l'onirothèque de Tama sont évidemment surprenants. Il faut bien sûr amasser d'autres cas dans des conditions identiques : rêves de voyageurs ou de migrants, et privilégier sans doute une approche intensive : recueil de longue série, onirothèque de plus de cent rêves établie sur plusieurs semaines.

Analyse statistique du contenu manifeste des rêves

Les matériaux de l'ethnologie sont fonction de l'observateur et de ses informateurs. C'est dire avec quelle prudence critique ils doivent être considérés, *a fortiori* lorsqu'il s'agit comme ici du contenu manifeste du récit de souvenirs de rêve d'un certain Bassari, au cours de longs séjours en France qui marquent sa singularité. C'est dire que les conclusions de l'analyse statistique des quatre cent quatre-vingt-dix-neuf souvenirs de rêves de Tama, recueillis au lendemain de cent quarante-huit nuits de janvier à juin 1964 et de cent trente-quatre de janvier à juin 1967, doivent être regardées avec circonspection. Le contenu du grenier ou de la valise des rêves de Tama confirme apparemment certaines conclusions des enquêtes poursuivies jusqu'ici chez les Bassari. Tama vit dans un univers relationnel très riche, il rêve de plus de trois cents individus : cent quatre-vingts hommes dont il rêve 816 fois et cent vingt-deux femmes dont il ne rêve que 258 fois. La fréquence relative de l'apparition d'hommes ou de femmes bassari dans les rêves de Tama diffère selon la proximité, la parenté et la classe d'âge. Le poids de la proximité apparaît primordial, et celui de la parenté un peu plus important pour les femmes, tandis que celui de la classe d'âge est beaucoup plus important dans le cas des hommes.

L'analyse des rêves de Tama met aussi en évidence des aspects moins apparents de la vie bassari. Ainsi l'association thématique, dans les souvenirs de rêves de Tama, entre la chasse et l'angoisse, a-t-elle permis de déceler une même association, consciente, chez d'autres hommes bassari.

De même n'avions-nous pas prévu, à partir de ce que nous connaissions de la culture bassari et de la personnalité de Tama, la présence d'un signe d'angoisse ou d'agressivité dans 30 % de ses souvenirs de rêves, ainsi que celle d'un sentiment d'impuissance et d'échec. La différence de fréquence de l'apparition de certains thèmes, entre 1964 et 1967, atteste peut-être de l'évolution personnelle du rêveur, d'un voyage à l'autre. Elle ne fait que souligner les difficultés de l'interprétation des récits de souvenirs de rêves, à la charnière de l'expérience individuelle et de la culture du rêveur.

L'histoire des rapports entre les rêves et la culture est une longue histoire, marquée par l'évolution du crédit prêté aux théories psychanalytiques. Dès les années 1940, la nécessité d'une approche anthropologique a été affirmée, Dorothy Eggan défendant l'étude du contenu manifeste des rêves. Bastide, Devereux, Roheim ont été les pionniers de cet intérêt pour les rêves des « sociétés primitives » amérindiennes, australiennes, etc. Plus récemment de nouvelles enquêtes ont été conduites sur les systèmes culturels du rêve, en particulier ceux de groupes africains. Dans un ouvrage résumant les recherches concernant « le contenu manifeste du rêve en tant que reflet des préoccupations de la vie quotidienne », Sylvie Poirier a proposé une méthode d'analyse de la mise en œuvre sociale du rêve, proche de celle que nous avons suivie.

À propos de l'évaluation de l'impact de la culture sur la personnalité, Leighton remarque : « Beaucoup de recherches sur le terrain ont été conduites et des données ont été recueillies, mais ces dernières ont plus servi à illustrer et à défendre des théories qu'à évaluer leur probabilité ou à proposer des hypothèses pouvant être réfutées[2]. » Ceci ne pourrait-il s'appliquer à tous les domaines de l'ethnologie, justifiant notre propos de publier des données telles qu'elles ont été recueillies. Puissent ces souvenirs de rêves, à côté des quelques hypothèses que nous croyons pouvoir en tirer (vision d'un ethnologue parmi d'autres), fournir « un terrain » où d'autres pourront s'exercer, avec leurs méthodes propres et au travers de leurs équations personnelles, pour une meilleure connaissance d'une population africaine, de la personnalité d'un de ses membres, voire des mécanismes du rêve.

S'interrogeant récemment sur la différence de progrès réalisés par les sciences biologiques et les sciences humaines, Leighton considère « qu'un des facteurs ayant contribué à cette situation est [la non-reconnaissance de] l'importance d'une description minutieuse des faits comme composante du processus scientifique. L'histoire des trois derniers siècles révèle que la physique, la chimie et la biologie, entre autres sciences, ont connu une longue étape préliminaire vouée à la collecte et à l'organisation de données descriptives. Il apparaît également que c'est grâce à ce lent démarrage que ces différentes disciplines ont pu se conceptualiser et qu'ont pu se développer une méthode et une théorie pertinentes aux phénomènes étudiés...

La connaissance descriptive d'un phénomène est une étape à la compréhension de son fonctionnement : la compréhension, ne serait-ce qu'approximative, de ce fonctionnement constitue à son tour un pas essentiel vers la capacité de s'interroger sur ses causes les plus proches : enfin, l'appréciation de ces dernières fournit la base nécessaire pour élargir l'étude à des systèmes causals plus éloignés[3]. »

Sans répondre précisément aux questions posées en entreprenant l'étude des rêves de Tama, peut-être avons-nous mis en évidence quelques éléments de réponse, quelques directions possibles de recherche. Peut-être avons-nous seulement fait naître quelques doutes là où l'onirologie, la psychologie, les institutions bassari et l'observation ethnologique ne semblent fournir que des affirmations et des simplifications. Mais, comme le considère Tremblay, « au stade actuel du développement des sciences sociales, toute approche allant au-delà des théories intermédiaires de causalité risque davantage d'induire en erreur que d'informer[4] ».

Nous espérons au moins avoir montré que les souvenirs de rêves sont des matériaux qui, dans l'étude des hommes et des sociétés, ne peuvent être négligés. La constitution de nouvelles onirothèques sera certainement nécessaire à une meilleure compréhension de l'onirologie diachronique ainsi qu'à une nouvelle réflexion sur l'anthropologie du rêve.

L'inconscient bassari de Tama :
Restes diurnes et restes nocturnes (Michel JOUVET)

Les rêves de Tama sont évidemment la voie royale pour pénétrer son inconscient, même si nous nous arrêtons, en surface, à leur contenu manifeste, sans plonger dans « l'Hadès de son inconscient » à la recherche de leur contenu latent. Nous devons seulement constater qu'il existe un contraste étonnant entre la « banalité » des rêves ordinaires de Tama qui retournait chaque nuit en Afrique et l'absence quasi totale d'incorporation des restes diurnes en rapport avec sa vie parisienne.

Il nous faut donc peser, le plus objectivement possible, les arguments qui nous permettraient de comprendre cette singularité. Les théories psychanalytiques les plus récentes nous livrent les hypothèses suivantes concernant les restes diurnes (*Revue française de psychanalyse*, « Le Rêve », 1974, *38*, p. 763-1232).

Selon J. Rallo Romero *et al* (*op. cit*), « le rêve assurerait la continuité de la vie psychique en liant au cours de son élaboration les restes diurnes, les souvenirs, désirs infantiles et fantasmes. Quand il y a un échec du fonctionnement onirique, cette continuité est interrompue et l'on en prend conscience ; le rêve prend alors la valeur d'un symptôme dans lequel nous retrouvons les restes diurnes "instigateurs" du rêve et les souvenirs et désirs infantiles ».

« Pourquoi les restes diurnes instigateurs du rêve en perturbent-ils le fonctionnement ? Il est probable qu'un investissement trop intense des restes diurnes ou une réactivation trop forte de la névrose infantile rendent le Moi incapable d'élaborer la situation conflictuelle : cela entraîne le réveil ou le souvenir du rêve. » Selon Freud, en effet, les rêves dont on n'a aucun souvenir au réveil sont ceux qui ont le mieux accompli leur mission. Faut-il admettre alors que les cinq cents souvenirs de rêves recueillis chez Tama comportent chaque fois une invasion de ce qui avait été refoulé par son moi éveillé et que Tama comme tous ceux qui se souviennent de leurs rêves, était un névrosé ? Nous devons bien sûr éliminer cette hypothèse.

Freud a établi une distinction entre les restes diurnes indifférents, apparemment insignifiants, mais choisis en raison de leur liaison associative avec le désir du rêve et ceux qui sont des éléments très chargés d'affect, qui sont, dit-il, « les entrepreneurs du rêve » ; *ils proviennent des vingt-quatre heures* qui le précèdent.

Roland et French leur donnent une grande importance *(loc. cit)*. Roland appelle « instigateurs » les événements significatifs de la veille qui peuvent déclencher un rêve. Il les distingue des restes diurnes insignifiants qui ne seraient que des éléments incorporés aux rêves. L'action de ces éléments significatifs forme le « contexte relevant ».

Dans le même sens, French interprète le rêve à partir du contenu manifeste : *selon lui, le stimulus perturbateur qui engendre le désir du rêve provient toujours du jour précédent.* Le stimulus perturbateur et le conflit qui en résulte sont refoulés pendant le jour ; ils sont « mis en réserve » jusqu'au moment propice et déclenchent alors le rêve. Le stimulus perturbateur mène au contenu du rêve, tandis que l'état de rêver conduit au processus du rêve, indépendamment de son contenu. Tout rêve a des significations multiples et réalise plusieurs désirs. L'interprétation d'un rêve est donc un processus très complexe ; pour le simplifier, French recherche le conflit principal qui préoccupe le rêveur durant son sommeil ; il l'appelle conflit focal. Tout conflit focal est une réaction à un événement ou situation émotionnelle du *jour précédent* qui agit en qualité de « stimulant précipitateur ». La fonction du rêve consiste probablement à libérer partiellement du refoulement les stimuli et permettre ainsi l'élaboration du conflit focal.

Les recherches de Fisher *(loc. cit)* sur l'incorporation aux rêves de stimuli subliminaux durant le jour précédant le rêve doivent enfin être citées. Voici ses conclusions les plus importantes : les situations les plus chargées d'affect tendent à former des rêves très riches en souvenirs infantiles tandis que les situations « *neutres* » entraînent des rêves plus prosaïques se référant aux activités de la veille. La forme sous laquelle ces stimuli sont incorporés dépend tout d'abord de leur qualité et ensuite de la personnalité du rêveur. Les personnes à structures « primitives » ont tendance à les incorporer massivement, les stimuli apparaissent de façon directe, tandis que chez celles qui sont le plus « évoluées », les stimuli apparaissent transformés symboliquement.

Toutes ces recherches confirment donc (dans le milieu des psychanalystes) *l'importance considérable des restes diurnes et du contenu manifeste.*

Devant de telles hypothèses, nous devons à nouveau essayer de répondre le plus objectivement possible aux questions suivantes :

Avons-nous sous-estimé la vie « consciente » africaine de Tama lorsqu'il était à Paris ? Nous avons déjà eu l'occasion de critiquer cette hypothèse — certainement Tama pensait et parlait de l'Afrique presque chaque jour avec les ethnologues lorsqu'il était à Paris. Ces conversations pouvaient donc constituer des restes diurnes indifférents, apparemment *insignifiants*, sinon subliminaires, qui seraient choisis en raison de leur liaison associative avec le « désir de rêve ». Un exemple récent, tiré de mon onirothèque personnelle, démontre en effet que des restes diurnes peuvent être parfois complètement oubliés et constituent ainsi des stimuli subliminaux au sens de Fisher (rêve n° 5642 : alors que j'étais en Italie, à côté de Venise). « Je suis en Afrique, une de mes amies me raconte qu'elle travaille à un atlas de neuroanatomie avec un ami commun japonais. Brusquement, j'entends un appel par haut-parleur demandant à tous les voyageurs de partir au *Congo*. Je me retrouve dans un autobus, traverse une frontière où je dois montrer mon passeport et arrive au Congo. J'arrive enfin dans une case où un Congolais m'offre des fruits exotiques (papayes). » L'analyse diachronique de ce rêve me permet rapidement de retrouver un intervalle de cinq jours pour la première partie du rêve (atlas de neuroanatomie), mais je ne retrouve aucun souvenir récent ou ancien en rapport avec le Congo. C'est en descendant dans l'escalier de l'hôtel que je remarquai une affiche de cinéma avec une photographie de chimpanzé et en sous-titre *CONGO* (un film d'horreur). En face de cette affiche, il y avait l'horaire des bus pour Venise. J'avais vu cette affiche la veille et m'étais même renseigné sur l'horaire du film, mais avais complètement oublié ce reste diurne. Il est donc évident que l'on a tendance à *sous-estimer* les restes diurnes (sauf sans doute les introspecteurs professionnels comme Freud), mais cet oubli vaut aussi bien pour la vie africaine fantasmée de Tama lorsqu'il était à Paris que pour tous les événements de sa vie parisienne de chaque jour : voiture, taxi, métro, ascenseur, cinéma, promenade en forêt, etc. Pourquoi de tels événements n'ont-ils pas constitué des situations neutres, ou des situations émotionnelles capables d'entraîner des rêves « prosaïques » ?

En outre, nous avons constaté la même « scotomisation » des restes diurnes parisiens chez un autre Sénégalais qui n'avait que de rares contacts avec les ethnologues ou d'autres Africains.

Il faut enfin noter que de retour en Afrique, des restes diurnes réapparaissent immédiatement chez les deux Sénégalais.

Quelle que soit la fonction des rêves, après la revue exhaustive que nous avons faite de la littérature non analytique et analytique, il nous faut donc admettre :

— ou bien que les restes diurnes dont se nourrissent les rêves de Tama ne sont constitués que des fantasmes ou pensées de son pays, lorsqu'il est en France. Ainsi le désir de retourner dans son village serait le moteur principal du désir des rêves. Cette hypothèse ne rend pas compte cependant de l'absence de résidu diurne ;

— ou bien que l'inconscient de Tama refuse, scotomise, refoule les éléments de la vie parisienne pendant son séjour en France.

C'est cette deuxième hypothèse que nous retiendrons, parce qu'elle nous semble la plus probable. La structure de l'inconscient de Tama, renforcé par les rêves de chaque nuit, pourrait en quelque sorte laisser des « restes nocturnes » (nous empruntons ce terme à Guillaumin *[loc. cit.]*) qui filtreraient pendant le jour les événements de l'univers post-édisonien moderne. Comment ne pas citer Pascal à ce sujet : « Si nous rêvions toutes les nuits la même chose, elle nous affecterait autant que les objets que nous voyons tous les jours. Et si un artisan était sûr de rêver toutes les nuits, douze heures durant, qu'il est roi, je crois qu'il serait presque aussi heureux qu'un roi qui rêverait toutes les nuits, douze heures durant, qu'il est artisan. » Afin de renforcer cette hypothèse, il est évident que nous devrons recueillir d'autres cas dans des conditions identiques, c'est-à-dire du passage d'une civilisation à une autre (pré-édisonienne à industrielle). Il nous faudrait pouvoir à la fois disposer de deux approches complémentaires : la première, intensive, c'est-à-dire le recueil de longues séries de rêves avant, pendant et après le séjour dans un nouveau mode de vie ; la seconde, extensive. Quelles informations apporteraient cent questionnaires destinés à cent « émigrants » issus de pays « pré-édisoniens », avec une seule question : « Cette nuit, avez-vous rêvé que vous étiez en France, dans votre pays d'origine, ou dans un lieu inconnu ? » Ce type d'enquête permettrait également d'aborder le problème de l'intégration ou de la non-intégration du migrant dans son nouveau milieu (en fonction de la présence ou de l'absence de résidu diurne).

L'absence quasi totale de résidu diurne de Tama en France est similaire à l'absence de reste diurne dans les rêves des cosmonautes dans l'espace. Soumis à la pesanteur depuis des millions d'années, notre inconscient est incapable de l'incorporer et préfère revenir sur la terre au cours des rêves (alors qu'on aurait pu imaginer que des rêves de vol deviendraient plus fréquents).

Un nouveau domaine, encore en friche, attend donc les explorateurs du rêve : l'oniroethnologie diachronique.

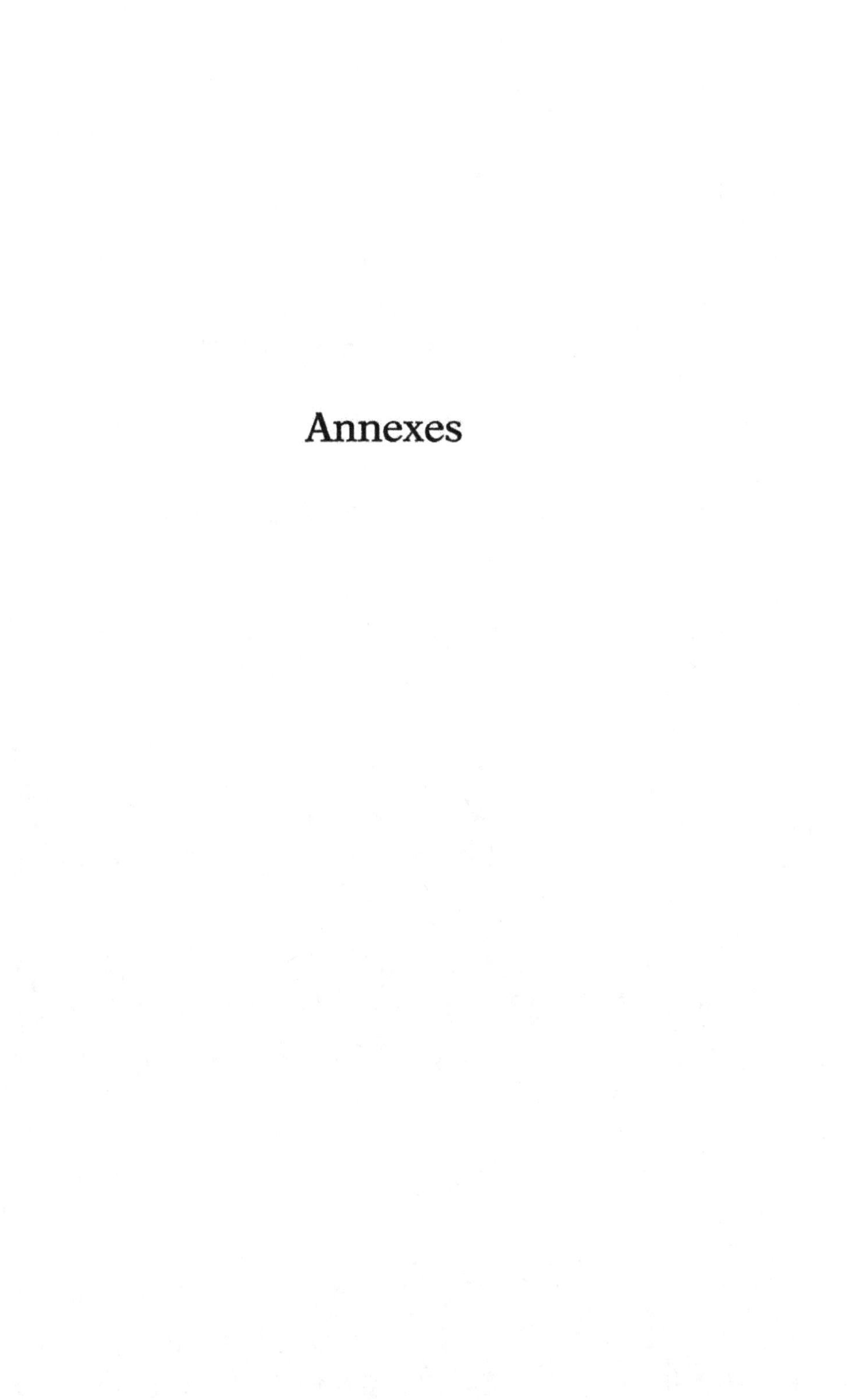

Annexes

(1 rêve court, 2 rêve normal), 3 un homme bassari connu, 4 plusieurs hommes bassari connus, 5 un homme bassari inconnu, 6 plusieurs hommes bassari inconnus, 7 un camarade de classe cité, 8 plusieurs camarades de classe cités, 9 moi, 10 mon père, 11 mon frère, 12 mes frères, 13 mon fils, 14 ma famille, 15 homme (s) peul, 16 homme (s) d'autre population citée, 17 homme (s) de population africaine inconnue, 18 homme (s) « français », 19 missionnaire (s), 20 gens inconnus, 21 nombreux gens inconnus, 22 une femme bassari connue, 23 plusieurs femmes bassari connues, 24 une femme bassari inconnue, 25 plusieurs femmes bassari inconnues, 26 ma mère, 27 ma sœur, 28 mes sœurs, 29 ma femme, 30 ma fille, 31 femme (s) peul, 32 femme (s) d'autre population citée, (33 femme (s) de population africaine inconnue : item jamais rencontré), 34 femme (s) « française (s) », 35 enfant (s), 36 policier (s).

37 animaux domestiques (cheval, vache, coq, poule, poussins, œufs, chien, chèvre, pintade), 38 mammifères sauvages (antilope, lion, girafe, buffle, porc-épic, panthère, hyène, écureuil, lièvre, rat, souris...), 39 poissons, reptiles, batraciens (serpent, lézard, varan, crocodile, tortue, crapaud), 40 oiseaux (aigle, « bandenden »), 41 insectes

42 arbres sauvages (baobab, karité, néré, palmier raphia,

rônier, palmier, caïl cédrat, chanvre, Piliostigma th.), 43 fruits et arbres fruitiers cultivés (bananes, mangues, papaye, cola), 44 tubercules (ignames, patates), 45 céréales (mil, sorgho, riz, maïs, fonio), 46 légumineuses (arachides, pois de terre, haricots), 47 autres végétaux (tomates, calebasse).

48 audition (bruit ou paroles rapportées).

49 manger (par Tama), 50 manger (par un autre), 51 parler de manger, 52 manger un repas, un plat, 53... du dakasa, des arachides, du sorgho mouillé, de la « canne à sucre », des mangues, de la farine de néré, 54... de la cola, 55... de la viande, 56... du miel, 57... autre chose. 58 boire (par Tama), 59 boire (par un autre), 60 parler de boire, 61... de l'eau, 62... une boisson alcoolique.

63 voler (lévitation).

64 douleur de Tama, 65 douleur d'un autre, 66 maladie, malformation, aveugle, folie de Tama, 67 maladie... d'un autre, 68 sang, morsure, blessure de Tama, 69 sang... d'un autre, 70 vomir, 71 soigner, piqûres, médicament, guérir, 72 dent, 73 mort, mourir, 74 enterrement, tombe.

75 chez Tama : dans son carré ou son champ ou ceux de sa famille, 76 Etyolo, 77 autres villages bassari, 78 villes du Sénégal où habitent des Bassari, 79 villages non bassari, 80 brousse, 81 France, 82 lieu inconnu, 83 revenu de France en pays bassari, 84 autre lieu : bateau, avion, 85 vers ou département de Kédougou, 86 Afrique.

87 cueillette, récolte de vin de palme, 88 pêche, 89 chasse, chasseur, cartouche, tir à l'arc, frapper avec un arc, tirer au fusil, 90 attaquer, tuer un animal, 91 récolte du miel, abeilles, ruches, mellipones, miel, 92 agriculture, 93 jardin, 94 garder champs, 95 élevage, réparation de clôtures, attacher vaches, marquer chèvres, castrer boucs et bœufs, chercher œufs de pintades, 96 garder vaches bassari, 97 chasser vaches peul, 98 acheter vaches, moutons, 99 Peul poussent vaches dans les champs bassari, 100 vaches mangent champ de maïs.

101 construction de mur, maison, porter bambous, couper paille, 102 fabriquer costumes de masque ou de fête... chapeaux de feuilles de rônier, 103 toits et murs tombent, 104 pré-

parer, amener, servir nourriture, repas, boisson, 105 abattage, partage, don de viande de chèvre, vache, poulet, de chasse.

106 commerce, achat, vente, argent, 107 marché, 108 travail rémunéré.

109 marcher, se promener, courir, 110 ne pas pouvoir marcher, courir parce que blessé, trop âgé, etc. 111 se laver, 112 sexe patent, 113 sexe déguisé, 114 sexe (Tama), 115 sexe (un autre), 116 uriner (Tama), 117 uriner (un autre), (118 excréments : item jamais rencontré).

119 eau, pluie, puits, rivière, mer (120 hivernage et 121 saison sèche : items jamais rencontrés), 122 jour, soleil, matin, 123 nuit, lune, soir, étoiles, 124 feu, brûler, 125 vent, 126 froid, 127 chaud.

128 rire, chatouiller (Tama), 129 rire, chatouiller (un autre), 130 parler, s'amuser, jouer, « causer » (Tama), 131 parler, s'amuser, jouer, « causer » (un autre), 132 pleurer (Tama), 133 pleurer (un autre), 134 dormir, s'endormir, se coucher, avoir sommeil (Tama), 135 dormir, s'endormir, se coucher, avoir sommeil (un autre), 136 réveiller, 137 crier.

138 agression subie par Tama, 139 agression subie par un autre, 140... vaches, 141... abeilles, 142... poisson, serpent, singe etc., 143... humain, 144 se battre, bagarre, frapper, 145 insulter, gronder, discuter, 146 guerre, 147 avoir peur (Tama), 148 avoir peur (un autre), 149 courir, fuir (Tama), 150 courir, fuir (un autre), 151 ne pas pouvoir courir parce que effrayé (Tama), 152 ne pas pouvoir courir parce que effrayé (un autre), 153 avoir peur + réveil (Tama), 154 ne pas pouvoir fuir + réveil (Tama).

155 animal inconnu, 156 animal qui fait peur, 157 animal qui se transforme en humain ou autre animal etc., 158 esprit *ayil*, 159 arbre sorcier etc., 160 *khoré*, 161 masque *lènèr*, 162... *Pena*, 163... *lukuta*, 164... *gwangwuran*, 165 s'habiller en *khoré*, 166... en *lènèr*, 167... en *Pena*, 168... en *lukuta*, 169... en *gwangwuran*, 170... en masque, 171 cérémonie de classe, 172... *khoré*, 173... masque, 174... initiation, 175... chasse, 176 danse, 177 danse de classe, 178 danse de *khoré*, 179... de masque, 180... d'initiation, 181 chant, 182 chant de classe,

183... de *khoré*, 184... de masque, 185... d'initiation, 186... de pilage, 187 musique, instrument, jouer d'un instrument, 188 sacrifice, 189 rupture d'interdit.

190 circoncision, excision, 191 nombreux jeunes hommes, 192 nombreuses jeunes filles, 193 *ambofor*, 194 brimades, 195 corvée, 196 fête, 197 porter bière, bagages, bambous, 198 mariage, dot, jugement, mésentente entre époux, 199 vieux, 200 à propos de filles.

201 voiture etc., 202 accident, 203 pétrole, 204 clefs etc., 205 cigarettes etc., 206 photo etc., 208 lettre, 209 jouer au ballon, 210 tirer au pistolet etc., 211 tour Eiffel etc., 212 ours blanc, 213 boîte à lettres etc., 214 pirogue, 215 bateau de guerre, etc., 216 avion, 217 garage, etc. (La liste complète des items 201 à 217 est donnée p. 218).

218 réveil, 219 j'ai oublié, 220 rêve rapporté à la veille, 221 rêve prémonitoire pour Tama.

222 voler (voleur).

Ces items ont été regroupés comme suit (cf. p. 229) :

		Items
Lieux	2 Étyolo	75-78, 80, 83
	3 Afrique	79, 85, 86
	4 France	81
	5 ailleurs ou inconnu	82, 84
Personne	6 Bassari H	3-8, 10-14
	7 Bassari F	22-30
	8 Africain H	15, 16, 17
	9 Africain F	31, 32
	10 Français H	18, 19
	11 Français F	34

Objet	12 France	205, 210-213, 215, 217
	13 Fr + Afrique	201, 202, 204, 206, 207-209
	14 Afrique	203, 214
Classe d'âge	18	171, 177, 182, 191-195, 197
Masque	19	161-164, 166-170, 173, 179, 184
Khoré	20	160, 165, 172, 183
Initiation	21	174, 180
Angoisse	22	63-74, 90, 110, 138-159
Boire	23	58, 59, 60, 104 (boisson)
Manger	24	49, 50, 51, 104, 105 (nourriture ou repas)
Agriculture	25	92, 93, 94
Chasse	26	38, 89, 90, 91
Amusement	27	128-131
Père	28	10
Mère	29	26

ITEMS NOTÉS PAR D. EGGAN (1952) DANS UN CORPUS DE
254 RÊVES RECUEILLIS AUPRÈS D'UN MÊME SUJET HOPI
ENTRE 1939 ET 1945

— *Éléments sécurisants*
force personnelle, sagesse et bravoure
« ange gardien »
soutien de Blancs
soutiens variés (comprenant clownerie, danse, mère
défunte, esprits, louange, sexe, etc.).
— *Éléments conflictuels*
personnels, avec des Hopi
avec des Hopi à cause de Blancs
généraux Hopi-Blanc
généraux entre Hopi
police et soldats
avec des Navajo ou d'autres Indiens
personnels, avec des Blancs
— *Périls physiques*
accidents ou dangers
violence ou meurtre
— *Éléments hétérosexuels, vie sexuelle*
frustration
réussite
éléments banals
— *vol*

— *chute*
— *cadeaux et possessions matérielles*
— *récoltes et troupeaux*
— *eau*
cours d'eau et lacs
pluie
— *religion et cérémonies*
— *êtres surnaturels* (autres que l'« ange gardien »)
morts
dieux
esprits
sorciers
animaux morts

D. Eggan a également noté les cas de répétition du thème du rêve précédent, ainsi que la réaction du rêveur au rêve et son émotion au réveil.

Notes

Introduction

1. Géza Roheim, *Les Portes du rêve*, Payot, Paris, 1973, 558 p.

2. *Ibid.*, p. 145.

3. Roger Caillois, *Le Rêve et les sociétés humaines*, Gallimard, Paris, 1967, 430 p.

4. Géza Roheim, *op. cit.*, p. 13.

5. *Ibid.*, p. 126.

6. *Ibid.*, p. 12.

7. Cf. R. Cahen, « La psychologie du rêve », *in* R. Caillois, *Le Rêve et les sociétés humaines*, 1967, p. 102-126 ; voir aussi R. Evans, *Entretiens avec C.G. Jung*, Payot, Paris, 1970 ; C.G. Jung, « On the Nature of Dreams », in *Über Psychische Energetik und das Wesen der Traüme*, Zurich, 1948 ; du même auteur, *L'Homme à la découverte de son âme*, Payot, Paris, 1966 ; et *Psychologie et alchimie*, Buchet-Chastel, Paris, 1970, 705 p.

8. Voir C. Debru, *Neurophilosophie du rêve*, Hermann, Paris, 1990, 398 p., voir aussi W.C. Dement, *Dormir, rêver*, Le Seuil, Paris, 1984 ; et M. Jouvet, *Le Sommeil et le Rêve*, Odile Jacob, Paris, 1992, 220 p.

9. Jung, C.G., « On the Nature of dreams », in *Über Psychische Energetik und das Wesen der Träume*, Zurich, 1948.

Chapitre premier

1. S. Freud, *L'Interprétation des rêves*, PUF, Paris, 1967, 573 p.

2. A. Hobson, *Le Cerveau rêvant*, NRF, Gallimard, Paris, 1988, 402 p.

3. S. Freud, *op. cit.*, p. 149.

4. V. Glouchko, *L'Astronautique soviétique*, Questions et réponses, Novosti-Moscou, 1989, p. 58.

5. Hervey de Saint Denis, *Les Rêves et les moyens de les diriger*, Paris, 1867, réédité par Tchou, 1964, 400 p.

6. M.W. Calkins, *Statistics of Dreams. American Journal of Psychology*, 1893, 5 (3) : 311-343.

7. Y. Delage, *Le Rêve. Étude psychologique, philosophique et littéraire*, Presses Universitaires de France, Paris, 1919, 696 p.

8. *Ibid.*, p. 496.

9. M. Foucault, *Le Rêve. Études et observations*, Alcan, Paris, 1906, 304 p.

10. Y. Delage, *op. cit.*, p. 533.

11. R.R. Llinas, D. Paré, *On Dreaming and Wakefulness. Neuroscience*, 1991, 44 : 521-535.

12. L. Lapicque, « Principe pour une théorie du fonctionnement nerveux élémentaire », *Revue générale des sciences*, 1910, 21 : 103-117.

13. Y. Delage, *op. cit.*, p. 141.

14. Sante de Sanctis, *I sogni — Studi clinici e psycologi di uno alienista*, Bocca eds, Turin, 1899.

15. R. Spreafico, *Ricerche sul sogno : Sante di Sanctis*, Tesi di Laurea, Université de Turin, 1993, 157 p.

16. W. Robert, *Der traum als naturnotwendigkeit erklärt*, Hambourg, 1886.

17. F. Crick, G. Mitchison, *The Function of Dream Sleep. Nature*, 1983, 304 : 111-114.

18. S. Freud, *op. cit.*, p. 77. Toutes les citations suivantes sont tirées de ce texte.

19. H. Swoboda, *Die Perioden des Meuschlischen Orga-nisms*, Wien und Leipzig, 1904.

20. C.G. Jung, *Psychologie et alchimie*, Buchet/Chastel, Paris, 1970, 705 p.

21. R. Evans, *Entretiens avec C.G. Jung*, Payot, Paris, 1970, 146 p.

22. C.G. Jung, *L'Homme à la découverte de son âme*, Payot, Paris, 1966.

23. C.G. Jung, *On the Nature of Dreams*, in *Über Psychische Energetik und das Wesen der Träume*, Zurich, 1948.

24. E. Hartmann, *The Day Residue : Time Distribution of Waking Events. Psychophysiology*, 1968, 5 (2), p. 222.

25. A.W. Epstein, « The waking event — dream interval », *American Journal of Psychiatry*, 1985, 142 (1) : 123-124.

26. J.A. Davidson, B.D. Kelsey, *Incorporation of Recents Events in Dreams. Perceptual and Motor Skills*, 1987, 65 : 114.

27. T.A. Nielsen, R.A. Powell, *The Day-Residue and Dream-Lag Effects : a Literature Review and Limited Replication of Two Temporal Effects in Dream Formation. Dreaming*, 1992, 2 (2) : 67-77.

28. M. Jouvet, *Mémoire et « cerveau dédoublé » au cours du rêve*, À propos de 2525 souvenirs de rêves. *L'année du Praticien*, 1979, 29 (1) : 27-32. Voir aussi du même auteur, *Le Sommeil et le Rêve, op. cit.*

29. P. Verdone, *Temporal Reference of Manifest Dream Content. Perceptual and Motor Skills*, 1965, 20, p. 1253-1268.

30. H.P. Roffwarg, J.H. Herman, A.B. Bowe-Anders, E.S. Tauber, *The Effects of Sustained Alterations of Waking Visual Input on Dream Content. A preliminary Report*, in *The Mind in Sleep* — Arkin, A., Antrobus J. and Ellman, S. (éds), Lauwrence Erlbaum Associates, New York, 1976.

31. Nordenskjold, *Antarctic*, 1904, 1, p. 336.

32. *L'Événement du jeudi*, 16 au 23 juin 1988, nº 198, p. 78.

Chapitre II

1. R.G. d'Andrade, « Anthropological Studies of Dreams », *Psychological Anthropology*, éd. par F.L.K. Hsu, Homewood, III, Dorsey Press, 1961, p. 296-332 ; cf. p. 296.

2. R. Bastide, « Matériaux pour une sociologie du rêve », *Revue internationale de Sociologie*, 1932, p. 13-17. Réédité in *Le Rêve, la transe et la folie*, Flammarion, Paris, 1972, 263 p ; cf. p. 14-15.

3. *Ibid.*, p. 14-15.

4. R. Firth, « The Meaning of Dreams in Tikopia », *in* E.E Evans Pritchard, R. Firth, B. Malinowski, I. Schapera (éd.), *Essays presented to C.G. Seligman*, Kegan Paul, London, Trench and Trubner, p. 63-74 ; cf. p. 74.

5. J. S. Lincoln, *The Dream in Primitive Cultures*, The Cresset Press, 1935 (réédité en 1970 par Johnson Reprint Corporation, New York and London, 359 p., préface de G. Devereux).

6. D. Eggan, « The Significance of Dream for Anthropological Research », *American Anthropologist*, vol. 5, april-june 1949, n° 2, p. 171-178 ; cf. p. 178.

7. D. Eggan, « The Manifest Content of Dreams, a challenge to social science », *American Anthropologist*, vol. 54, oct.-déc. 1952, n° 4, p. 469-485 ; cf. p. 484.

8. D. Eggan, « Dream Analysis », in Studying personality cross-culturally (ed. by Bert Kaplan, Evanston III, Tow, Petersen, 1961).

9. J.S. Lincoln, *op. cit.*, p. V.

10. R. Dadoun. *Au-delà des portes du rêve*, Payot, Paris, 1977, 149 p. ; cf. p. 15.

11. G. Roheim, *Les Portes du rêve*, Payot, Paris, 1973, 558 p.

12. G. Roheim, *Héros phalliques et symboles maternels dans la mythologie australienne*, NRF, Gallimard, Paris, 1970, 335 p. ; cf. p. 208.

13. *Ibid.*, p. 36.

14. R. Bastide, « La Sociologie du rêve », 1967, p. 177-

188, *in* R. Caillois, G.E. Von Grunebaum, *Le Rêve et les sociétés humaines*, Gallimard, Paris, 1967, 430 p.

15. A. Kuper, « A Structural Approach to Dreams », *Man*, 1979, vol. 14, n° 1, march, p. 645-662.

16. G. Devereux, *Psychothérapie d'un Indien des Plaines : réalité et rêve*, trad. fr. 1982, Jean Cyrille Godefroy, 1951, 595 p. ; cf. p. 171.

17. G. Devereux, « Dream learning and individual ritual differences in Mohavé Shamanim » in *American Anthropologist*, vol. 59, n° 6, déc. 1957, p. 1036-1045.

18. *Ethos. Journal of the Society for Psychological Anthropology*, Univ. of California Press, Berkeley, 1981, vol. 9, n° 4, ed. by John G. Kennedy and L.L. Langness.

19. S. Le Vine. « Dreams of the informant about the researcher, some difficulties inherent in the research relationships », in *Ethos*, 1981, vol. 9, n° 4, p. 276-293.

20. T. Gregor, « A Content Analysis of Mehinaku dreams », *Ethos*, 1981, vol. 9, n° 4, p. 353-390.

21. S. Le Vine, « The Dreams of Young Gusii Women : a content analysis », *Ethnology*, 1982, 21, p. 63-77.

22. J. W. Fernandez, *Bwiti : an Ethnography of the Religious Imagination in Africa*, Princeton Univ. Press, Princeton, 1982, 731 p.

23. W.B. Webb et R.D. Cartwright, « Sleep and Dreams », *Ann. Rev. Psychol.*, 1978, 29, p. 229-252.

24. B. Tedlock, ed, *Dreaming, anthropological and psychological interpretation*, School of Am. Research advanced seminar series, 1987, 297 p.

25. M. Perrin, *Les Praticiens du rêve*, PUF, Paris, 1992, 271 p.

26. R. Bastide, « Rêve de noirs », *Psyché*, 1950, p. 802-811.

27. S.G. Lee, « Social Influence in Zulu Dreaming », *Journal of Social Psychology*, 1958, 47, p. 265-283 (cité d'après le Vine, 1961) ; cf. p. 280.

28. R.A. Le Vine, *Dreams and Deeds : Achievement Moti-*

vation in Nigeria, The University of Chicago Press, 1966, 123 p.

29. M.M. Mubay, « La Symbolique du rêve chez les Yansi et populations voisines (République du Zaïre) », *CEEBA publications*, série II, vol. 79, Bandundu, République du Zaïre, 194 p.

30. T. Autra, « L'Interprétation des rêves dans la tradition africaine », *Africa Media International*, 1983, 241 p. ; cf. p. 8-11, 27.

31. T. Nathan, *La Folie des autres. Traité d'ethnopsychiatrie clinique*, Dunod, Paris, 1986, 241 p.

32. *Ibid.*, p. 190.

33. T. Nathan, *Saraka Bô (sortir les offrandes)*, Rivages, Paris, 1993, 339 p. ; cf. p. 190.

34. D. Eggan, « The Significance of Dream for Anthropological Research », *American Anthropologist*, 1949, vol. 51, april-june, n° 2, p. 171-198, cf. 178.

35. C. Geertz, *Savoir local, savoir global, les lieux du savoir*, PUF, Paris, 1986, 293 p. ; cf. p. 118.

36. M.C. Jedrej, R. Shaw (dir.), « Dreaming, religion and society in Africa », in *Studies on religion in Africa*, supplements to the *Journal of Religion in Africa*, n° 7, E.J. Bill, Leiden, New York, Koln, 1992.

37. M. Lortie-Jussier, J. de Koninck et M. J. Roy, « Du divan au laboratoire, quelques perspectives contemporaines en psychologie du rêve », *Anthropologie et Sociétés*, 1994, 18-2, p. 43-58 ; cf. p. 43.

38. S. Poirier, « La Mise en œuvre sociale du rêve. Un exemple australien », *Anthropologie et Sociétés*, 1994, 18-2, p. 105-120 ; cf. p. 119.

39. P. Parin, « Anthropologie et psychiatrie » in *Psychopathologie africaine*, 1976, vol. XII, n° 1 : 91-108, cf. p. 92-93.

40. F. Michel-Jones, *Retour aux Dogons, figure du double et ambivalence*, Le Sycomore, Paris, 1978, 157 p.

41. C. Geertz, *Savoir local, savoir global, les lieux de savoir*, PUF, Paris, 1986, 293 p., cf. p. 88-89.

Chapitre V

1. M. Jouvet, 1992, *op. cit.*, voir aussi C. Debru, 1990, *op. cit.*

2. H.P. Roffwarg, W.C. Dement, J. Muzio, C. Fischer, *Dream Imagery : Relationship to Rapide Eye Movements of Sleep*, Archiv of General Psychiatry, 1962, 7 : 235-258.

3. M. Jouvet : p. 171-200, in *Le Sommeil et le Rêve*, 1992.

4. R. Cespuglio, R. Musolino, G. Debilly, M. Jouvet, J.L. Valatx, *Organisation différente des mouvements oculaires rapides du sommeil paradoxal chez deux souches consanguines de souris.* Comptes rendus de l'Académie des sciences, Paris, 1975, 280 : 2681-2684.

5. G. Chouvet, R. Blois, G. Debilly, M. Jouvet, *La structure d'occurrence des mouvements oculaires rapides du sommeil paradoxal est similaire chez les jumeaux homozygotes*, Comptes rendus de l'Académie des sciences, Paris, 1983, 296 : 1063-1068.

6. J. Mouret, E. Balzamo, G. Verchère, M. Gessain, R. Gessain, M. Jouvet, « An Oneiro-Anthropological Study in East Senegal », in *Sleep Research*, Chase, M., Stern, W.C., Walter, P.L. (éds) vol. 4, Édimbourg, Brain Information Service, 1975, 4-162.

7. M. Jouvet, J.-P. Sastre, K. Sakai, *Toward an Etho-Ethnology of Dreaming*, p. 204-215 in *Psychophysiological Aspects of Sleep*. I. Karacan (ed) Noyes Medical Publications, Partridge, New Jersey, 1981, p. 204-214.

8. O. Petre Quadens, H. Hussain, C. Balaratnam, « Paradoxical sleep characteristics and cultural environments » in *Acta Neurologica Belgica*, 1975, 75 : 85-92.

9. T.J. Bouchard, D.T. Lykken, M. McGue, A. Segal, A. Tellegen. « Sources of human psychological differences : the Minnesota study of twins reared apart », *Science*, 1990, 250 : p. 223-229.

Chapitre VIII

1. D. Eggan, « The Manifest Content of Dreams, a challenge to social science », *American Anthropologist*, vol. 54, oct.-déc. 1952, n° 4, p. 469-485 ; cf. p. 481.

2. D. Eggan, « The Significance of Dream for Anthropological Research », *American Anthropologist*, vol. 51, april-june 1949, n° 2, p. 171-198 ; cf. p. 178.

Chapitre X

1. S.G. Lee, « Social Influence in Zulu Dreaming », *Journal of Social Psychology*, 1958, 47, p. 265-283 (cité d'après Le Vine, 1961).

2. W. H. R. Rivers, *Conflict and Dream*, Kegan Paul, London, 1923, 195 p.

3. D. Eggan, « The Manifest Content of Dreams, a challenge to social science », cf. *infra*.

4. M.M. Mubay, « La Symbolique du rêve chez les Yansi et populations voisines (République du Zaïre) », *CEEBA publications*, série II, vol. 79, Bandundu, République du Zaïre, 194 p. ; cf. p 61.

5. D. Eggan, « The Significance of Dream for Anthropological Research », in *American Anthropologist*, 1949, vol. 51, april-june, n° 2, p. 171-198 ; cf. p. 197.

6. R. Kourilsky, A. Soulairac, P. Grapin, *Adaptation et agressivité*, PUF, Paris, 1965, 218 p. ; cf. p. 212.

7. G. Dieterlen, « L'Agressivité dans la cosmologie de certaines sociétés d'Afrique de l'Ouest », p. 56-63 in Kourilsky et alii, *op. cit.*

8. R. Bastide et F. Raveau, « Relations entre l'agressivité et l'anxiété dans les processus sociaux d'adaptation » *in* Kourilsky *et alii*, *op. cit.* ; cf. p. 100-115.

9. G. Mendel, *La Chasse structurale, une interprétation du devenir humain*, Petite Bibliothèque Payot, Paris, 1977, n° 328, 346 p. ; cf. p. 191.

10. D'après Dadoun, *op. cit.*, p. 20.

11. J. Fowler, « Développement des compétences dans une société tribale », in *Actes du 2ᵉ Colloque de Kédougou*, 18-22 février 1985, p. 159-163, *Documents du Centre de recherches anthropologiques du musée de l'Homme*, n° 11, 197 p. Voir aussi W. Fowler, « Adaptation écologique et socialisation des compétences chez les Bassari », in *Actes du 2ᵉ Colloque de Kédougou*, p. 165-188.

12. G. Devereux, « Status, socialization and interpersonal relations of Mohave children », *Psychiatry*, 1950, vol. 13, n° 4, nov., p. 489-502 ; cf. p. 489.

13. D. Eggan, *op. cit.*, p. 197.

14. E. de Rosny, *Les Yeux de ma chèvre*, Plon, Paris, 1981, 458 p. ; cf. p. 361.

15. P. Parin, « Anthropologie et psychiatrie », *Psychopathologie africaine*, 1976, vol. XII, n° 1, p. 91-108. Voir aussi P. Parin, F. Morgenthaler, G. Parin-Marthy, *Les Blancs pensent trop*, Payot, Paris, 1966, 477 p.

16. A.H. Leighton, « Then and Now : some notes on the interaction of person and social environment », *Human Organization*, 1984, vol. 43, n° 3, p. 189-197.

17. A.H. Leighton, « Recollections of personality and culture », *Society for the Study of Psychiatry and Culture*, Rockport, Mass., Annual meeting, 1993, 20 p. ; cf. p. 16.

18. *Ibid.*, p. 13.

19. R.G. d'Andrade, « Anthropological Studies of Dreams », *Psychological Anthropology*, éd. par F.L.K. Hsu, Homewood, III, Dorsey Press, 1961, p. 296-332 ; cf. p. 308 et 313.

20. D. Eggan, cf. *infra*, p. 197.

21. D. Eggan, « The Manifest Content of Dreams, a challenge to social science », *American Anthropologist*, vol. 54, oct.-déc. 1952, n° 4, p. 469-485 ; cf. p. 484.

Conclusion

1. O. Petre Quadens, H. Hussain, C. Balaratnam, « Paradoxical Sleep Characteristics and Cultural Environments », *Acta Neurologica Belgica*, 1975, 75, p. 85-92.

2. A.H. Leighton, *op. cit.*, p. 7.

3. A.H. Leighton, « Quelques réflexions sur la contribution de Marc-Adélard Tremblay à l'étude du comportement humain », in *La Construction de l'anthropologie québécoise : Mélanges offerts à M.A. Tremblay*, sous la direction de F. Trudel, P. Charest, Y. Breton, Les Presses de l'Université Laval, Sainte Foy, Québec, 1995, p. 13-29 ; cf. p. 14.

4. *Ibid.*, p. 16.

TABLE

TROISIÈME PARTIE
L'onirothèque de Tama

Imprimé par Lightning Source France
1 avenue Gutenberg
78310 Maurepas

N° d'édition : 7381-0467-Y